高等职业教育扩招系列教材

动物繁育技术

陈腾山　主编

中国农业大学出版社
·北京·

内容简介

本书是根据教育部《高职扩招专项工作实施方案》及高等职业“百万扩招”的需要，结合畜牧兽医专业的人才培养方案编写的。教材语言简练，注重技能，符合高等职业教育需要。教材主要介绍了10个项目23个任务，内容包括生殖器官的识别技术、生殖激素的应用技术、动物发情鉴定技术、动物配种技术、动物妊娠诊断技术、动物接产技术、动物繁殖新技术、动物遗传学基础、动物的选种技术和动物的选配技术等。教材按照项目教学方式编写，每个项目均有相应任务，每个任务均包括能力目标、相关知识链接、技能训练与技能考核等内容。

图书在版编目（CIP）数据

动物繁育技术/陈腾山主编．--北京：中国农业大学出版社，2024.2

ISBN 978-7-5655-2847-7

Ⅰ.①动…　Ⅱ.①陈…　Ⅲ.①畜禽育种－高等职业教育－教材　Ⅳ.①S813.2

中国版本图书馆 CIP 数据核字（2022）第 141788 号

书　　名　动物繁育技术

作　　者　陈腾山　主编

策划编辑　康昊婷　张　玉　　**责任编辑**　刘耀华

封面设计　郑　川　李尘工作室

出版发行　中国农业大学出版社

社　　址　北京市海淀区圆明园西路 2 号　　**邮政编码**　100193

电　　话　发行部 010-62733489，1190　　读者服务部 010-62732336

编辑部 010-62732617，2618　　出　版　部 010-62733440

网　　址　http：//www.caupress.cn　　**E-mail**　cbsszs@cau.edu.cn

经　　销　新华书店

印　　刷　运河（唐山）印务有限公司

版　　次　2024 年 2 月第 1 版　　2024 年 2 月第 1 次印刷

规　　格　185 mm×260 mm　　16 开本　　13.5 印张　　332 千字

定　　价　43.00 元

编写人员

主　　编　陈腾山　黑龙江农业职业技术学院

副 主 编　岳增华　黑龙江农业职业技术学院

　　　　　解志峰　黑龙江农业职业技术学院

　　　　　高凤磊　广东农工商职业技术学院

参　　编　李兰东　黑龙江农业职业技术学院

　　　　　李凤刚　黑龙江农业职业技术学院

　　　　　倪士明　黑龙江农业职业技术学院

　　　　　陈　斌　黑龙江职业技术学院

　　　　　王海鹏　黑龙江省七台河市畜牧兽医局

总序

黑龙江是农业大省。黑龙江农业职业技术学院是三江平原上唯一一所农业类高职院校，也是与区域社会经济发展联系非常紧密的农业类高职院校，具有服务国家“乡村振兴”战略的地缘优势。在过去70多年的办学历史中，涉农专业办学历史悠久，培养了大批工作在农业战线上的优秀人才。在长期培养实用人才、服务区域经济的实践中，学院形成了“大力发展农业职业教育不动摇、根植三江沃土不动摇和为‘三农’服务不动摇”的办学理念。20世纪90年代初，学院在农业职业教育领域率先实施模块式教学，在全国农业职业教育教学改革中走在前列。学院不断深化改革，努力服务经济社会发展；不断创新办学模式，努力提升人才培养质量。近年来学院先后晋升为省级骨干院校、省级现代学徒制试点院校，在服务区域经济社会方面成效显著。

学院涉农专业是省级重点专业，有国家财政重点支持的实训基地，有黑龙江三江农牧职教集团，校企合作办学成效显著，有实践经验丰富的“双师”队伍，有省级领军人才梯队，师资力量雄厚。

2019年，学院深入贯彻落实教育部等六部门关于印发《高职扩招专项工作实施方案》的通知、教育部办公厅《关于做好扩招后高职教育教学管理工作的指导意见》和国务院关于印发《国家职业教育改革实施方案》等文件精神，创新性地完成高职扩招任务，招生人数位居全省首位。学院针对扩招学生的实际情况和特点，实施弹性学制，采用灵活多样的教学模式，积极推进“三教”改革。依靠农学分院和动物科技分院的专业优势，根据区域经济发展的特点，针对高职扩招生源的特点，出版了种植类和畜牧类高职扩招系列特色教材。

种植类专业核心课程系列教材包括《植物生长与环境》《配方施肥技术》《作物生产与管理》《经济作物生产与管理》《作物病虫草害防治》《作物病害防治》《农业害虫防治》《农田杂草及防除》，共计8本。在内容方面，教材本着深浅适宜、实用够用的原则，突出科学性、实践性和针对性；在内容组织形式方面，以图文并茂为基础，附加实物照片等相应的信息化教学资源，突出教材的直观性、真实性、多样性和时代性，激发学生的学习兴趣。

畜牧类专业教材包括《动物病理》《动物药理》《动物微生物与免疫》《畜禽环境控制技术》《畜牧场经营与管理》《动物营养与饲料》《动物繁育技术》《动物临床诊疗技术》《畜禽疾病防治技术》《养禽与禽病防治》《养猪与猪病防治》《牛羊生产与疾病防治》《中兽医》《宠物内科》《宠物传染病与公共卫生》《宠物外科与产科》，共计16本。教材注重还原畜禽生产实际，坚持以够用、实用及适用为原则，着力反映现代畜禽生产及疾病防控前沿的新技术新技能，突出解决寒地畜禽生产中的关键问题。

本系列教材内容紧贴企业生产实际，紧跟行业变化，理论联系实际，突出实用性、前沿性。教材语言阐述通俗易懂，理论适度由浅入深、技能训练注重实用，教材均由具有丰富实践经验的教师和企业一线工作人员编写。

本系列教材将素质教育、技能培养和创新实践有机地融为一体。希望它的出版不仅能很好地满足我院及兄弟院校相关专业的高职扩招教学需要，而且可以积极推动北方种植业和畜牧业的生产、专业和课程的建设与改革以及教学质量等的提高。

院长：

前言

习近平总书记在党的二十大报告中强调，育人的根本在于立德。为全面贯彻党的教育方针，落实全国职业教育大会和全国教材工作会议精神，本教材是根据推动高职教育教师对教材教法进行改革的要求，从而实现提升教育服务能力，为现代农业的一线输送更多高素质的技术技能型人才，全面提高产品和服务质量，促进职业教育改革大发展的目标而编写的，本书可供全国高等农业职业院校畜牧兽医及相关专业使用，也可供企业相关技术人员使用。

动物繁育技术是畜牧兽医专业的核心课程之一，在企业生产实践中占有重要地位，具有专业性和操作性强，知识更新快的特点。本教材在编写过程中遵循职业教育“以育人为本、以服务为宗旨、以就业为导向，以服务一线高等技术应用性专门人才为根本任务”的原则，通过简化理论性强、实用性低的相关知识，突出应用多、职业性强的内容，通过合理规划教学内容，提高学生自学和解决生产问题的能力，从而为培养高质量的毕业生打下坚实的基础。

本教材简要介绍了遗传学和育种学的基础知识和实用性内容，突出繁育技术知识。全书分为 10 个项目，从识别动物生殖器官开始介绍，逐步认识生殖激素、动物发情鉴定、动物配种、妊娠、接产、助产，最后，介绍遗传规律和选种选配知识。其中，重点是项目三动物发情鉴定技术、项目四动物配种技术、项目五动物妊娠诊断技术和项目六动物接产技术。每个项目均有相应任务，每个任务均包括能力目标、相关知识链接、技能训练与技能考核等内容，方便教师教学和考核，方便学生提升技能。

本书编写任务具体分工如下：陈腾山编写了项目一、项目三任务一至任务三、项目四，岳增华编写了项目六和项目七，解志峰编写了项目二和项目八，高凤磊编写了项目五，李兰东编写了项目九任务一，李凤刚编写了项目九任务三，倪士明编写了项日十，陈斌编写了项目三任务四，王海鹏编写了项目九任务二。全书由陈腾山统稿。

本教材在编写过程中参考了畜牧兽医专业其他教材的内容，参阅了大量相关文献资料和书籍，在此向相关编著者表示最诚挚的谢意。由于编者水平有限，书中难免有疏漏和不足之处，恳请读者给予批评指正。

编　者

2023 年 10 月

目　　录

项目一

生殖器官的识别技术

任务一 雄性动物生殖器官构造特点

【能力目标】

1. 了解阴茎的形态结构以及与雄性尿道的关系。
2. 比较牛、猪雄性生殖器官形态结构的异同。
3. 掌握公畜生殖系统的组成。
4. 掌握公畜各生殖器官间的功能关系。
5. 掌握牛、羊、猪睾丸、附睾、阴囊、精索的位置、形态和结构。

【相关知识链接】

一、公畜的生殖器官

公畜的生殖器官包括:性腺(睾丸)、输精管道(附睾、输精管和尿生殖道)、副性腺(精囊腺、前列腺和尿道球腺)和外生殖器(阴茎)。

(一)睾丸和阴囊

1. 睾丸的形态、结构和功能

(1)睾丸的形态 公畜的睾丸位于阴囊中,左右各一个,均为长卵圆形,大小和重量畜种之间有较大差别。绵羊、猪和山羊的睾丸相对较大。牛、马的左侧睾丸稍大于右侧。各种家畜睾丸的重量如表 1-1 所示。

马、驴的睾丸长轴与地面平行,附睾附着于睾丸的背外缘,头朝前,尾朝后,睾丸在两股之间;牛、羊的睾丸长轴与地面垂直,附睾位于睾丸的后外缘,附睾头朝上,尾朝下,睾丸位于两腹股沟区;猪、猫的睾丸长轴与地面倾斜,前低后高,附睾位于背外缘,头朝前下方,尾朝后上方,位于肛门下会阴区;兔的睾丸位于股部后方,性成熟后方下降到阴囊中。图 1-1 分别列出了公牛、公马、公猪、公羊的生殖器官。

表 1-1 各种家畜睾丸的重量

畜种	左右两个睾丸重量		左右睾丸大小差别
	绝对重/g	相对重(占体重)/%	
牛	550～650	0.08～0.09	左侧稍大
水牛	550～650	0.069	
牦牛	180	0.04	
马	550～650	0.09～0.13	左侧稍大
驴	240～300		
猪	900～1 000	0.34～0.38	无固定差别
绵羊	400～500	0.57～0.70	
山羊	150	0.37	
犬	30	0.32	无固定差别
家兔	5～7	0.20～0.30	无固定差别
猫	4～5	0.12～0.16	无固定差别

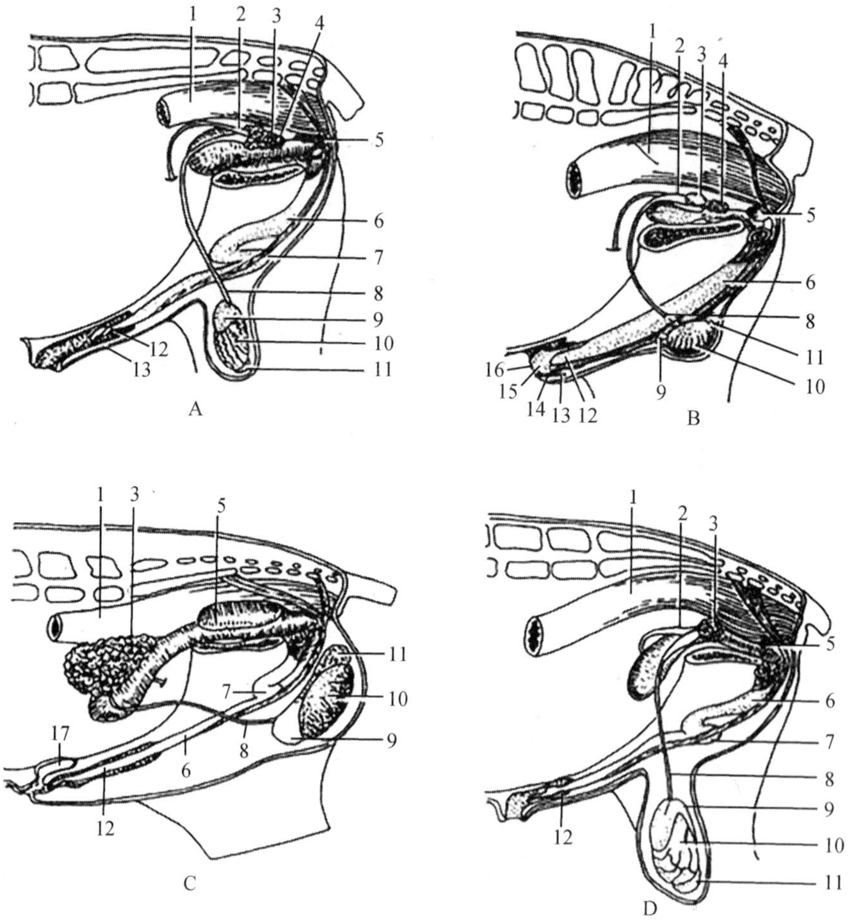

A. 公牛的生殖器官 B. 公马的生殖器官 C. 公猪的生殖器官 D. 公羊的生殖器官

1. 直肠 2. 输精管壶腹 3. 精囊腺 4. 前列腺 5. 尿道球腺 6. 阴茎 7. S状弯曲 8. 输精管 9. 附睾 10. 睾丸 11. 附睾尾 12. 阴茎游离端 13. 内包皮鞘 14. 外包皮鞘 15. 龟头 16. 尿道突起 17. 包皮憩室

图 1-1 公牛、公马、公猪、公羊生殖器官示意图

(张忠诚. 家畜繁殖学. 3 版. 2001)

(2)睾丸的组织结构　睾丸表面被以浆膜,即固有鞘膜,其内为致密结缔组织构成的睾丸白膜,睾丸白膜从睾丸头向睾丸实质部伸入结缔组织索,构成睾丸纵隔,向四周伸出的放射状结缔组织小梁为中隔,将睾丸分成许多锥形体睾丸小叶,每个小叶内由2～3条精细管组成,精细管在小叶顶端汇合成直细管,穿入纵隔结缔组织内形成睾丸网(马无此结构),盘曲成附睾头。睾丸与附睾模式图见图1-2。

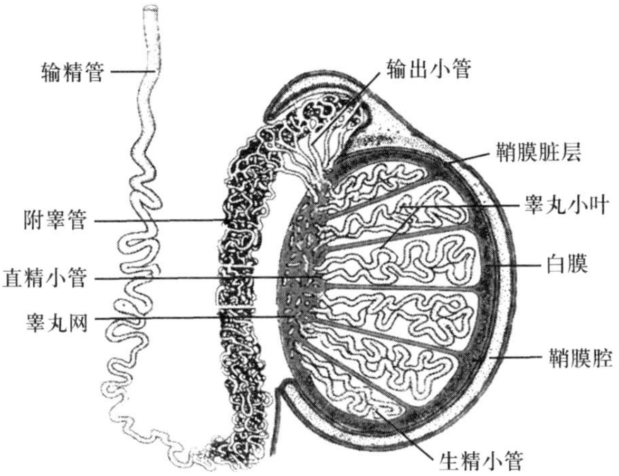

图1-2　睾丸与附睾模式图

(郑鸿培.动物繁殖学.2005)

精细管是精子产生的场所,其内充满液体。各种动物精细管长度和重量各不相同:马、猪、牛和绵羊精细管分别占睾丸重量的61.3%(2 419 m)、77.3%(6 000 m)、79.4%(4 000～5 000 m)和90%(7 000 m)。

精细管的管壁由外向内由结缔组织纤维、基膜和复层的生殖上皮构成。生殖上皮主要由生精细胞和足细胞构成。

①生精细胞。生精细胞数量较多,成群分布在足细胞之间,大致排成3～7层。根据不同时期的发育特点,生精细胞可分为精原细胞、初级精母细胞、次级精母细胞、精子细胞和精子。

精原细胞是成熟睾丸中最幼稚的生精细胞,直接与曲细精管基膜相接触。细胞体积较小,呈圆形,细胞核较大且呈圆形或卵圆形,是形成精子的干细胞。

精母细胞位于生精上皮中层,分初级精母细胞和次级精母细胞2种。各种精母细胞又处于细胞周期的不同阶段,因此在切片上可看到不同形态的精母细胞。

初级精母细胞位于精原细胞的内侧,排列成数层,显示有分裂现象。细胞呈圆形,体积较大,核呈球形。

次级精母细胞位于初级精母细胞的内侧,体积较小,细胞呈圆形,细胞核为球形,染色质呈细粒状。由于该细胞很快分裂成为两个精子细胞,因而在切片上很难找到它。

精子细胞位于次级精母细胞的内侧,靠近精细管的管腔,常排列成数层,并且多密集在足细胞游离端周围。精子细胞体积更小,包浆少,核小呈球形,着色深。精子细胞不再分裂,经过一系列的形态变化,成为精子。

精子位于或靠近精细管的管腔内,有明显的头部和尾部,呈蝌蚪状。精子头部含有核物质,染色很深,常深入足细胞的顶部包浆,尾部朝向管腔。精子发育成熟后脱离精细管的管壁,游离在管腔中，随后进入附睾。

②足细胞。足细胞又称塞托利氏细胞、支持细胞、营养细胞，体积较大而细长，数量较少，属体细胞，呈辐射状排列在曲精细管中，分散在各期生殖细胞之间，其底部附着在曲精细管的基膜上，游离端朝向管腔，常有许多精子镶嵌在上面。该细胞高低不等，界线不清，细胞核较大，位于细胞的基部，着色较浅，具有明显的核仁，但不显示分裂现象。其功能是参与形成血睾屏障，创造相对稳定的生精环境；支持生精细胞，促进生精细胞转位及精子释放；分泌蛋白质及细胞因子；营养生精细胞。如果足细胞失去功能，精子就不能成熟。

(3)睾丸的功能

①产生精子。精子由睾丸中的曲精细管产生，随精细管液流输出，经直精细管、睾丸网、输出管进入附睾。每克睾丸组织，公牛平均日产精子 1 300 万～1 900 万个，公羊 2 400 万～2 700 万个，公猪 2 400 万～3 100 万个，公马 1 930 万～2 230 万个。

②分泌雄激素。在垂体促性腺素的控制下，由精细管的间质细胞分泌雄激素——睾酮，激发公畜的性欲，刺激第二性征，刺激公畜生殖器官的发育及附睾内精子的存活。

③产生睾丸液。由精细管和睾丸网产生大量的睾丸液，含有较高浓度的钙、钠等离子成分和少量的蛋白质成分。其主要作用是维持精子的生存，并有助于精子向附睾头部移动。

2. 阴囊的形态、结构和功能

阴囊由皮肤、肉膜、睾外提肌、筋膜和总鞘膜组成。阴囊位于两股之间，为柔软而富弹性的袋状皮肤囊，表面有细而短的毛。其中，马的阴囊在耻骨前缘的下方腹股沟区；牛、羊的阴囊稍靠前，在前腹股沟区；猪的阴囊在肛门的下方会阴区。

阴囊由皮肤组织构成，内含丰富的皮脂腺和汗腺；内部由肉膜形成中隔，将阴囊分成左右不相通的两个腔，每个腔内各含一个睾丸。

阴囊的功能是保护睾丸和附睾，调节睾丸和附睾温度，以利于精子的发生和储存。在体温条件下，精子不能成活或无生殖能力(如隐睾)，阴囊内的温度比体温低 3～6.8 ℃(牛)。当温度高时，肌肉和皮囊松弛，增加散热表面积，并使睾丸下降悬于阴囊中；当温度低时，肉膜和睾丸外提肌的收缩作用使睾丸上提，同时，阴囊壁变厚，散热面积减小。

(二)附睾

1. 附睾的形态

附睾附贴在睾丸外缘背侧，由附睾头、附睾体和附睾尾 3 部分构成。附睾头膨大，由睾丸输出管相连接，附睾头由 13～20 条睾丸输出管组成，睾丸输出管汇合成一条较粗而长的附睾管盘曲成附睾体和附睾尾，在附睾尾部附睾管弯曲减少，最后过渡为输精管。附睾管的长度因动物不同而不同，牛为 30～50 m，马为 80 m，猪和羊为 50～60 m。

2. 附睾的结构

附睾管壁由环形肌纤维、单层或部分复层柱状纤毛上皮构成。附睾管大体可分为 3 部分：起始部分具有长而直的静纤毛，管腔狭窄，管内精子数很少；中段的静纤毛不太长，且管腔变宽，管内有多数精子存在；末段静纤毛较短，管腔很宽，充满精子。

3. 附睾的功能

(1)促进精子成熟　附睾是精子最后成熟的地方。表现在原生质滴的脱落、精子表面形成脂蛋白膜防止膨胀、获得负电荷防止凝集和附睾产生依赖于雄激素的蛋白，使精子获得结合透明带的能力。

(2)吸收和分泌作用 附睾头和附睾体的上皮细胞能吸收精液中的水分和电解质,提高精子浓度。猪、牛、绵羊和山羊的睾丸液精子浓度为 1 亿/mL,而附睾尾液中精子浓度为 50 亿/mL。附睾能分泌甘油磷酰胆碱、肉毒碱、糖蛋白、酸性磷酸酶、磷酸核苷酶、α-甘露糖苷酶和 β-半乳糖苷酶等,这些物质都具有促进精子成熟、保护精子和维持渗透压的作用。

(3)运输作用 通过附睾管平滑肌收缩和纤毛的摆动,将附睾头的精子送至附睾尾。精子通过附睾时间为牛 10 d、绵羊 13～15 d、猪 9～12 d。

(4)储存作用 附睾管的微酸环境(pH＝6.2～6.8)、高渗透压(400 Pa)和低温等使精子的代谢和活动维持在较低水平,因而可在附睾中储存较长时间。一头成年公牛的两个附睾内聚集的精子数约为 700 亿个,其中约有 54％储存于附睾尾部。公猪附睾储存的精子数为 2 000 亿个左右,其中 70％在附睾尾。公羊附睾储存的精子数在 1 500 亿个以上。

如果家畜久不配种,那么第一次采精,衰老、畸形精子较多。因为附睾内缺少果糖故可保持精子活力 4～5 周,最长可达 2 个月。如果久不配种,则精子自行衰老、死亡、分解、吸收。相反,过度配种,精子成熟时间不足,不成熟精子比例较高。

(三)输精管

1. 输精管的形态结构

输精管由附睾管延续而成,经腹股沟进入腹腔,再向后上方折入骨盆腔,两条输精管于膀胱背侧汇合成一条总管,并由粗变细,与精囊腺共同开口于尿生殖道。输精管与血管、淋巴管、神经、提睾内肌等一起包于睾丸系膜内而组成精索。输精管沿腹股沟管进入腹腔,此后即和精索内的其他部分分开,单独向后上方进入骨盆腔至膀胱背面,两侧输精管都进入尿生殖皱襞内,在此处输精管变粗,形成输精管壶腹。马(尤其是驴)的输精管壶腹发达;猪的输精管壶腹不明显;牛、羊的输精管壶腹比较明显,粗细介于马和猪之间;犬的输精管壶腹较细。输精管壶腹部的实质为分支管状腺体组织,有分泌物排出。

2. 输精管的功能

(1)射精功能 输精管的平滑肌非常发达,管径小,射精时其强有力的收缩作用使精子射出。

(2)分泌作用 输精管壶腹部也可视为副性腺的一种,马的硫组氨酸分泌以及牛、羊精液中部分果糖均来自壶腹部。

(3)分解、吸收老化精子 输精管对死亡和老化的精子具有分解、吸收的作用。

(四)尿生殖道

尿生殖道是公畜尿和精液排出的共同管道。可分为骨盆部和阴茎部,以坐骨弓为界,在交界处管腔变窄,形成尿道峡部。骨盆部由膀胱颈直达坐骨弓,位于骨盆底壁,为一长的圆柱形管,外面包有尿道肌。阴茎部位于阴茎海绵体腹面的尿道沟内。在坐骨弓处,尿生殖道壁上的海绵体层稍变厚,形成尿道球。在尿生殖道骨盆部的腹面正中线上作纵向切口,可以看到起始部尿道上壁有一圆形隆起的精阜,上有射精孔,是输精管和精囊腺的输出管共同形成的开口。前列腺的开口在其两侧,尿道球腺开口在其后。尿生殖道具有排尿和排精的双重功能。

(五)副性腺

家畜的副性腺包括精囊腺、前列腺和尿道球腺,有的动物还包括输精管壶腹。在射精时,它们的分泌物加上输精管壶腹的分泌物混合在一起称为精清,并将来自输精管和附睾高密度的精子稀释,形成精液。当动物达到性成熟时,其形态和机能得到迅速的发育;相反,去势和衰老的动物腺体萎缩,机能丧失。

1. 副性腺的形态与结构

(1)精囊腺 精囊腺成对位于膀胱颈背面的两旁,输精管末端的两侧,与同侧的输精管形成射精管共同开口于尿生殖起始部的精阜上。马的精囊腺呈梨形囊状,向后缩小成输出管。牛、羊、猪的精囊腺都是由致密的分叶腺体组织构成,牛、羊的精囊腺比马的小,而猪的精囊腺特别发达。牛、羊精囊腺的排泄管和输精管共同开口于尿道起始端顶壁上的精阜,形成射精孔;猪则各自独立开口于尿道;犬、猫和骆驼没有精囊腺。

精囊腺分泌液是呈白色或黄色、偏酸性的黏稠液体,在精液中所占的比例,猪为25%~30%,牛为40%~50%。其成分特点是果糖和柠檬酸含量高,果糖是精子的主要能量来源,柠檬酸和无机物共同维持精子的渗透压。

(2)前列腺 前列腺位于膀胱尿道开始处精囊腺之后。马的前列腺位于尿道的背面,并不围绕在尿道的周围,由两个侧叶和一个峡部构成,形似蝴蝶的复管状腺,有许多排出管开口于精阜的两旁。牛和猪的前列腺分为体部和扩散部2部分。体部位于膀胱颈与骨盆尿道交界处,牛的为棱形,猪的为纽扣形。猪的体部小,而扩散部很大,包在骨盆尿道部尿道黏膜外面尿道海绵体肌间,由体部向后延伸而来,其腺管成行开口于尿生殖道内。羊的前列腺最不发达,仅有扩散部,而且为尿道肌所包围,外观看不到。家畜的前列腺机能目前还不十分清楚,其分泌液呈无色透明,偏碱性(pH在7.5~8.2),能提供给精液磷酸酯酶、柠檬酸等物质,并具有增强精子活率和清洗尿道的作用。

(3)尿道球腺 尿道球腺又称考贝氏腺,在坐骨弓背侧,成对位于尿生殖道骨盆部出口的外侧两旁,各有一个排出管(马的每侧有7~8个排出管,开口形成两列小乳头)开口于尿道内。猪的尿道球腺最为发达,为圆柱状,上面覆盖的尿道球肌很薄,所以能看出它的分叶。马的尿道球腺比猪的小,牛、羊的最小,均呈球状,上面覆盖的尿道球肌较厚,其他动物的尿道球腺被尿道肌覆盖。很多动物尿道球腺分泌物的量很少,但猪例外,其分泌物占精液量的15%~20%。山羊的尿道球腺分泌物中含有卵黄凝固因子,分泌液呈弱碱性(pH在7.5~8.2),肉食动物的尿道球腺小,犬无尿道球腺。

2. 副性腺的功能

副性腺在动物交配射精时,其分泌物构成精清,并与精子混合共同组成精液,主要功能如下。

(1)冲洗尿生殖道,保护精子 当交配前阴茎勃起时,排出的少量液体,主要由尿道球腺分泌,它可以冲洗尿生殖道中残留的尿液,使通过尿生殖道的精子不致受到尿液的危害。

(2)稀释精子 附睾排出的精子周围只有少量液体,待与副性腺排出的大量液体混合后,精子即被稀释,从而也加大了精液容量。主要家畜射出的精液中,精清占精液容量的百分数约为:牛85%、马92%、猪93%、羊70%。

(3)为精子提供能量 精子内某些营养物质是在其与副性腺液混合才得到的,如附睾内的精子不含果糖,当精子与精清(特别是精囊腺液)混合时,果糖即很快地扩散到精子细胞内。果糖的分解是精子能量的主要来源。

(4)活化精子　副性腺液一般为弱碱性，碱性环境能刺激精子的运动能力，使精子的运动加快。副性腺液中的某些成分能够在一定程度上吸收精子运动排出的CO_2，从而可在一定程度上维持精液的偏碱性，以利于精子的运动。另外，副性腺液的渗透压低于附睾处，可使精子吸收适量的水分而得以活动。

(5)运送精液到体外　精液的射出，是借助于附睾管、副性腺壁平滑肌及尿生殖道肌肉的收缩，但在排出过程中，副性腺液的液流也有推动作用。副性腺管壁收缩排出的腺体分泌物在与精子混合的同时，随即运送精子排出体外，精液射入母畜生殖道后，精子就能在生殖道中借助一部分精清(还包括母畜生殖道的分泌物)为媒介而泳动至受精地点。

(6)缓冲不良环境对精子的危害　精清中含有柠檬酸盐及磷酸盐，这些物质具有缓冲作用，为精子保持良好的环境，从而延长精子的存活时间，维持精子的受精能力。

(7)形成阴道栓，防止精液倒流　有些雄性动物的精清有部分或全部凝固的现象。一般认为这是一种在自然交配时防止精液倒流的天然措施。这种凝固成分有的来自精囊腺(如马、小鼠)，有的来自尿道球腺(如猪)，并与酶的作用相关。

(六)阴茎和包皮

1. 阴茎的形态、结构和功能

阴茎为雄性的交配器官，主要由勃起组织及尿生殖道阴茎部组成，自坐骨弓沿中线先向下，再向前延伸，达于脐部(图1-3)。马的阴茎较粗大呈两侧稍扁的圆柱形；牛、羊的阴茎较细，在阴囊之后折成“S”状弯曲；猪的阴茎也细，在阴囊之前形成“S”状弯曲；犬、猫的阴茎呈粗细不等的长圆锥形，无“S”状弯曲。

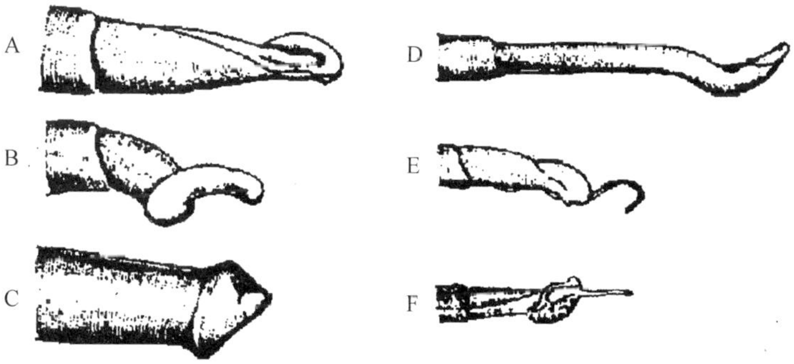

A. 牛　B. 牛(刚交配后的形状)　C. 马　D. 猪　E. 绵羊　F. 山羊

图1-3　各种家畜阴茎龟头的形状

阴茎的后端称阴茎根，前端称阴茎头(龟头)。阴茎根借左右阴茎脚附着于坐骨弓的腹后缘。犬、猫的阴茎根部有一条长圆形的软骨，称为阴茎骨。犬的阴茎骨外围有一圈特殊的海绵体结节，称为茎球腺，在交配时充血膨大使阴茎难以从阴道中抽出。

阴茎体由背侧的两个阴茎海绵体及腹侧的尿道海绵体构成。犬的阴茎体发育较差，在交配中臀部触合时，阴茎体弯曲，反转180°。

阴茎头为阴茎前端的膨大部，也称龟头，主要由龟头海绵体构成。龟头的外形因畜种不同而有区别。牛的龟头较尖，且沿纵轴略呈扭转形，在顶端左侧形成一沟，尿道外口位于此处；马的龟头钝而圆，外周形成龟头冠，末端偏腹侧有凹的龟头窝，窝内有一长约 2.5 cm 的尿道突；猪的龟头呈螺旋状，上有一浅的螺旋沟；羊的龟头呈帽状隆突。尿道前端突出于龟头前方，称尿道突，绵羊的长 3～4 cm，呈扭曲状细长突起，山羊的较短而直。犬的阴茎头非常发达，其中含有等长的阴茎骨，阴茎骨的腹面包有尿道，尿道和阴茎骨的外围包被阴茎膜。阴茎头的后端有膨大的龟头球，龟头球前伸的部分称龟头突。猫阴茎龟头上有 100～200 个角质突起，长度为 0.75 mm，小乳突指向阴茎基部，致使母猫交配时受刺激而吼叫。

2. 包皮的形态、结构和功能

包皮是由游离的皮肤凹陷而发育成的阴茎套。在不勃起时，阴茎头位于包皮腔内，牛包皮较长，包皮口周围有一丛长而硬的包皮毛，包皮腔长 35～40 cm；马的包皮形成内外二鞘，有伸缩性，在阴茎勃起时，内外二鞘被拉展而紧贴于阴茎的表面；猪的包皮腔很长，背侧壁有一圆孔通入包皮憩室，室内常常聚集带有异味的浓稠液体。包皮的黏膜形成许多褶，并含有许多弯曲的管状腺，分泌油脂性物质，这种分泌物与脱落的上皮细胞及细菌混合后形成带有异味的包皮垢。

二、公禽的生殖器官

公禽生殖器官的特点是睾丸位于体腔内，阴茎不发达或发育不完全，没有哺乳动物所具有的副性腺。其生殖器官包括睾丸、附睾、输精管和交配器，公鸡生殖器官见图 1-4。

1. 睾丸

家禽有 2 个睾丸，位于腹腔脊柱腹侧、肾脏前叶下方，形似蚕豆。睾丸大小和色泽因品种、年龄、生殖季节而有很大变化。幼禽只有米粒大，呈淡黄色或黄色。在自然条件下，成年公鸡在春季性机能特别旺盛，睾丸颜色逐渐变白，体积变大，形成大量精子。公鸡成熟睾丸平均重：肉用品种 15～20 g，蛋用品种 8～12 g。当性机能减退时，睾丸体积变小。

睾丸外面包有浆膜和一层薄的白膜，睾丸内的间质不发达，不形成睾丸小隔和纵隔。睾丸实质主要为精小管，在生殖季节加长、增粗，同时间质细胞也增多。

2. 附睾

附睾前端接睾丸，后连输精管，位于睾丸内侧凹部，公禽的附睾一般都不发达。

3. 输精管

输精管为左、右各一条弯曲的细管，与输尿管并列而行。输精管由前至后逐渐变粗，形成扩大部，其末端为圆锥形，突入泄殖腔，称为乳头。在繁殖季节输精管加长增粗，弯曲度变大，常因储有精液而呈现乳白色。公禽没有副性腺，精清主要由精小管、输出管及输精管的上皮细胞

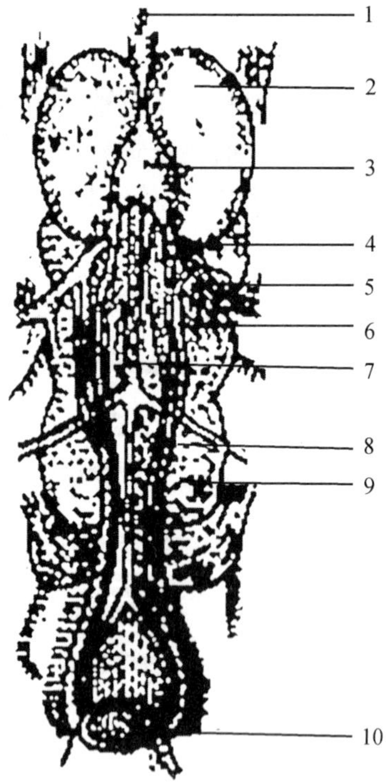

1. 后腔静脉 2. 睾丸 3. 睾丸系膜 4. 附睾 5. 髂静脉 6. 输尿管 7. 主动脉 8. 输精管 9. 肾脏 10. 泄殖腔

图 1-4 公鸡生殖器官

（耿明杰．畜禽繁殖与改良．2006）

分泌，可能还有来自泄殖腔的血管体和淋巴褶的分泌液体。

4. 交配器

公鸡没有真正的阴茎，只有退化的交配器。它位于泄殖腔的腹壁侧中央部，有一小隆起称阴茎乳头，即交配器。公鸡在交配时，交配器充血、勃起围成输精沟，精液由输精管乳头流入输精沟，排入母鸡外翻的阴道口。刚孵化出的公雏，其交配器比较明显，可用来鉴别雌雄。

公鸡的射精量较少，一般为 0.2～0.5 mL，精液呈乳白色或略带黄色，不透明。新鲜精液一般呈弱碱性，其 pH 为 7.0～7.6。

鸭、鹅的阴茎较为发达，位于肛道腹侧偏左，长达 6～9 cm，呈囊状。勃起时因充满淋巴液而产生压力，使阴茎从泄殖腔内压出，呈螺旋锥状体，其表面有螺旋形的输精沟。交配时输精沟闭合成管状，精液则从合拢的输精沟射出。勃起伸出的输精沟由左、右并列的两枚纤维淋巴构成，且两者不对称，左侧比右侧大。

技能训练一　雄性动物生殖器官构造的观察

【训练目的】通过观察各种公畜禽生殖器官的形态、大小，了解各部分之间的关系，掌握猪、牛、羊、马以及家禽生殖器官的形态、位置。为学习生殖器官生理和掌握繁殖技术奠定基础。

【使用材料】牛、羊、猪、犬、鸡、鸭、鹅等生殖器官若干套，解剖刀、大搪瓷盘、金属探针、剪刀、镊子、卡尺、秤、各种公畜禽生殖器官标本、模型、挂图等。

【操作方法】

1. 睾丸的形态观察

注意观察睾丸的前后端及附着缘，比较各种公畜的睾丸，注意它们各自的特征。

家畜睾丸成对，分别位于阴囊的两个腔内，其形状均为长卵圆形。一侧有附睾附着，称为附睾缘，另一侧为游离缘。家禽的睾丸呈豆形，乳白色，由睾丸系膜悬挂于腹腔中线两侧。

随畜种不同，睾丸的大小有差别。牛、羊、猪的睾丸相对比较大，以羊的睾丸为最大。犬的睾丸较小，一对，呈白色椭圆形，位于阴囊内。其腹外侧稍隆凸，与阴囊壁接触，称游离缘；背侧面与附睾相连，称附睾缘。其长轴呈水平方向，前端有血管和神经出入，称睾丸头，后端称睾丸尾，中间为睾丸体。

2. 附睾的形态观察

注意观察附睾头、附睾体和附睾尾的形态特征。附睾位于睾丸的附着缘，分头、体、尾 3 部分。头膨大，由睾丸输出管相连接，睾丸输出管汇合成一条较粗而长的附睾管盘曲成附睾体和附睾尾，最后过渡为输精管。

3. 精索、输精管的观察

了解其相互关系和经过路线，注意观察比较各种公畜输精管壶腹的异同。输精管由附睾管延续而来，而后进入由睾丸系膜、血管、淋巴管、神经、睾丸内提肌共同组成的精索(呈锐三角形)。沿腹股沟管进入腹腔，此后即和精索内的其他部分分开，单独向后上方进入骨盆腔至膀胱背面，两侧输精管都进入尿生殖皱襞内，在此处输精管变粗，形成输精管壶腹。马(尤其是驴)的输精管壶腹发达；猪的输精管壶腹不明显；牛、羊的输精管壶腹比较明显，粗细介于马和猪之间。输精管壶腹部的实质为分支管状腺体组织，有分泌物排出。家禽输精管是极弯曲的管道，沿肾内侧与输尿管同行，在输精管末端形成一个膨大部(储存精子)，最后形成输精管乳头，突出于泄殖腔腹外侧。

4. 副性腺的观察

比较各种公畜精囊腺、前列腺、尿道球腺的大小、形状、位置。家禽没有哺乳动物所具有的副性腺。

(1)精囊腺　成对位于膀胱颈背面的两旁,输精管末端的两侧。与同侧的输精管形成射精管共同开口于尿生殖起始部的精阜上。马的精囊腺呈梨形囊状,向后缩小成输出管。牛、羊、猪的精囊腺都是由致密的分叶腺体组织构成,牛、羊的精囊腺比马的小,而猪的精囊腺特别发达。

(2)前列腺　位于膀胱尿道开始处精囊腺之后。马的前列腺由两个侧叶和一个峡部构成,是形似蝴蝶的复管状腺,有许多排出管开口于精阜的两旁。牛和猪的前列腺分为体部和扩散部 2 部分。体部位于膀胱颈与骨盆尿道交界处,牛的为棱形,猪的为纽扣形。猪的体部小,而扩散部很大,包在骨盆尿道部尿道黏膜外面尿道海绵体肌间,由体部向后延伸而来,其腺管成行开口于尿生殖道内。羊的前列腺最不发达,仅有扩散部,而且为尿道肌所包围,外观看不到。

(3)尿道球腺　成对位于尿生殖道骨盆部出口的外侧两旁,各有一个排出管(马有 7～8 个)开口于尿道内。猪的尿道球腺最为发达,为圆柱状,上面覆盖的尿道球肌很薄,所以能看出它的分叶。马的尿道球腺比猪的小,牛、羊的最小,均呈球状,上面覆盖的尿道球肌较厚。

5. 尿生殖道、精阜的观察

尿生殖道是公畜尿和精液排出的共同管道。可分为骨盆部和阴茎部,以坐骨弓为界,在交界处管腔变窄,形成尿道峡部。阴茎部位于阴茎海绵体腹面的尿道沟内。在尿生殖道骨盆部的腹面正中线上做纵向切口,可以看到起始部尿道上壁有一圆形隆起的精阜,上有射精孔,是输精管和精囊腺的输出管共同形成的开口。前列腺的开口在其两侧,尿道球腺开口在其后。

6. 阴茎、包皮和交媾器的观察

观察各种公畜阴茎的外形特征,尤其注意比较各种公畜的龟头形状和尿道突特点。阴茎由阴茎根、阴茎体和龟头组成。阴茎借助于两个阴茎脚固定于坐骨弓,从这里开始,在两股之间沿着下腹壁走向脐部,龟头位于其末端。阴茎由两个阴茎海绵体和腹面的尿道海绵体组成,为阴茎的勃起组织。马的阴茎长而粗大呈扁圆柱状,龟头膨大,其前下侧有一龟头窝,内有尿道突。牛的阴茎在阴囊之后形成"S"状弯曲,并由阴茎伸缩肌固定于阴茎根上,交配时伸直。龟头上下较扁且前端有些扭转。羊的阴茎与牛的相似,但比牛的细小,尿道突细长,呈蚯蚓状,绵羊的较长,山羊的较短,猪的"S"状弯曲在阴囊之前,其龟头呈螺旋状,上有一包皮盲囊。家禽的交媾器由脉管体、淋巴褶、交接器组成。鸡的交媾器只有退化的生殖突起。鸭、鹅的交媾器较为发达,长达 6～9 cm,呈囊状。

7. 睾丸组织切片的观察

先用低倍镜观察,分出睾丸白膜、纵隔,进一步观察睾中隔、小叶及许多曲精细管的断面。然后在高倍镜下观察睾丸小叶中曲精细管及间质细胞的形状,选一清晰的曲精细管进一步观察复层上皮和致密结缔组织。注意支持细胞和不发育阶段生精细胞的形态特点。

【注意事项】

①注意观察睾丸的前后端及附着缘,比较各种公畜的睾丸,注意它们各自的特征。

②注意观察附睾头、附睾体和附睾尾的形态特征。

③注意观察结果记录。

【技能考核标准】雄性动物生殖器官构造的观察技能考核标准。

考核内容及分数分配	操作环节与要求	评分标准		考核方法	熟练程度	时限
		分值	扣分依据			
1. 牛、羊生殖器官的观察 2. 猪生殖器官的观察 (100分)	①识别牛、羊生殖器官的形态、结构和位置	50	每错或少一项扣5分	单人操作考核	熟练掌握	10 min
	②识别猪生殖器官的形态、结构和位置	30	每错或少一种特点扣5分			
	③熟练程度	10	在教师指导下完成扣5分			
	④完成时间	10	每超时1 min扣2分,直至10分			

【思考题】将各种公畜禽生殖器官的观察结果填于表1-2内。

表1-2　公畜禽生殖器官记录

观察项目		猪	牛	羊	犬	鸡	鸭	鹅
睾丸	长轴							
	直径							
	重量							
附睾	管长							
	重量							
输精管壶腹	粗细							
	形状							
精囊腺	大小							
	形状							
前列腺	体部							
	弥散部							
尿道球腺	大小							
	形状							
阴茎	龟头形状							
	尿道突特点							

技能训练二　睾丸组织切片的观察

【训练目的】通过家畜睾丸组织切片观察,了解家畜睾丸的组织结构及其形态。

【使用材料】睾丸组织切片、金属探针、显微镜、各种公畜禽生殖器官标本、模型、挂图等。

【操作方法】

1. 低倍镜观察

(1)被膜　由浆膜和白膜构成。外层浆膜为一较薄的固有鞘膜,从腹膜延伸而来。内层白膜为弹性结缔组织白色薄膜层,其中富有血管。白膜下为实质部分,即睾丸的功能层。

(2)睾丸纵隔和中隔　睾丸纵隔为睾丸的一端伸向睾丸实质的结缔组织索，并向四周发出许多放射状的结缔组织小梁，伸向白膜。这些结缔组织小梁称为睾丸中隔。猪的睾丸中隔较发达；牛、羊的薄而不完整。

(3)睾丸小叶　睾丸中隔将睾丸实质分成许多小叶，小叶的尖端朝向中央，小叶的基部朝向睾丸的表面。每个小叶由 2～3 条盘曲的曲精细管及血管和间质细胞组成。曲精细管直径约 200 μm。据估测，牛的曲精细管拉直，头对头相接，可长达几千米，占睾丸重量的 80％。

曲精细管在各小叶的尖端先各自汇合成直精细管，穿入睾丸纵隔结缔组织内，形成弯曲的导管网，称为睾丸网(马无此结构)，为精细管的收集管道。睾丸网又分出 12～15 条睾丸输出管，汇入附睾头，形成附睾管。

2. 高倍镜观察

(1)睾丸小叶的结构　由曲精细管及其间质细胞构成。此外，还有血管、淋巴管等。

(2)间质细胞　又称 Leydig 细胞。间质细胞体积较大，分布于曲精细管之间，近似卵圆形或多角形，胞质嗜酸性，核大而圆，具有分泌雄激素的功能。

(3)曲精细管的结构　曲精细管的管壁自外向内由同心圆状排列的结缔组织、基膜和复层上皮构成。上皮细胞成层地排列在基膜上，可分为足细胞和生精细胞 2 种。

(4)足细胞　又称 Sertoli 细胞、支持细胞、营养细胞。足细胞体积较大而细长，但数量较少，属体细胞，呈辐射状排列在曲精细管中，分散在各期生殖细胞之间，其底部附着在曲精细管的基膜上，游离端朝向管腔，常有许多的精子嵌在上面。该细胞高低不等，界线不清，细胞核较大，位于细胞的基部，着色较浅，具有明显的核仁，但不显示分裂现象。由于它的顶端有数个精子伸入胞浆内，故一般认为此种细胞是对生精细胞起着支持、营养、保护等作用。足细胞失去功能，精子便不能成熟。

(5)生精细胞(生殖细胞)　数量比较多，成群地分布在足细胞之间，大致排列成 3～7 层(同心圆排列)。根据不同发育阶段及其形态特点又可分为：精原细胞、初级精母细胞、次级精母细胞、精(子)细胞和精子。

精原细胞：位于最基层，紧贴基膜。其细胞体积较小，呈圆形，常有分裂现象，是精子生成的干细胞。精原细胞的细胞质比较清亮，细胞核大而圆，富含染色质，因而着色较深。

初级精母细胞：位于精原细胞上面，排成几层，常显示有分裂现象。其细胞体积较大，呈圆形，细胞核呈球形，富有染色质，故着色较深。在分裂时，因染色体所处活动时期不同初级精母细胞呈线状、棒状或粒状，在最初阶段与精原细胞不易区别，随着细胞离开基膜向管腔移动，同时胞浆不断增多，胞体不断变大，具有明显的胞核。

次级精母细胞：位于初级精母细胞的内侧。其体积较小，细胞呈圆形，细胞核为球形，染色质细粒状。由于该细胞很快分裂为两个精子细胞，因而在切片上很难找到它。

精子细胞：位于精母细胞内侧，靠近曲精细管的管腔，常排列成数层，并且多密集在足细胞游离端的周围。其细胞体积更小，胞浆少，胞核呈球形，着色深。

精子：位于或靠近曲精细管的管腔内，有明显的头和尾，呈蝌蚪状。其头部含有核物质，染色很深，常深入足细胞的顶部胞浆中，尾部朝向管腔。精子发育成熟后脱离曲精细管的管壁，游离在管腔中，随后进入附睾。

精子是一种独特的细胞，不含细胞质，成熟后还有前进运动的能力。

【**技能考核标准**】睾丸组织切片的观察技能标准。

考核内容及分数分配	操作环节与要求	评分标准		考核方法	熟练程度	时限
		分值	扣分依据			
1. 低倍镜观察睾丸组织结构 2. 高倍镜观察睾丸组织结构 (100 分)	①睾丸被膜观察	10	每说错一项特点扣 5 分	口试,单人操作考核	熟练掌握	15 min
	②识别不同动物睾丸纵隔和中隔结构特点	10	每说错一个特点扣 2 分			
	③识别睾丸小叶的结构	15	每说错一项扣 5 分			
	④识别间质细胞和足细胞	15	每说错一项扣 5 分			
	⑤识别曲精细管的结构	35	每说错或少说 1 个部位扣 3 分			
	⑥熟练程度	10	在教师指导下完成扣 5 分			
	⑦完成时间	5	每超时 1 min 扣 1 分,直至 5 分			

【**思考题**】绘制睾丸组织切片图,并标出主要的组织部位。

技能训练三　雄性动物的阉割术

【**训练目的**】熟悉雄性动物去势前的准备工作,掌握雄性动物的手术去势方法。

【**使用材料**】成年雄性动物若干只、手术刀、止血钳、小镊子、医用缝合线(18 号和 10 号丝线)、注射器、保定架、灭菌纱布、脱脂棉、846、氯胺酮、2%盐酸普鲁卡因、3%塞胺酮、舒泰麻醉药、5%碘酊、75%酒精、0.1%新洁尔灭、酒精棉球、抗破伤风血清(每只 1 500 U)、青霉素、链霉素等。

【**操作方法**】

1. 公猪阉割术

(1)术前检查与准备　首先应确定猪群无任何传染病。对精神不好、消化不良、腹泻,体质瘦弱的公仔猪,可暂缓手术,待康复后再阉割。检查时注意是否有阴囊疝和隐睾,以便确定最佳手术方案和准备器械。

手术一般在上午进行,最好在早上,此时天气凉爽,有利于术者操作和术后止血,可减少因天气过热、仔猪挣扎等产生的不良反应。

手术场地应选在稍有倾斜坡度、干净、干燥的避风处。刮大风或阴雨天不宜阉割。

有破伤风发生的地方,应做好破伤风的预防工作、准备好抗破伤风血清(每头猪用 1 500 U 肌内注射)。

(2)去势操作步骤

①小公猪阉割。去势年龄 1～2 月龄,体重 5～10 kg 最为适宜。公猪的保定,小公猪左倒卧保定。方法是术者首先抓住猪的两后肢跖部背向术者,左右摆动,当猪的头部于术者左侧落地的瞬间,术者左脚踩住猪的右侧颈部;然后松开右手后拉住尾巴于地面用右脚踩住即保定完毕。也可由助手保定。

消毒用 1%～2%来苏尔溶液涂擦后用灭菌纱布(可用口罩代替)擦干,5%碘酊液涂擦消毒或 0.1%新洁尔灭溶液刷洗术部。

把握阴囊、固定睾丸时术者以左手拇指与食指把握阴囊,以其余手指压紧右后肢,并挤压睾丸，将睾丸挤向阴囊底部，使阴囊壁绷紧，固定睾丸。

平行阴囊缝隙 1 cm 左右切开，采用执笔式持刀法 90°垂直刺破皮肤肉膜及总鞘膜后运刀，切口大小与睾丸横径相近，确保挤出睾丸即可。

分离睾丸系膜及阴囊韧带，右手放下手术刀，拇指、食指捏住阴囊精索和输精管，其余三指和掌部捏住睾丸，左手拇指、食指撕裂睾丸系膜后，扯断阴囊韧带（大公猪不能扯断时可以用剪子剪断），并将总鞘膜及韧带推入阴囊内，左手同时挤压阴囊皮肤充分显露睾丸和精索等（图 1-5）。

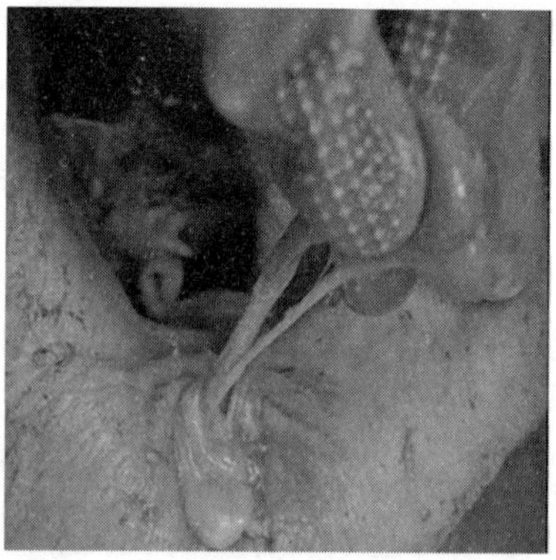

图 1-5　充分显露睾丸和精索

挤出睾丸后，左手拇指、食指捏住睾丸，右手拇指、食指撕开或剪开、割开鞘膜韧带，牵引睾丸并捻转数周，以拇指、食指的尖端沿精索滑动挤搓，切断精索，摘除睾丸。同法，仍在原切口内，在阴囊纵隔上，做一个切口，挤出另一侧睾丸，按同样方法摘除睾丸。

将切口内的污血、液体等清理后，撒布磺胺粉，用 5％片磺酊消毒切口及其周围，同时将包皮内的积液挤出，解除保定，让其自由活动。

②大公猪阉割。大公猪采用助手徒手保定和四肢捆绑固定颈部压杆等方法。大公猪阉割方法与小公猪相似，一般要在阴囊缝际两侧各做一个与阴囊缝际平行的开口，分别将两侧精索用带引线的缝针穿过，进行双重结扎后，摘除睾丸。

对于切口处理时可挤出阴囊腔内的淤血和液体，并撒布消炎粉。最后用 5％碘酊对术部切口及周围皮肤消毒。

③隐睾猪的去势。隐睾猪的去势多采用同侧髋结节前下方 3～4 横指处切开，打开腹腔，用食指在肾脏后的髂腰区摸到睾丸后，于睾丸前端钩出睾丸及输精管除去睾丸，小猪不用结扎，最后缝合腹壁。对双侧隐睾则采用正中线切口，切开时要避开公猪阴茎及鞘膜，切开腹腔后除去睾丸，最后缝合腹壁。

2. 公牛阉割术

（1）术前检查与准备　术前的健康检查是必须的。对大牛群进行大批阉割时，要了解有无传染病流行，如有则不宜手术。对阉割牛应检查体温、脉搏、呼吸数，了解饮欲、食欲。粪便是否正常，鼻镜是否湿润。对阴囊局部着重检查有无外伤和炎症，如有异常，应推迟手术。术前应禁食 12～24 h。

（2）去势操作步骤　首先将牛保定。这里仅介绍提肢倒牛法（图 1-6）。用一条 7～8 m 长的圆绳，折成一长一短的双叠，在折叠处做猪蹄扣，套在牛的侧前肢掌部。先将短绳引过胸下，从对侧经背部返回。再将长绳引向后方，绕腰腹做一环套并引绳向后。在放倒时，拉紧前方短绳，使一前肢提举；后方固定长绳者将腰部环套移至后肢部拉紧。向后牵拉倒牛绳，牛即先坐下而后卧倒（图 1-6），最后捆绑四肢固定。对性情暴烈的公牛阉割时，可按每千克体重肌内注射静松灵 1～2 mL。

阴囊局部洗净、消毒，术者及助手的手臂也要洗净、消毒。

切开阴囊有 3 种方法（图 1-7）。

纵切法：适用于成年公牛。在阴囊底部距离阴囊缝际 1～2 cm 处与缝际平行地切开皮肤及总鞘膜，显露睾丸。对小公牛，也可在阴囊缝际上做一个切口，先切开皮肤，再分别切开两侧总鞘膜。

横切法:广泛用于小公牛,即在阴囊底部做一与阴囊缝际相垂直的切口。一刀切开两侧皮肤及总鞘膜,睾丸即可脱出。

横断法:俗称大揭盖,较少应用。以左手捏住阴囊底部皮肤,一刀将该部皮肤切除,使局部形成直径为 2～3 cm 的圆形皮肤缺损,然后向外迅速用力挤出包有总鞘膜的睾丸,切开两侧总鞘膜,睾丸即可脱出。

按常规步骤剪开或撕开阴囊韧带,断离精索,除去睾丸。断离精索的方法有多种,对成年公牛常用结扎法、捻转钳捻转法、火烙法等,对幼龄公牛除上述方法外,还可用刮挫法、锉切钳挫切法等。

术后处理,术后阴囊皮肤切口处不必缝合,局部涂以碘酊消毒。

图 1-6　提肢倒牛法

(孙大丹．畜禽实用阉割技术．1997)

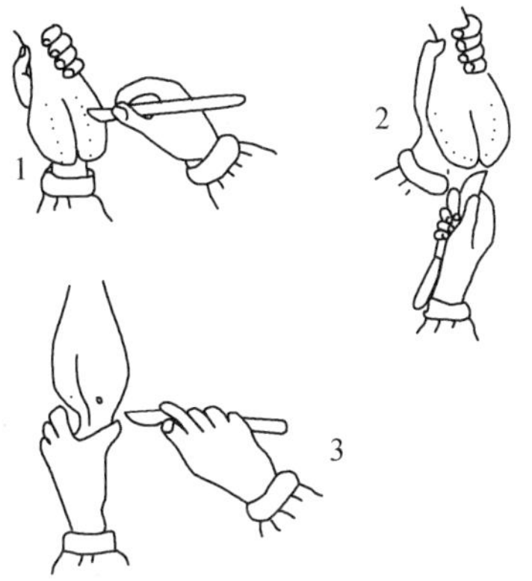

1. 纵切法　2. 横切法　3. 横断法

图 1-7　牛阴囊切开法

(孙大丹．畜禽实用阉割技术．1997)

3. 公羊阉割术

(1)术前检查与准备　羊群中如有传染病流行,不应手术。该地区如发生过破伤风,术前应注射抗破伤风血清和破伤风类毒素,对于体弱有病的羔羊,如长期腹泻、缺奶、营养不良、体质衰弱的羔羊暂不手术。

术前将要阉割的羊只集中在一个小圈中,禁食半天,少量饮水。根据不同的手术方法,准备不同的场地、药品、器械等。器械等应严格消毒。大批阉割时,应准备多套器械,严格消毒,轮换使用。

(2)去势操作步骤　根据羊的年龄、体重和不同手术方法,可选用适宜的保定方法。

抱起保定法适用于公羔羊阉割,助手抱起羊坐在凳子上,使羊背部朝向保定者,腹部朝向术者,用两手分别握住同侧的前后肢(图 1-8)。

图 1-8　羊抱起保定法

(孙大丹．畜禽实用阉割技术．1997)

倒提保定法适用于中、小公羊阉割。助手用两手分别将两后肢提起,同时骑在羊颈部,用腿夹住羊体(图 1-9)。

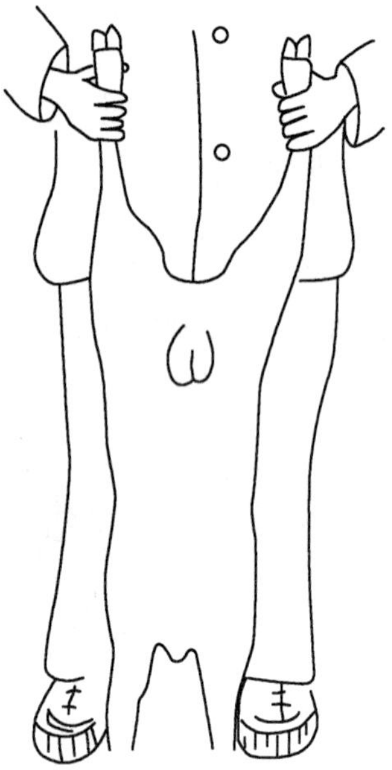

图 1-9 羊倒提保定法
(孙大丹．畜禽实用阉割技术．1997)

侧卧保定法适用于成年公羊及母羊的阉割。助手站在羊的左侧，弯腰，两手经羊背部伸到其腹下，分别握住并提举羊左侧前后肢，使羊呈左侧卧姿势，再握住两前肢和两后肢(图 1-10)。

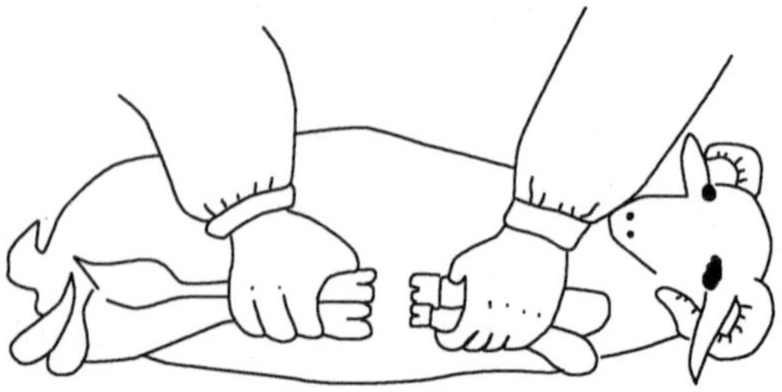

图 1-10 羊侧卧保定法
(孙大丹．畜禽实用阉割技术．1997)

公羊手术部位洗净消毒后，采用纵切法、横切法或横断法切开阴囊，暴露睾丸，剪开或撕开阴囊韧带，对较粗大的精索可采用结扎法、烧烙法、捻转法、挫切法除去睾丸，对较细的精索也可采用手指刮挫法。

对于小羔羊可采用橡皮筋结扎法。术者将两侧睾丸都挤到阴囊底部，用大号止血钳夹住阴囊颈部，然后在止血钳下方用橡皮筋缠绕阴囊预部七八圈，打结固定，取掉止血钳即可。为了预防感染，橡皮筋和结扎部位都要严格消毒。

4. 公犬阉割术

(1)术前检查与准备　对犬进行健康检查，测量体温、呼吸、心率、体重等，去势前禁食半天，注射破伤风抗毒素。术前对手术器械用 0.1%新洁尔灭浸泡消毒 30 min 或煮沸消毒 30 min。术者洗净手臂、消毒。对犬进行全身麻醉(犬对疼痛较敏感)，按每千克体重肌内注射速眠新 0.04 mL，一般 5 min 左右即可处于昏睡状态。也可应用复方氯胺酮(噻胺酮)注射液，每千克体重肌内注射 5 mg，可有效麻醉 60～80 min。用绷带包扎尾根的被毛，固定尾部后进行术部剪毛并用 0.1%新洁尔灭溶液洗净擦干，再用 5%碘酊消毒，最后用 75%的酒精涂擦脱碘。

(2)去势操作步骤　阴囊最低部位的阴囊缝际向前的腹中线上，根据犬的大小及病情做 2～6 cm 切口。术前阴囊部剪毛、清洗、消毒。术者两手指将两侧睾丸推挤到阴囊底部，切开皮肤和皮下组织，显露总鞘膜。左手食指、中指推顶阴囊向后，使睾丸连同总鞘膜向切口内突出，并使鞘膜绷紧，切开鞘膜，使睾丸从鞘膜切口内露出。左手抓住睾丸，右手用止血钳夹持附睾尾阴囊韧带，并将阴囊韧带从附睾尾部撕下，右手将睾丸系膜撕开，充分显露精索。在精索的近心端钳夹第 1 把止血钳，在第 1 把止血钳的近睾丸侧的精索上，紧靠第 1 把止血钳钳夹第 2、3 把止血钳。用 4 号丝线紧靠第 1 把止血钳处进行结扎，当第 1 个结扣接近打紧时，松去第 1 把止血钳，并使线结于第 1 把止血钳的精索压痕处打紧第 1 个结扣和第 2 个结扣。在第 2 把与第 3 把止血钳之间切断精索。用镊子夹持少许精索组织，松开第 2 把止血钳，确认无血后松开镊子，还纳精索。缝合阴囊切口，用 2～0 号铬制肠线或 4 号丝线间断缝合皮下组织，用 4～7 号丝线间断缝合皮肤，外打以结系绷带。术后阴囊潮红和轻度肿胀，一般不用治疗。伴有泌尿道感染和阴囊切口有感染倾向者，在去势后应给予抗菌药物治疗。

【注意事项】

①手术过程一定要无菌操作防止感染。

②术后要加强饲养管理，安静休息，一般5～7 d即可痊愈。

③术后要保持创口干燥，防止舔咬。注意观察阴囊变化，防止出血和感染。

④阉割后牛羊应就近在草场上自由运动和采食。圈舍要清洁、干燥，勤换垫草。

⑤对公犬手术过程中在显露睾丸时应注意手法和固定确定，在切开总鞘膜时应注意力量适度，避免过多切开睾丸，减少出血，同时外拉和显露精索时应注意力量，保证精索充分显露，又要避免过度拉扯精索，防止撕裂。

【技能考核标准】雄性动物的阉割术技能考核标准。

考核内容及分数分配	操作环节与要求	评分标准		考核方法	熟练程度	时限
		分值	扣分依据			
1. 公猪阉割术 2. 公牛、公羊阉割术 3. 公犬阉割术 (100分)	①正确进行术前检查与准备	20	每少一项扣5分	两人操作考核	熟练掌握	10 min
	②熟练进行术前保定	15	每错一步扣5分			
	③正确切口、显露睾丸	15	每错一步扣5分			
	④正确撕断鞘膜韧带和离断精索、摘除睾丸	30	每错一步扣5分			
	⑤熟练程度	10	在教师指导下完成扣5分			
	⑥完成时间	10	每超时1 min扣2分，直至10分			

【思考题】熟记阉割术的各个步骤，并根据体会写出阉割术的操作方法及应注意的问题。

任务二　雌性动物生殖器官构造特点

【能力目标】

1. 了解卵巢的位置和形态特征。
2. 了解输卵管的形态特征。
3. 了解阴道及阴道前庭的位置和形态。
4. 掌握家禽输卵管的组成及结构特点。
5. 掌握牛、猪子宫的形态结构特点。

【相关知识链接】

一、母畜的生殖器官

母畜生殖器官主要由卵巢、输卵管、子宫、阴道、尿生殖前庭、阴唇和阴蒂等组成。其中卵巢、输卵管、子宫和阴道为内生殖器官；尿生殖前庭、阴唇和阴蒂等为外生殖器官(图1-11)。

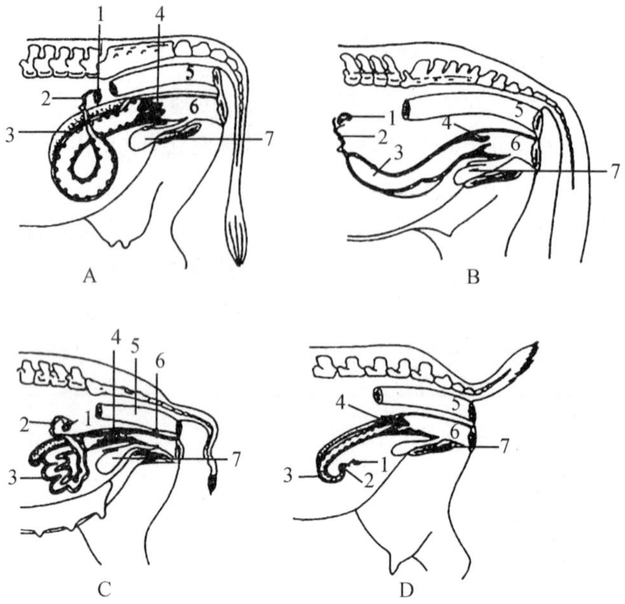

A. 母牛的生殖器官　B. 母马的生殖器官　C. 母猪的生殖器官　D. 母羊的生殖器官

1. 卵巢　2. 输卵管　3. 子宫角　4. 子宫颈　5. 直肠　6. 阴道　7. 膀胱

图 1-11　母牛、母马、母猪、母羊生殖器官示意图

（张忠诚．家畜繁殖学．2004）

(一)卵巢

卵巢是产生卵子和分泌性激素的器官。动物种类不同，卵巢的外形和结构也不相同。卵巢的解剖特征之一是没有排卵管道，卵细胞定期由卵巢破壁排出。排出的卵细胞经腹腔端落入输卵管起始部。卵巢系膜将卵巢系于腰下。卵巢门是出入卵巢的血管、神经、淋巴管集中的部位。各种家畜卵巢的大小与品种、年龄和体成熟有关。

1. 形态、位置

卵巢是母畜一对重要的生殖腺，位于腹腔靠近骨盆的直肠下侧、子宫角尖端的上侧或外侧，附着在卵巢系膜上。其具体位置、形态、大小因畜种、个体、年龄、发情周期和妊娠等而异。

马的卵巢呈蚕豆形，腹缘游离，有凹陷的卵巢窝，卵子只能在卵巢窝表面排出。马的卵巢由卵巢系膜吊在腰区后部下面的两旁。中等大小母马的卵巢平均长 4 cm，宽 3 cm，厚 2 cm。猪的卵巢形态及大小因年龄不同有很大变化。初生仔猪的卵巢类似肾脏，表面光滑，一般是左侧稍大；接近初情期时卵巢增大到 2 cm×1.5 cm，出现许多突出于表面的小卵泡和黄体，很像桑葚；初情期之后，卵巢近似一串葡萄。猪的卵巢位于岬的两旁，随着胎次的增多逐渐移向前下方。牛的卵巢呈扁椭圆形，平均长 2～4 cm，宽 1.5～2.5 cm，厚 2～3 cm。未产和胎次少的母牛的卵巢位于耻骨前缘之后的骨盆腔内；经产多胎母牛的卵巢位于耻骨前缘的腹腔内。卵巢游离缘表面的任何部位均可排卵。犬的卵巢一般呈长卵圆形或蚕豆状，稍扁平。青年犬的卵巢表面光滑，稍柔软；老龄犬的卵巢缩小变硬，表面有大小不同的凸隆和深的凹陷，凹陷中有闭锁卵泡和陈旧黄体，整个卵巢萎缩，结缔组织增多。犬的卵巢长度为 1.0～2.5 cm，多为 1.2～

1.8 cm；宽度多为 0.8～1.4 cm；厚度为 0.4～1.8 cm，多为 0.7～1.0 cm。犬右侧卵巢在十二指肠的右部与外侧腹壁之间，左侧卵巢的外侧邻接脾脏。

2. 组织结构

牛、羊、猪、犬卵巢是由髓质部和皮质部构成的。皮质部包在髓质部的外面，内含同一个发育阶段的卵泡、红体、白体和黄体。中心部为卵巢髓质，从卵巢门伸入卵巢的神经、血管、淋巴管、平滑肌、结缔组织到达髓质部。皮质部是由包裹着很多生殖细胞、卵泡细胞以及大小卵泡的结缔组织构成的。结缔组织在卵巢表面平行排列，形成致密的结缔组织白膜。白膜的表面被覆单层扁平的生殖上皮（图 1-12）。

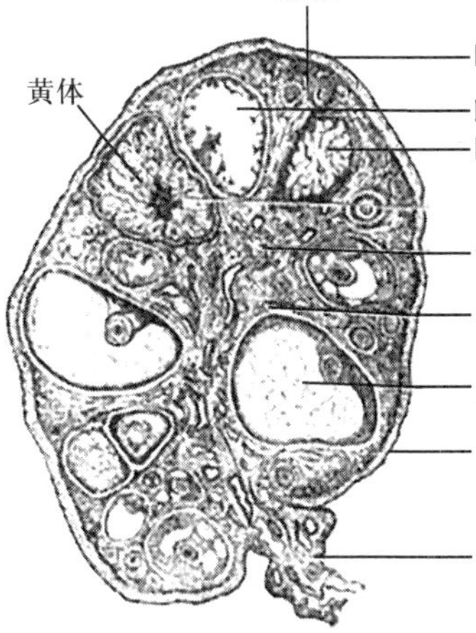

图 1-12 卵巢的结构（低倍镜观察）

马的卵巢组织随年龄增大有所改变，在卵巢门的对侧有数毫米深的凹陷，形成排卵窝。在形态变化的同时，卵巢门相当于其他家畜的髓质，表面有许多血管，浆膜覆盖的范围也逐渐扩大，因此原来的生殖上皮及其下面的皮质部都狭缩于排卵窝区，髓质好像盖在皮质上面。

3. 生理功能

（1）卵泡发育和排卵　卵巢除产生卵子外，尚分泌卵泡激素和黄体激素，因而也是内分泌器官。卵子是由位于卵巢皮质部的原始生殖细胞，经过卵原细胞、初级卵母细胞、次级卵母细胞和卵细胞阶段发育而成的。卵子的发育过程是在一个被称为卵泡的泡状结构中进行的。在发育成初级卵母细胞时，从卵泡内排出，进入输卵管内。排卵后，在原卵泡处形成黄体。

（2）分泌雌激素和孕酮　卵巢产生的生殖激素主要有两种：第一种是雌激素，是由卵巢上的卵泡内膜细胞分泌的。当雌激素浓度达到一定值时，能引起母畜的发情行为，它对于促进母畜生殖器官的发育、成熟、维持母畜的性欲、母性行为以及维持母畜的第二性征都有重要的作用。第二种是孕激素，其中以孕酮为主，是由卵巢上的黄体产生的。孕激素对于调节母畜的发情周期以及维持母畜的妊娠有重要作用。

（二）输卵管

输卵管是连接卵巢与子宫角之间的细管，是由缪勒氏管发育而成的，被卵巢系膜和输卵管系膜包裹。输卵管将卵巢排出的卵子运向子宫，也是卵子与精子汇合进行受精的场所。

1. 形态、位置

输卵管前部的腹腔端呈漏斗状，漏斗的周缘有皱襞的输卵管伞，伞端大部分位于囊内，在漏斗的底部有圆形输卵管腹腔孔，开口于腹腔，有一比较大的腹腔口。输卵管伞附着在卵巢门的对侧面，排卵时，输卵管伞为了接住卵子而伸长，这种动作可以认为是其本身的机能。漏斗部为一薄层的膜，是黏膜的延续，血管较多，有淋巴分布，组织学证明这是一种勃起组织。输卵管后部的子宫端，以小丘状突入子宫角尖端内，其开口为输卵管子宫口。输卵管的长度通常为 15～30 cm，直径为 1～2 mm。输卵管的开始一段沿卵巢囊外侧向前走，然后转向卵巢囊的内侧，再沿内侧向后走。输卵管上 1/3 粗而软，称为输卵管壶腹部，是卵子受精的地方。输卵管下 2/3 细而硬，称为峡部，其末端经输卵管子宫口与子宫角相通。输卵管的壶腹部和峡部没有很明显的界线，为自然移行。直而细的峡部与子宫角的圆形起始部相连，其中有一开口为输卵管子宫口，所以输卵管与子宫之间的界线是非常明显的。靠近卵巢端扩大呈漏斗状，称为漏斗部。漏斗的边缘形成许多皱襞，称为伞。牛、羊的输卵管伞不发达，马的伞发达。

2. 组织结构

输卵管壁是由内侧的黏膜层、中间的肌层和外侧的浆膜层构成的，壶腹部和峡部不同，壶腹部的黏膜层有很多皱褶，呈树枝状突出于内腔；峡部的黏膜层皱褶少而平滑。黏膜层为单层柱状上皮细胞，分为有纤毛和无纤毛 2 种细胞，无纤毛的细胞能够分泌黏液。上皮细胞的高度为 15～20 μm。纤毛上皮细胞分布于输卵管伞的内膜及整个输卵管内面，这种细胞输卵管腹腔口到壶腹部多，而狭部少。纤毛向子宫角方向运动，这有利于卵子向后运行。分泌上皮细胞的核在细胞的中心，颗粒集中于细胞的分泌端，这种细胞峡部多，壶腹部较少，肌层发达，环行平滑肌纤维在黏膜中放射状斜伸排列。

3. 生理功能

(1)承纳并运送精子、卵子和早期胚胎　卵巢排卵后，卵子被输卵管伞接纳，借助输卵管的蠕动将卵子运送到壶腹部；同时将精子反向由峡部向壶腹部运送。

(2)是精子获能、卵子受精及卵裂的场所　精子在受精前，需要有一个“获能”过程，除子宫外，输卵管也是精子获能的部位；此外，输卵管壶腹部是精子和卵子受精的唯一场所。

(3)分泌机能　主要分泌黏蛋白和黏多糖分泌物。输卵管分泌物是精子和卵子的运载工具，也是精子、卵子和早期胚胎的培养液。

(三)子宫

1. 形态、位置

子宫大部分位于腹腔，少部分位于骨盆腔，前接输卵管，后接阴道，借助子宫阔韧带悬于腰下，分子宫角、子宫体、子宫颈 3 部分。子宫分为 3 种类型：对分子宫(子宫角基部之间有一纵隔将两角分开)、双角子宫(无纵隔或不明显)和双子宫(两子宫角不会合成子宫体，而是分别同时开口于阴道)。

马的整个子宫呈“Y”形，为双角子宫。两个子宫角不如双角子宫那样长、那样明显。子宫角为扁带状，稍弯曲呈弓形，似香蕉。子宫角小弯在上，大弯在下，小弯上的浆膜和子宫阔韧带相连接。妊娠时，胎儿占据两个子宫角。子宫黏膜上有大量纵行皱褶。

子宫体接于两个子宫角联合处，子宫体的下部称为子宫底。马的子宫体较其他家畜的发达。

子宫颈前接子宫体，子宫颈外口突出于阴道腔 2～4 cm，构成明显的子宫颈阴道部。子宫颈管的黏膜形成许多高低不等的纵形皱襞。子宫颈通常是自然关闭的，但在发情或分娩以及发生某些疾病时松弛而张开。

牛、羊的子宫形状似弯曲的绵羊角。子宫角向前下方弯曲再向后上方。子宫角的大弯在上，小弯在下。两个子宫角在靠近子宫体的一段外表彼此粘连，在内部有纵隔将之分开，在粘连部分的上缘有一明显的纵沟(称为角间沟)，这类子宫为对分子宫。每个子宫角都是从基部开始向前逐渐变细。子宫黏膜上有突起的子宫阜(成为怀孕牛、羊母体胎盘）。牛和羊的子宫阜不同点在于羊的子宫阜的中央有一凹陷。牛、羊的子宫体均比较短。

牛、羊的子宫颈肌肉层发达，质地较马的坚硬，在牛的直肠检查时很容易摸到。牛的子宫颈管道内不仅有纵形皱襞，而且还有大而横行的皱襞，使子宫颈管关闭很紧。羊的这种皱襞更明显。子宫颈外口突出于阴道中，经产牛肥大，呈菜花状。

猪的子宫角在靠近子宫体 5～10 cm 的部分也是彼此相连的。分开的两个子宫角形成许多弯曲，很像小肠。猪的子宫为双角子宫。成熟母猪的子宫角长 100～150 cm。猪的子宫体不明显。

猪的子宫颈长为 10～18 cm，子宫颈管内黏膜有两排交错的半圆形突起，呈连续性的放射状，中间的较大，两端的较小。子宫颈的前方与子宫体、后方与阴道均没有明显的界线，而是逐渐过渡，因此没有子宫颈阴道部。人工授精时输精管很容易插入。

犬和猫的两侧子宫角基部内有纵隔将两子宫角分为对分子宫。子宫角的分歧角呈“V”字形。犬和猫的子宫体较短，但子宫角却特别长。

此外，还有双子宫型动物，如兔和大鼠有两个子宫角，每一个子宫角具有分开的子宫颈管道，通向阴道。

子宫颈是子宫体与后面的阴道相连接的圆筒形部分，此部的环形肌很发达，组织结构由平滑肌与弹性纤维组成。子宫颈壁厚 1.0～2.0 cm，中央通路是子宫颈管，子宫颈管与子宫体腔相接的部位是子宫内口，开口于阴道的部位是子宫外口，纵向切开子宫颈管，子宫外口部突出于阴道腔内。子宫颈管内腔狭窄，背面屈曲，子宫颈管内侧的黏膜层有很多纵行皱襞，无明显的浆膜，子宫和阴道上皮细胞直接与肌肉层相接。子宫和阴道上皮间无明显的分界线，阴道壁的内膜上皮含有分泌黏液的腺体。子宫外口部的黏膜层厚，皱襞排列成菊花状，呈花蕾状突出于阴道腔内，突出部分为子宫阴道部。

2. 组织结构

子宫壁由外向内由浆膜、肌层、黏膜 3 层组成。

(1)浆膜　是子宫的最外层。是一层坚韧的浆膜，其包被于子宫整体，与子宫系膜相接。

(2)肌层　是平滑肌层。此层又可分为 3 层，外层为纵行肌层；中层为血管层，包括有结缔组织、血管和神经；内层为发达的环行肌层。犬的内、外肌层很明显，肌层由子宫角到子宫体逐渐增厚，子宫颈的环形肌最发达，且厚而坚硬。犬与猪等多胎动物一样，子宫角较长，纵行肌也很发达。

(3)黏膜　是子宫壁的最内层，由表层的黏膜上皮和黏膜下的固有层构成。固有层含有大量的淋巴、血管和子宫腺。子宫腺为简单、分支、盘曲的管状腺。子宫腺以子宫角最发达，子宫体较少。子宫内膜上有子宫阜，牛的子宫阜为圆形隆起，有 100 多个，排成四列。羊的子宫阜呈全纽扣状，中央凹陷，有 60 多个。

3. 生理功能

①孕育和排出胎儿。

②子宫颈是子宫的门户，在不同生理时期或“开”或“关”。妊娠时子宫颈黏液高度黏稠形成栓塞（称子宫栓）封闭子宫颈口，起屏障作用，保护胎儿，防止子宫感染。分娩前栓塞液化，子宫颈扩张，以便胎儿排出。

③子宫角能调节发情周期。配种未孕母畜在发情周期一定时间，子宫分泌前列腺素 $F_{2\alpha}$，

使卵巢的周期黄体消融退化，在促卵泡激素的作用下引起卵泡发育，导致再次发情。妊娠后，不释放前列腺素，黄体继续存在，维持妊娠。

④为早期胚胎提供营养。

⑤子宫颈是精子的选择性贮库。母畜发情配种后，开张的子宫颈口有利于精子逆流进入。子宫颈黏膜隐窝内，可积存大量精子，同时滤出缺损和不活动精子。并借助子宫肌有节律地收缩，运送精子到输卵管。

(四)阴道

阴道是母畜的交配器官和产道，阴道呈扁管状，位于骨盆腔内，在子宫后方，向后延接尿生殖前庭，其背侧与直肠相邻，腹侧与膀胱及尿道相邻。有些家畜的阴道前部由于子宫颈阴道部突入，形成陷窝状阴道穹窿。马和牛的阴道宽阔，周壁较厚。马的阴道穹窿呈环状，牛的呈半环状。猪的阴道腔直径很大，无阴道穹窿。犬的阴道比较长，前端尖细，肌层很厚，主要由环行肌组成。

(五)外生殖器官

1. 尿生殖前庭

尿生殖前庭是交配器官和产道，也是尿液排出的经路。位于骨盆腔内，直肠的腹侧，其前接阴道，在前端腹侧壁上有一条横行黏膜褶称为阴瓣，可作为前庭与阴道的分界；后端以阴门与外界相通。在尿生殖前庭的腹侧壁上，靠近阴瓣的后方有尿道外口，两侧有前庭小腺的开口。前庭两侧壁内有前庭大腺，开口于前庭侧壁。

2. 阴唇和阴蒂

阴门位于肛门腹侧，由左、右两阴唇构成，两阴唇间的裂缝称为阴门裂。阴唇上、下两端的联合，分别称为阴唇背侧联合和阴唇腹侧联合。在腹侧联合前方有一阴蒂窝，内有阴蒂，相当于公畜的阴茎。马的阴唇前方的前庭壁上，有发达的前庭球，长 6～8 cm，相当于公马的阴茎海绵体，马的阴蒂较发达。牛的阴唇背侧联合圆而腹侧联合尖，其下方有一束长毛。猪的阴蒂细长，突出于阴蒂窝的表面。犬的阴蒂窝大，有一黏膜褶向后延展，覆盖在阴蒂的表面，褶的中央部有一向外突出的部分，常被误认为阴蒂。

二、母禽的生殖器官

母禽生殖器官由卵巢和输卵管组成。为了适应飞翔、卵生、胚胎体外发育等需要，母禽的卵巢和输卵管仅左侧正常发育，右侧在孵化的 7～9 d 后逐渐退化，出壳后只保留痕迹。

(一)卵巢

1. 形态结构

母禽的卵巢呈结节状、梨形；位于腹腔左侧后方、左肾前叶头端、附着在背侧体壁，以覆膜褶与输卵管相连接；幼禽卵巢小，呈扁椭圆形，似桑葚状，性成熟后卵巢增大。

2. 生理功能

卵巢是卵泡发育和排卵的场所。

(二)输卵管

1. 形态结构

输卵管为一条长而弯曲的管道，沿左侧腹腔的背侧面后行，悬挂于腹腔顶壁。输卵管包括漏斗部、蛋白分泌部、峡部、子宫部和阴道部。

(1)漏斗部　是输卵管的起始部位，呈漏斗状，长 3～9 cm。可接纳卵巢排出的卵子(卵黄)，是精子与卵子结合的部位。

(2)蛋白分泌部　为输卵管最长、弯曲最多的部位，长 30～50 cm。产蛋期特别发达，壁很厚，黏膜形成纵褶，密生管状腺和单细胞腺两种腺管，前者分泌稀蛋白，后者分泌浓蛋白。

(3)狭部　又称管腰部，为输卵管较窄和较短的一段。作用是分泌部分蛋白和形成蛋白内外壳膜。

(4)子宫部　为狭部后膨大部，呈袋状，管壁厚，肌肉发达。子宫部内黏膜有分泌钙质、角质和色素的壳腺。子宫部的功能是使旋转中的“软蛋”外表包裹硬壳和形成蛋壳外表的色素。

(5)阴道部　是输卵管最后的部分。在与子宫连接区域内有阴道腺，又称为阴道小凹。在交配时，阴道自泄殖腔翻出接受交配；交配后，精子储存于阴道小凹内；产蛋时，阴道同样自泄殖腔翻出，因此蛋不经过泄殖腔。

2. 生理功能

输卵管是保证胚胎体外发育形成蛋的器官。

技能训练一　雌性动物生殖器官构造的观察

【训练目的】认识各种母畜生殖器官的位置、形态、大小及解剖结构特点；了解母畜生殖器官结构与生理功能的关系。

【使用材料】各种未孕母畜的生殖器官若干套，模型、挂图、解剖刀、剪、镊子、探针和搪瓷盘等。

【操作方法】

母畜的生殖器官包括内生殖器官和外生殖器官。内生殖器官包括卵巢、输卵管、子宫和阴道，外生殖器官包括尿生殖前庭、阴唇和阴蒂。内生殖器官位于腹腔和骨盆腔内，上面为小结肠和直肠，下面为膀胱，前下方为小结肠和大结肠。牛的左前侧为瘤胃，马的右前侧为盲肠。子宫颈以前的内生殖器官靠子宫韧带连到腹腔背侧，子宫颈以后的各部分靠结缔组织及脂肪固定在骨盆腔侧壁上。

1. 卵巢的观察

家畜的卵巢由卵巢系膜悬吊在腹腔的腰部、肾的后方。

马：卵巢似蚕豆形或肾形，附着缘宽大，游离缘内陷形成排卵窝。根据发情周期的不同时期，卵巢的直径大小为 3～7 cm 不等。由于卵泡发育，卵巢的外形也随之改变，带有黄体的卵巢体积虽然增大，但外形变化不明显。卵泡排卵后，首先形成红体(血凝块)，在黄体组织初形成时，呈皱襞状包着红体。然后在黄体的形成过程中，红体逐渐被吸收，老黄体的体积缩小，一端指向排卵窝。

牛：卵巢位于两侧子宫角尖端的外侧下方，耻骨前缘附近。其形状为卵圆形，比马的卵巢小，中等大的母牛，卵巢平均长 2～3 cm，宽 1.5～2 cm，厚 1～1.5 cm。排卵后多不形成红体，黄体往往凸出于卵巢表面。

羊:卵巢位于两侧子宫角尖端的外侧下方,耻骨前缘附近,形状比牛的圆而小,长 1～1.5 cm,宽、厚各 0.8～1.0 cm。

猪:有发达的卵巢囊,卵巢和输卵管有时包在卵巢囊内。卵巢体积和形状随着母体的成熟程度而有不同。初生仔猪卵巢形似肾脏,一般是左侧稍大,约 5 mm×4 mm,右侧为 3 mm×4 mm;在接近性成熟时,由于卵巢上许多的小卵泡,体积增大成 2 cm×1.5 cm,形状好似桑葚;达到性成熟时,卵巢上有许多大卵泡、红体及黄体,很像一串葡萄,此时卵巢体积最大。

2. 输卵管的观察

成对的弯曲管道,从卵巢附近开始延伸到子宫角尖端。输卵管的前 1/3 段较粗,称输卵管壶腹,是精子和卵子结合、受精的部位;后 2/3 段变细,称为输卵管峡部。两者的连接部称为壶峡连接部。输卵管的子宫端和子宫角尖端相连接,称为宫管连接部。

马:输卵管有许多弯曲,腹腔端扩大呈漏斗状,其边缘不整齐,形成许多皱襞,称为输卵管伞,伞附着在卵巢的排卵窝旁边。卵巢囊比较发达,宫管连接部界线明显。

牛、羊:输卵管弯曲较少,伞部不发达,由于子宫角尖端细,所以输卵管和子宫角之间的界线不明显。

猪:输卵管有许多小弯曲,伞部比较大。其开口接近卵巢囊的底部。输卵管和子宫角之间界线明显。

3. 子宫的观察

大部分位于腹腔,少部分位于骨盆腔,前接输卵管,后接阴道,借助子宫阔韧带悬于腰下。各种家畜的子宫都分为子宫角、子宫体、子宫颈 3 部分。也可分为 2 种类型:牛羊子宫角基部之间有一纵隔,将两角分开,称为分子宫;马无此隔,猪也不明显,均称为双角子宫。子宫角有大小两个弯,大弯游离,小弯供子宫阔韧带附着。

马:子宫角呈扁圆筒状。子宫角小弯在上,大弯在下,小弯上的浆膜和子宫阔韧带相连接。子宫体前端与两个子宫角交界处为子宫底。马的子宫体较其他家畜的发达。子宫黏膜上有大量纵行皱褶,充塞于子宫腔。子宫颈前接子宫体,子宫颈外口突出于阴道腔 2～4 cm,构成明显的子宫颈阴道部。马的子宫颈比牛短而细,壁也较薄较软。子宫颈管的黏膜形成许多高低不等的纵形皱襞。子宫颈通常是自然关闭的,但收缩不紧,可容一指伸入,发情时开放很大。

牛、羊:子宫角弯区如绵羊角,位于骨盆腔内。经产多次的,子宫并不能完全恢复到原来的形状和大小,所以经产母牛的子宫常垂入腹腔。子宫黏膜上有突起的子宫阜(成为怀孕牛、羊母体胎盘),阜上没有子宫腺,但其深部富含血管。牛和羊的子宫阜不同之处在于羊的子宫阜中央有一凹陷。牛、羊的子宫体均比较短。牛、羊的子宫颈肌肉层发达,质地较马的坚硬,在牛的直肠检查时很容易摸到。牛的子宫颈管道内不仅有纵向皱襞,而且还有大而横向的皱襞,羊的这种皱襞更明显。不发情时管壁封闭很紧,发情时也只是稍微开放。牛子宫颈阴道部粗大黏膜有放射状皱襞,经产牛的皱襞有时肥大呈菜花状。羊子宫颈阴道部仅为上下二片或三片突出。

猪:子宫角形成很多弯曲,很像小肠。子宫体不明显,子宫黏膜也形成皱襞,充塞于子宫腔。子宫颈管内黏膜有两排交错的半圆形突起,呈连续性的放射状,中间的较大,两端的较小。子宫颈的前方与子宫体、后方与阴道均没有明显的界线,而是逐渐地过渡,因此没有子宫颈阴道部，人工授精时输精管很容易插入。

4. 阴道的观察

阴道为母畜的交配器官，又是胎儿娩出的通道。其背侧为直肠，腹侧为膀胱和尿道。阴道腔为扁平的缝隙，前端子宫颈阴道部突入其中，后端和尿生殖前庭之间以尿道外口、阴瓣为界。马的阴道长 15～35 cm，牛的阴道长 22～28 cm，猪的 10 cm、羊的 8～14 cm。阴道黏膜层为复层扁平上皮细胞，发情时发生角质化，无腺体。子宫颈阴道部周围的阴道腔称为阴道穹隆，其中猪无阴道穹隆。牛、羊在交配时，精液射到阴道穹隆附近；马、猪精液则射到子宫颈或子宫内。

5. 外生殖器官的观察

外生殖器官包括尿生殖前庭、阴唇和阴蒂。

(1)尿生殖前庭　是指从阴瓣到阴门裂的部分。前庭两侧壁的黏膜下层有前庭大腺，发情时分泌增强。

(2)阴唇和阴蒂　阴唇分左右两片而构成阴门，两片阴唇的上端及下端联合起来形成阴门上角和下角。马的阴门上角较尖，阴门下角较圆；牛、羊及猪的阴门相反，下角较尖，呈锐角，且垂至坐骨弓的下面。在阴门下角内包含有球形凸起物即阴蒂，由勃起组织(海绵体)构成，有丰富的感觉神经分布。阴蒂与雄性龟头同源。

6. 子宫动脉(子宫中动脉)的观察

牛的子宫动脉位于岬部之前、最后腰椎处，与脐动脉共同起源于髂内动脉，沿子宫阔韧带走向子宫角小弯进入子宫。马的子宫动脉起于髂内动脉之前的髂外动脉，或者与髂外动脉共同起于腹主动脉，它沿子宫阔韧带的中部行走，到达子宫角小弯而进入子宫。子宫动脉向前与卵巢动脉子宫支，向后与尿生殖动脉子宫支吻合。

【注意事项】

①注意各种母畜的卵巢形状、大小及位置。观察未孕母畜发情期各阶段卵巢的外形。

②注意观察输卵管与卵巢和子宫的关系。认识输卵管的漏斗部、腹部和峡部，特别要找到输卵管腹腔口和子宫口。

③注意观察子宫角和子宫体的形状、粗细、长度及黏膜上的特点；观察宫颈的粗细、长度及其构造特点。

④注意观察不同母畜阴道、尿生殖前庭、阴唇及阴蒂的情况。

【技能考核标准】雌性动物生殖器官构造的观察技能考核标准。

考核内容及分数分配	操作环节与要求	评分标准		考核方法	熟练程度	时限
		分值	扣分依据			
1. 母牛、母羊生殖器官观察 2. 母猪生殖器官的观察 (100 分)	①识别母牛、母羊生殖器官的形态、结构和位置	50	每错或少一项扣 5 分	单人操作考核	熟练掌握	10 min
	②识别母猪生殖器官的形态、结构和位置	30	每错或少一项扣 5 分			
	③熟练程度	10	在教师指导下完成扣 5 分			
	④完成时间	10	每超时 1 min 扣 2 分，直至 10 分			

【思考题】将各种母畜生殖器官的观察结果填于下表内。

观察项目		猪	牛	羊	马
卵巢	形状				
	大小				
	重量				
子宫角	形状				
	长度/cm				
	粗细				
	有无角间沟				
子宫体长度					
子宫颈	长度/cm				
	粗细				
	管道特点				
	有无阴道部				
阴道长度/cm					

技能训练二　卵巢组织切片的观察

【训练目的】通过家畜睾丸组织切片观察，了解家畜睾丸的组织结构及其形态。

【使用材料】睾丸组织切片、金属探针、显微镜、各种公畜禽生殖器官标本、模型、挂图等。

【操作方法】

1. 低倍镜观察

在低倍镜下找出卵巢表面上皮和白膜，区分卵巢的皮质部和髓质部。

(1)表面上皮　位于卵巢皮质的最外层，在幼年家畜由单层柱状上皮细胞或立方上皮细胞组成，随着年龄的增长，这些细胞变成扁平细胞。马卵巢表面上皮仅分布于排卵窝。其余部分被浆膜覆盖。

(2)白膜　位于表面上皮之下的一薄层致密结缔组织。

(3)皮质部　位于白膜下面、卵巢的外周部分(马的则位于卵巢中央靠近排卵窝处)。由许多大小不等的发育卵泡和闭锁卵泡、少量黄体以及较致密的结缔组织构成。占卵巢的大部分，与髓质无明显界线。由于皮质部含有卵泡和产生卵巢激素的细胞，故也称“功能层”。

(4)髓质部　位于卵巢中央(马则在卵巢周围)。内含有许多细小的血管、神经和富有弹性纤维的疏松结缔组织。

2. 高倍镜观察

(1)卵泡发育观察　每个卵泡都由位于中央的卵母细胞和围绕在卵母细胞周围的卵泡细胞组成。有的卵泡在发育过程中可能退化而形成闭锁卵泡。卵泡的发育阶段可根据发育程度不同分成5期。

①原始卵泡期：卵原细胞有丝分裂增殖停止，形成初级卵母细胞。初级卵母细胞进入第一次减数分裂不久，休止在前期的双线期。初级卵母细胞位于中央，周围包有一层扁平的卵泡

(颗粒)细胞。卵母细胞的体积比较大,中央有一圆形的泡状核,核内染色质稀少,着色较浅,核仁明显。卵泡细胞体积小,核扁圆形,着色深。所有的原始卵泡在出生前就形成了。它处于储备状态未进入生长,常常在皮质外层外周成群地出现。据估计,一头初生牛犊卵巢中央有大约75 000 个原始卵泡。

②初级卵泡期:初级卵母细胞迅速生长,外有一层立方形的颗粒细胞包围。此时,卵母细胞已有透明带形成,并由卵泡颗粒细胞长出绒毛渗透到透明带内,为卵母细胞提供营养。

③次级卵泡期:初级卵泡经过发育和生长成为次级卵泡。卵母细胞体积基本不变,但外围的卵泡颗粒细胞生长。卵母细胞被多层颗粒细胞包围,其外有卵泡膜。

④三级卵泡期:卵泡体积增大,颗粒细胞之间有液体形成并将它们分开形成卵泡腔。小卵泡腔合并成为大卵泡腔。初级卵母细胞逐渐发育增大,胞浆中卵黄颗粒增多。透明带为较均一的厚层蛋白质膜,卵泡细胞层增厚。

⑤成熟卵泡期:也称 Graafian 卵泡。三级卵泡进一步成熟,形成充满卵泡液的水泡,卵泡突出于卵巢表面。卵泡体积很大,卵泡腔扩大。此时初级卵母细胞长大成熟,核呈空泡状,染色质很少,核仁明显。胞浆内富有卵黄颗粒。排卵前即恢复并完成第一次减数分裂,结果形成大小不等的两个细胞,大的细胞为次级卵母细胞,小的称为第一极体。透明带变厚。极体呈卵圆形,位于透明带与次级卵母细胞之间的卵黄周隙,只有核质构成,以后逐渐退化。成熟卵泡的卵泡壁由几个功能细胞层构成。最外层为有较多纤维细胞层的外膜层,向内为内膜层。这两种细胞层由毛细血管网提供血液。外膜层与内膜层分界明显,常合称为卵泡膜。内膜增厚,内膜细胞肥大,呈圆形或多角形,类脂质颗粒增多,细胞核为椭圆形。在内膜层下面有一层基膜,将内膜与最内层细胞即颗粒细胞层分开。基膜阻止血管系统进入颗粒细胞层。随着卵泡腔扩大,颗粒细胞层变薄,包围卵泡腔。颗粒细胞排列整齐,有时可见到细胞分裂。

此外,卵丘位于卵泡腔的一侧,卵丘和其他颗粒细胞包裹卵母细胞。与卵母细胞直接接触的颗粒细胞呈辐射状排列,称作放射冠。在排卵开始时,放射冠细胞与周围的卵泡壁颗粒细胞之间开始出现裂隙,彼此的联系疏松。

牛、羊、猪的卵泡在排卵前(马在排卵后)完成第一次减数分裂,形成次级卵母细胞。随即开始第二次减数分裂,然后休止在中期(M 期)。受精过程才使第二次减数分裂恢复并完成,结果产生合子(受精卵)及第二极体。因此,牛、羊、猪、马等家畜没有真正的卵子存在。

闭锁卵泡:初级卵泡在退化后,一般不留痕迹。但生长卵泡在退化时,卵母细胞萎缩,透明带皱缩塌陷,卵泡液被吸收,卵泡壁凹陷,以后结缔组织侵入泡内。

(2)黄体形成过程　排卵后的卵泡转变成富有血管的内分泌器官。牛、羊、猪的黄体位于卵巢皮质浅层突出于表面。马的黄体则完全埋藏在卵巢深部。根据黄体发育阶段而分成下列几期。

①血体期:卵泡破裂后,血液流入卵泡腔,形成血凝块,也称红体期。

②增生期:当破裂卵泡伤口愈合,黄体细胞增生,外观呈黄色。黄体细胞一部分来源于卵泡颗粒细胞,多分布于黄体中心,着色浅,呈多角形,体积较大,胞质出现类脂质颗粒,球形细胞核明显。另一部分来源于内膜细胞,多分布在黄体边缘或颗粒黄体细胞之间,体积小,核及胞质着色较深。

③血管盛开期:血管与结缔组织伸入黄体中心,形成菜花状,黄体细胞清晰可见。

④成熟期:黄体增大到最高峰,黄体内各种结构明显。

⑤白体期：黄体退化、萎缩，变成白色的痕迹。

【技能考核标准】卵巢组织切片的观察技能标准。

<table>
<tr><th rowspan="2">考核内容及分数分配</th><th rowspan="2">操作环节与要求</th><th colspan="2">评分标准</th><th rowspan="2">考核方法</th><th rowspan="2">熟练程度</th><th rowspan="2">时限</th></tr>
<tr><th>分值</th><th>扣分依据</th></tr>
<tr><td rowspan="7">1. 低倍镜观察卵巢组织结构
2. 高倍镜观察卵巢组织结构
（100 分）</td><td>①卵巢被膜观察</td><td>15</td><td>每说错一项特点扣 5 分</td><td rowspan="7">口试，单人操作考核</td><td rowspan="7">熟练掌握</td><td rowspan="7">15 min</td></tr>
<tr><td>②识别皮质部的结构</td><td>15</td><td>每说错一个特点扣 5 分</td></tr>
<tr><td>③识别髓质部的结构</td><td>15</td><td>每说错一项扣 5 分</td></tr>
<tr><td>④识别各级卵泡细胞特点</td><td>25</td><td>每说错一种扣 5 分</td></tr>
<tr><td>⑤识别黄体发育的各个阶段</td><td>15</td><td>每说错一个扣 3 分</td></tr>
<tr><td>⑥熟练程度</td><td>10</td><td>在教师指导下完成扣 5 分</td></tr>
<tr><td>⑦完成时间</td><td>5</td><td>每超时 1 min 扣 1 分，直至 5 分</td></tr>
</table>

【思考题】绘出并注明卵巢组织结构及卵泡发育各阶段示意图。

技能训练三　雌性动物的绝育术

【训练目的】熟悉雌性动物去势前的准备工作，掌握雌性动物的手术去势方法。

【使用材料】雌性动物若干只、手术刀、剪毛剪、止血钳、小镊子、缝合针、医用缝合线、注射器、保定架、灭菌纱布、脱脂棉、麻醉药、5%碘酊、75%酒精、0.1%新洁尔灭、酒精棉球、抗破伤风血清、青霉素、链霉素等。

【操作方法】

1. 母猪绝育术

(1)术前检查与准备　应先确定猪群无任何传染病。对精神不好、消化不良、腹泻、体质瘦弱的母仔猪，可暂缓手术，待康复后再绝育。

术前应禁食一顿，以减小腹压，减少胃肠的体积和压力，有利于子宫角顺利导出切口，亦可减少胃肠损伤的危险。手术在上、下午均可，最好在早上，此时天气凉爽，有利于术者操作和术后止血，可减少因天气过热、仔猪挣扎等产生的不良反应。

大母猪进行绝育术前应进行发情和妊娠检查，如发情或妊娠则不能进行绝育。

手术场地应选在稍有倾斜坡度、干净、干燥的避风处。刮大风或阴雨天不宜阉割。

有破伤风发生的地方，应做好破伤风的预防工作、准备好抗破伤风血清(每头猪用 1 500 U 肌内注射)。

(2)绝育术操作步骤

①小母猪绝育术。一般在生后 45 d 左右，体重 10～20 kg。小母猪绝育一般采用小挑术。

首先将仔猪横卧式保定，术者以左手抓住母仔猪左后肢跗关节，右手紧握母仔猪左侧膝皱襞，先将头端侧卧于地面，使其右侧着地。术者以右脚掌踩住其左侧耳后颈部，然后左右手配合。将其后躯压于地面，左膝关节、跗关节伸直，使跗关节后外侧着地。术者以左脚掌踩住猪的左侧后肢蹠部，使猪呈前躯侧卧，后躯仰卧姿势。左后肢要尽量伸直，腹部要挺出来，让猪的纵轴呈略向前凸出的浅弧形。这种保定姿势的好处是：在术者对仔猪施加压力较大时，母仔猪不能乱动；对稍小或稍大一些的仔猪均适用；后腹部与背侧距离很近，且左侧腹壁较紧张，易于一次切透腹壁，使切口整齐。如果选用有一定斜坡的地面，令猪略呈头低尾高的保定姿势，使肠管前移，则更有利于子宫角涌出切口(图 1-13)。

1. 单手提猪　2. 双手抓猪　3. 双脚保定

图 1-13　小挑母猪保定法

(孙大丹．畜禽实用阉割技术．1997)

然后进行消毒。在左侧倒数第二个乳头外涂以 5% 碘酊。术者左手中指抵于右侧髋结节处，拇指抵于左侧倒数第二个乳头外侧 2 cm 处(图 1-14)，与中指相对应，并和地面垂直，拇指用力下压，术者右手持刀，在左手拇指前缘与体轴平行，刀与体表垂直，一次性切透腹壁各层组织，切口长为 0.8～1 cm，进刀后阻力消失，腹液流出，这时猪吼叫挣扎，术者拇指需压紧，子宫角即可随腹液自动流出。如果子宫角未能自动冒出，可用刀柄从切口插入 1 cm，呈 45°角做前后弧形划动，左手配合，稍加抖动，子宫角也会自动冒出。此时，左右手的食指背面用刀压迫切口，两拇指和食指交替动作，把两侧子宫角、输卵管、卵巢一并引出切口外，用手指挫断子宫体，摘除子宫、输卵管及两侧的卵巢。局部涂布碘酊，提起后肢，稍稍摆动，放开即可。

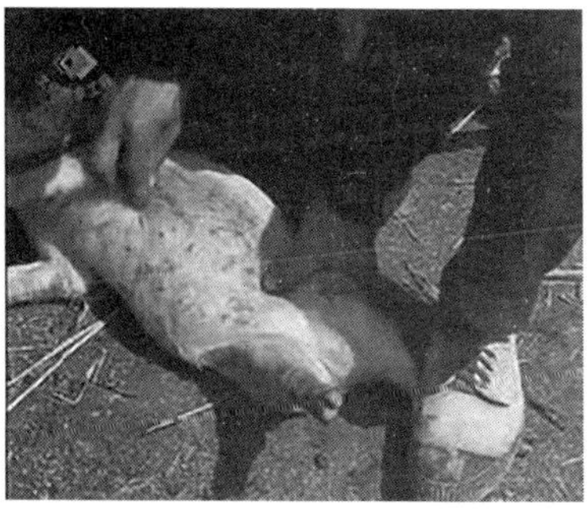

图 1-14　术者左手拇指抵于左侧倒数第二个乳头外侧 2 cm 处

②大母猪绝育术。一般采用左侧横卧保定法。切口部位一般选在右肷窝三角区内，具体切口位置可根据猪体大小、初情母猪、经产母猪等情况而稍做变动。切口区域确定后用剪毛剪剪毛或用外科手术刀剃毛。在干燥的情况下，用外科手术刀剃去术部被毛。之后用手轻轻拍打术部皮肤，将剃断的被毛清理干净。对术部进行消毒。在预定切口处切一个 5～10 cm 的垂直切口，体小的猪切口能容纳 1～2 指，体大的猪要容纳 3～4 指。右手持刀切开皮肤、皮下组织、浅筋膜、浅层肌肉，用消毒纱布压迫止血。术者左手按压术部，右手食指伸入切口，钝性分离腹壁肌肉，直达腹膜。最后用手指捅破腹膜层，若捅不破可用刀柄戳破。对初情期的母猪，术者左手食指伸入骨盆入口处的顶端、右侧髋结节下方触摸卵巢，用手指钩出卵巢即可，结扎确实后，摘除卵巢。摘取对侧卵巢时要适当对腹壁加大压力，使之尽量接近对侧卵巢，钩出后用同样的方法摘除。

对于经产母猪，术者需食指、中指并用，伸入骨盆腔入口处的顶端、髋结节内下方及其附近，触摸到卵巢或子宫角后，将卵巢钩出切口，用止血钳固定卵巢，再用带引线的针穿过卵巢柄后端，进行双重结扎，于离结扎线 0.3～0.4 cm 处剪断，用同样的方法摘除另一侧卵巢。最后，缝合切口。首先应缝合腹膜，可用带 10 号丝线的全弯针，连续缝合，也可用袋口状连续缝合一周，必要时带着部分肌肉缝合。然后再结节缝合或锁边缝合皮肤。在闭合皮肤切口前，切口内要撒布青霉素、链霉素或消炎粉。缝合皮肤后清除术部血迹，涂布碘酊。

2. 母牛绝育术

(1)术前检查与准备　与阉割公牛一样，术前进行一般健康检查和相应的准备。通过直肠检查。探明卵巢的形状、大小和位置，卵巢系膜的长短及活动范围，以确定适当的手术方法。

(2)绝育术操作步骤　在采用腹部正中线切口法绝育时，首先将牛仰卧保定，肌内注射保定宁等行全身麻醉，术部剪毛、剃毛、消毒。在距耻骨前缘 3～4 cm 处向前沿腹正中线做长 10～15 cm 的皮肤切口，分离皮下结缔组织。同时将左右乳腺推向两侧，然后逐层切开筋膜、腹肌、腹膜等。打开腹腔，随即手伸入腹腔，将两侧卵巢逐个拉出切口外。再分别结扎卵巢系膜后切除卵巢，然后腹膜行连续缝合，筋膜和皮肤行结节缝合切口。切口部涂以碘酊，做结系绷带(图 1-15)。

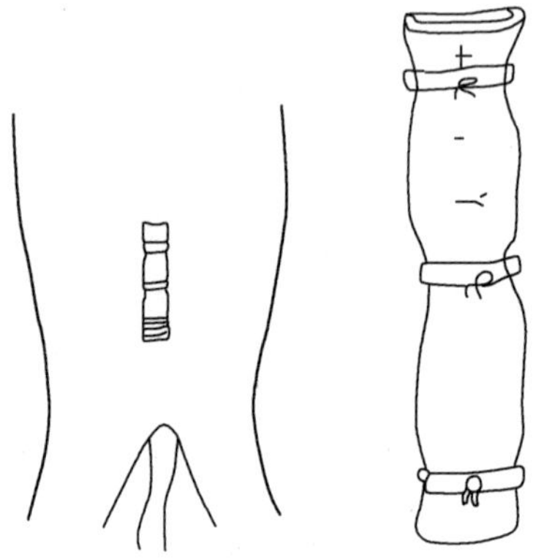

图 1-15　结系绷带做法

(孙大丹．畜禽实用阉割技术．1997)

3. 母羊绝育术

(1)术前检查与准备　根据需要准备好手术器械及常用消毒和消炎药品。保定使羊左侧卧，后驱仰卧。如有手术台，可仰卧保定于手术台上。确定切口部位，以乳房基部为起点，沿腹中线向前做 2～3 cm 长的切口。也可平行于正中线在其左侧或右侧做切口。

(2)绝育术操作步骤　首先术部剪毛、剃毛，洗净、擦干，两次涂擦 0.1%新洁尔灭溶液(或先用 75%酒精涂擦，再涂 5%碘酊，最后用 75%酒精脱碘)进行消毒处理。左手拇指、食指将切口部两侧的皮肤撑紧。右手持刀，做 2～3 cm 长的皮肤切口，小心切开白线，用食指钝性捅破腹膜。右手食指伸入腹腔内，在耻骨前缘下方，膀胱与直肠之间，摸取子宫角(子宫角的硬度稍大于小肠)，将子宫角钩住。指端沿子宫角向前部滑动至子宫角与输卵管交界处，将其压在腹壁上，并顺腹壁将其钩出切口外。然后顺输卵管牵出一侧卵巢，用结扎法或捻转法摘除卵巢，用右手食指顺该侧子宫角触摸到子宫体，直到另一侧子宫角。按上述方法将卵巢牵出后用同法摘除。腹膜和筋膜连续缝合，皮肤缝合 1～2 针即可。切口涂 5%碘酊。

4. 母犬绝育术

(1)术前检查与准备　术前对犬要进行全面详细的检查，确认健康者才能手术。犬在术前应禁食 0.5 d 或 1 d。

手术场地或手术室应清扫干净并消毒。手术台或待用器材也应清洗干净并消毒。对手术刀、手术剪、止血钳、持针钳、手术镊子、缝合针等器械须严格消毒灭菌，对缝合丝线及敷料等也应消毒。

(2)绝育术操作步骤　将母犬仰卧保定，在母犬腹部脐后 4～10 cm 的腹白线上做一切口，切口长约 5 cm，然后将食指伸入腹腔沿腹壁向脊柱方向，在肾脏后方仔细探摸卵巢，并将其轻轻引至切口外，同时，可将腹壁切口压向背侧，以配合卵巢的显露。用止血钳在卵巢下方夹住卵巢系膜，在止血钳下方用丝线结扎卵巢系膜，然后切除卵巢，松开止血钳，确认无出血后方可将断端放回腹腔。最后，常规缝合腹膜及皮肤，装结系绷带。术后肌内注射抗生素，防止感染。

【注意事项】

①手术过程一定要无菌操作，防止感染。

②在给小母猪绝育时，术者须穿软底鞋，防止踩伤仔猪。

③切忌刀柄乱钩、乱捅，摘净卵巢、子宫。

④绝育后牛、羊应就近在草场上自由运动和采食。圈舍要清洁、干燥，勤换垫草。

⑤犬绝育后应单独饲养，适当限制运动，防止跑跳。犬舍要干燥、清洁。术后7～10 d拆除皮肤缝线。

【技能考核标准】雌性动物的绝育术技能考核标准。

考核内容及分数分配	操作环节与要求	评分标准		考核方法	熟练程度	时限
		分值	扣分依据			
1. 母猪绝育术 2. 母牛、母羊绝育术 3. 母犬绝育术 （100分）	①正确进行术前检查与准备	20	每少一项扣5分	两人操作考核	熟练掌握	10 min
	②熟练进行术前保定、消毒	15	每错一步扣5分			
	③正确确定切口位置、大小	15	每错一步扣5分			
	④正确运用手指或刀柄找到卵巢，正确切除卵巢	20	每错一步扣5分			
	⑤熟练缝合腹膜及皮肤	10	每错一步扣5分			
	⑥熟练程度	10	在教师指导下完成扣5分			
	⑦完成时间	10	每超时1 min扣2分，直至10分			

【思考题】根据体会写出绝育术的操作方法及应注意的问题。

项目二

生殖激素的应用技术

任务　生殖激素的应用技术

【能力目标】

1. 了解生殖激素的概念。
2. 明确生殖激素的分类方法。
3. 掌握生殖激素的作用特点。
4. 掌握生殖激素的临床应用技术。

【相关知识链接】

一、生殖激素的概念与分类

(一)概念

激素是由有机体产生，经体液循环或空气传播等途径作用于靶器官或靶细胞，具有调节机体生理机能的微量信息传递物质。其中，生殖激素是那些直接作用于生殖活动，并以调节生殖过程为主要生理功能的激素。生殖激素的意义在于维持和调节畜禽正常生殖活动，使雄性产生精液、性欲和交配行为，使雌性产生卵子，促进卵泡发育、发情、排卵、受精、妊娠、分娩、泌乳等生理活动。

(二)分类

依据不同标准可以对生殖激素进行不同的分类，具体分类如下。

1. 根据来源和功能不同，生殖激素大致分为 3 类

(1)来自下丘脑的释放激素　可控制垂体合成与释放有关的激素。

(2)来自垂体前叶的促性腺激素　直接关系到配子的成熟与释放，刺激性腺产生类固醇激素。

(3)来自两性性腺即睾丸和卵巢的性腺激素　对两性行为以及生殖周期的调节均起着重要作用。除此之外，与生殖有直接关系的生殖激素还有来自胎盘的一些激素，来自垂体后叶的

催产素和近年来被人们认作生殖激素的前列腺素等。

2. 根据其化学本质不同，生殖激素可分为3类

(1)含氮激素　包括蛋白质、多肽、氨基酸衍生物和胺类等，垂体分泌的所有生殖激素和脑部分泌的大部分生殖激素都属此类。此外，胎盘和性腺以及生殖器官外的其他组织器官也可分泌蛋白质和多肽类激素。

(2)类固醇类　主要由性腺和肾上腺分泌，对动物性行为和生殖激素的分泌有直接或间接的作用。

(3)脂肪酸类　主要由子宫、前列腺、精囊腺(前列腺素)和某些外分泌腺体(外激素)分泌。

主要生殖激素的来源、化学性质和主要作用可以归纳为表2-1。

表2-1　主要生殖激素的来源、化学性质和主要作用

激素种类	激素名称	主要来源	靶器官	主要作用
丘脑下部激素	促性腺激素释放激素(GnRH)	丘脑下部	垂体前叶	使垂体前叶释放FSH和LH
促性腺激素	促卵泡素(FSH)	垂体前叶	卵巢	促进卵泡成熟、排卵和分泌雌激素
	促黄体素(LH)或促间质细胞素(ICSH)	垂体前叶	卵巢和睾丸	促进黄体生成并分泌孕酮、促进间质细胞分泌雄激素及精子成熟
性腺激素	雌激素(E)(雌二醇、17-βE_2、雌酮)	卵泡和胎盘	母畜生殖道、乳腺、丘脑下部等	刺激性欲及性兴奋、维持第二性征
	孕激素(黄体激素、孕酮P)	黄体和成熟卵泡	母犬生殖道、丘脑下部等	与雌激素协同作用、维持妊娠
	雄激素(A)(睾酮T)	睾丸	公畜生殖器官及副性腺	刺激性欲及性兴奋、维持第二性征
胎盘激素	孕马血清促性腺激素(PMSG)、人绒毛膜促性腺激素(hCG)	马属动物胎盘、灵长类胎盘	卵巢	刺激卵泡生长、妊娠
垂体后叶激素	催产素(OXT)	垂体后叶	子宫、乳腺	刺激子宫及乳腺肌上皮收缩
局部激素	前列腺素(PG_s)	各种组织	各种器官和组织	溶解黄体，与催产素协同作用引起分娩

二、生殖激素的作用特点

生殖激素虽然种类很多，作用复杂，但它们在对靶组织发挥作用的过程中，具有以下共同特点。

①通过血液作用于一定的组织和器官，在血液中消失快，但作用持续、缓慢，具有积累作用。

②量少作用大。即微量的生殖激素就可引起很大的生理变化。

③具有明显的选择性。各种生殖激素都有一定的靶组织和靶器官。

④具有协同和抗衡作用。如雌激素和孕激素共同作用,可引起子宫的发育;促卵泡素和促黄体素协同,可引起母畜排卵;雌激素能引起子宫兴奋,而孕酮抗衡雌激素作用,抵消子宫兴奋等。

⑤无种间特异性。即生物界的生殖激素都是统一的,一致的。

三、生殖激素的分泌调节

畜禽的整个生殖活动都是受神经、激素控制的。从图 2-1 中可以看出,中枢神经系统把外界环境的刺激传到下丘脑,使之分泌促性腺激素释放激素,促性腺激素释放激素作用于垂体,促使垂体分泌促性腺激素,促性腺激素即作用于性腺,使性腺分泌性腺激素。垂体激素可以通过反馈作用调节下丘脑释放激素的分泌。同样,性腺激素也可以通过反馈作用调节下丘脑和垂体释放相应的激素。

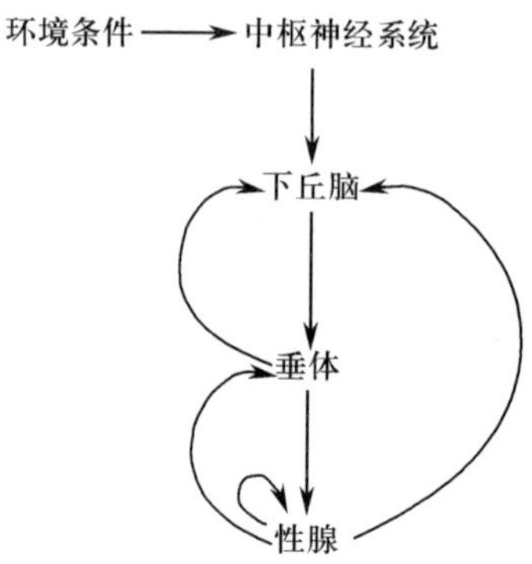

图 2-1 中枢神经、下丘脑、垂体、性腺轴示意图

四、母畜生殖活动的调节

(一)性成熟的调节

母畜在初情期时,由于促性腺激素的分泌量较少或不恒定,不能维持正常发情和排卵,其受胎率较低,且产仔数少。母畜在达到性成熟时,下丘脑、垂体和卵巢均已成熟,能够分泌正常量的各种激素,维持周期性的发情和正常的妊娠。性成熟的个体生殖激素分泌量增加到正常水平,需要一定的体成熟生理条件来保证。如果个体生长发育不良,使体成熟延迟,就会推迟性成熟和初情期的到来。据此理论,在生产上对接近初情期的母畜使用外源性生殖激素,可提早使母畜正常发情和排卵,提早利用。

(二)繁殖季节的调节

具有季节性繁殖的家畜,如马、驴和羊,在繁殖季节,促性腺激素的分泌量增加,卵巢能产生正常成熟的卵子。而在非繁殖季节,垂体激素分泌量很少或停止,活性降低,卵巢功能降低或停止活动。如补充外源激素,则可表现正常的繁殖能力。

(三)发情周期的调节

母畜的发情过程是:下丘脑分泌的促性腺激素释放激素作用于垂体前叶,使其分泌促卵泡素和少量的促黄体素,促使卵泡逐渐成熟。随着卵泡的成熟,雌激素的分泌量逐渐增多,母畜表现发情征状。同时,大量雌激素对下丘脑和垂体具有反馈作用,抑制垂体促卵泡素的分泌,并促进促黄体素分泌量的增加,当两者成一定比例时,即引起排卵。排卵后卵泡内膜开始形成黄体,在促乳素的协同作用下,使黄体细胞分泌孕酮。孕酮对下丘脑和垂体具有负反馈作用,抑制促性腺激素的分泌。此时,排出的卵子如未受精,促乳素分泌量逐渐消失,使黄体退化萎缩。这时由于孕酮含量大幅度下降，而解除了对下丘脑和垂体的抑制，于是促性腺激素的分泌量又开始增加，随之又开始了下一个发情周期(图 2-2)。

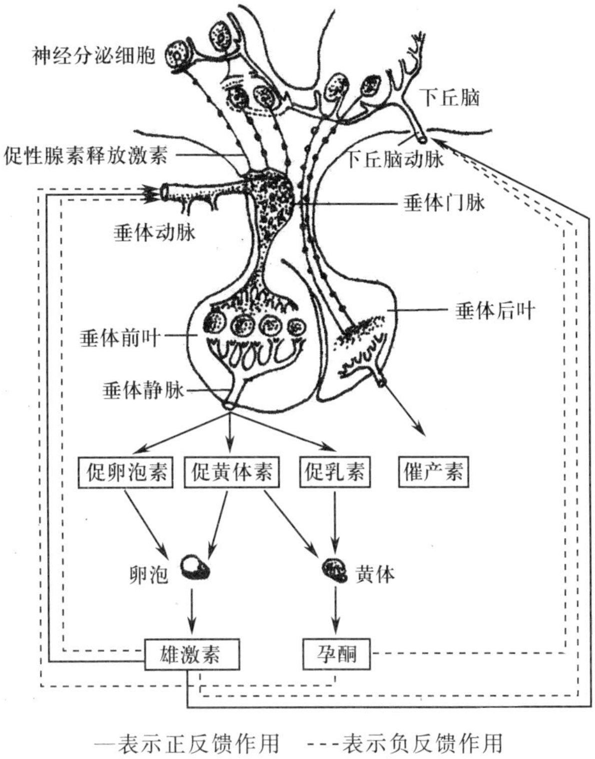

图 2-2　下丘脑与垂体生殖激素的关系

(四)妊娠的调节

黄体分泌的孕酮对维持妊娠起着决定性的作用，它能促使子宫和乳腺发育，适应胚胎发育的需要。在怀孕期，孕酮的来源是妊娠黄体和胎盘。牛、猪、羊、兔的妊娠黄体存在于整个怀孕期。黄体是孕酮的主要来源，但胎盘也有少量的分泌。马、驴的妊娠黄体在 5 个月时开始退化，7 个月时几乎消失，这时孕酮完全由胎盘分泌，由于此时孕酮分泌量不足，所以马匹很容易在这一时期发生流产。

(五)分娩的调节

分娩前数日，母畜血液中的孕激素含量下降。母畜妊娠期雌激素分泌量不断增加，在分娩发动前达到高峰，它对催产素有高度的敏感性，容易引起子宫的收缩而发动分娩。据观察，催产素夜间分泌量较多，所以母畜在夜间分娩的也较多。此外再加上松弛素的作用，便于胎儿的最后产出。

肾上腺皮质激素对分娩有促进作用，如牛、羊在分娩前肾上腺皮质激素的分泌量增加。同时，妊娠后期胎儿的垂体可分泌一定量的促性腺激素，可促使胎盘在产前分泌雌激素。

(六)泌乳的调节

母畜泌乳活动包括引起泌乳和维持泌乳两个过程。妊娠期间胎盘和卵巢分泌大量的雌激素和孕酮,抑制垂体前叶分泌促乳素。在分娩后,孕酮水平突然下降,促乳素大量迅速释放,强烈地促进乳腺引起泌乳。以后在血液中保持一定量的促乳素,才能维持泌乳活动。垂体分泌促乳素是一种反射活动,引起这种反射的主要原因是哺乳或挤乳时对乳腺的刺激。垂体是维持泌乳的中心,如切除垂体,则泌乳立即完全停止。此外,肾上腺皮质激素、生长素、甲状腺素、胰岛素等对维持和促进泌乳都有一定的作用。

五、公畜生殖活动的调节

生殖激素对公畜生殖活动的调节作用与母畜不同。如母畜垂体促性腺激素对雌激素的调节,就因发情周期所处时间不同而异。而公畜则是经常地均衡分泌促性腺激素,因此,雄激素也是经常不断分泌的。但季节性繁殖的马、驴、羊在非配种季节,促性腺激素的分泌量有所下降,公畜的性欲和精液品质也有所降低。此时,如增加外源性促性腺激素或雄激素,可改进上述情况。

六、生殖激素的功能与临床应用

(一)神经激素

1. 促性腺激素释放激素(GnRH)

(1)来源与特性　促性腺激素释放激素(GnRH)又名促黄体素释放激素(LH-RH 或 LRH)、促卵泡素释放激素(FSH-RH)等,由分布于下丘脑内侧视前区、下丘脑前部、弓状核、视交叉上核的神经内分泌小细胞分泌,能促进垂体前叶分泌 LH 和 FSH。

它由 10 个氨基酸组成。人工合成的 GnRH 类似物如促排卵 2 号和促排卵 3 号比天然的少 1 个氨基酸,但活性比天然的高出 140 倍。

(2)生理功能　下丘脑至垂体并没有直接的神经支配,而是通过来自垂体上动脉的长门脉系统和来自垂体下动脉的短门脉系统将其信息传递给垂体。下丘脑分泌的 GnRH 进入血液后,经垂体门脉系统作用于腺垂体,促进垂体 LH 和 FSH 的分泌和释放。GnRH 可以促进垂体分泌 LH 和 FSH,而且 GnRH 对 LH 分泌的促进作用比对 FSH 分泌的促进作用更迅速。

GnRH 对雄性动物有促进精子发生和增强性欲的作用,对雌性动物有诱导发情、排卵,提高配种受胎率的功能。

(3)临床应用　临床上常用于治疗雄性动物性欲减弱、精液品质下降,雌性动物卵泡囊肿和排卵异常等症。GnRH 类似物(LRH-A1)用于治疗牛卵巢静止和卵泡囊肿等症。在牛卵巢囊肿时,每天用 100 μg GnRH,可使垂体前叶分泌 LH,促进卵泡囊肿破裂,使牛恢复正常发情。母猪、母牛发情配种时或配种后 10 h 内注射 GnRH 100～200 μg,可以提高配种受胎率。用 150～300 μg GnRH 静脉注射可使母羊排卵。

2. 催产素(OXT)

(1)来源与特性　催产素(OXT)是由下丘脑视上核与室旁核合成的,由垂体后叶(神经垂体)储存和释放的多肽类激素。

（2）生理功能　能强烈地刺激子宫平滑肌收缩，因而是催产的主要激素。但在生理条件下，它不是发动分娩的主要因素（由 PG、雌激素、皮质激素发动，动物中除马外，胎儿血浆皮质醇开始上升以后，母体则发生孕酮水平的下降及雌激素和 PG 含量的升高），而是分娩开始之后继发维持子宫收缩，促进分娩完成的主要激素（雌激素增强子宫对 OXT 敏感性，P 相反）；能使输卵管收缩频率增加，有利于两性配子在母畜生殖道的运行；是排乳反射的重要环节。幼畜吮吸乳头的活动刺激了乳头神经感受器，反射性引起垂体后叶释放 OXT，经血循环到达乳腺肌上皮细胞，引起收缩排乳；刺激子宫分泌前列腺素 $F_{2\alpha}$，引起黄体溶解而诱导发情；卵巢黄体产生的催产素通过自分泌和旁分泌作用，调节黄体的功能，促进黄体溶解；还具有加压素的作用，即抗利尿和使血压升高。同样，加压素也具有微弱催产素的作用。

（3）临床应用　催产素的商品名为缩宫素。用于增强分娩机能的产力性难产，使用时注意：用雌激素致敏；并检查子宫颈口是否开张（第一头仔猪产出后）和胎位是否正常。催产素用于催产时必须注意用药时期，在产道未完全扩张前大量使用催产素，易引起子宫撕裂。母猪催产宜少量多次，20～40 IU，以免仔猪窒息死亡。有剖宫史的母畜禁用。使用后应注意观察产畜分娩情况。治疗胎衣不下（马 1～1.5 h、猪 1 h、羊 4 h、牛 12 h），牛产后 12 h 未排出胎衣即可肌内注射 OXT，间隔 4～6 h 再用一次。用于子宫脱出的整复。排出子宫积液、积脓，排出死胎等。治疗子宫出血，与止血药合用。提高受胎率，牛 30～50 IU，猪 5～10 IU，尤适用老畜。也用于测定母猪泌乳量，定时注射 OXT 后，计量可挤出或接取母猪的乳汁。

（二）促性腺激素

垂体分泌的促卵泡素和促黄体素、胎盘分泌的孕马血清促性腺激素（PMSG）和人绒毛膜促性腺激素（hCG）都属于促性腺激素，其化学特性为糖蛋白。

1. 促卵泡素（FSH）

（1）来源与特性　促卵泡素又名卵泡刺激素（FSH），是由腺垂体嗜碱性细胞分泌的糖蛋白质激素之一，由碳水化合物与蛋白质组成。促卵泡素的半衰期为 104 h。

（2）生理功能　FSH 对雄性动物的主要作用是促进生精上皮的发育和精子的形成。FSH 可促进精细管的增长，促进生精上皮分裂，刺激精原细胞增殖，并在睾酮的协同作用下促进精子形成。FSH 对雌性动物的作用，主要是促进未成熟动物卵巢发育和成熟母畜卵泡的生长、卵泡液的分泌，在 LH 共同作用下使卵泡成熟排卵。

（3）临床应用　在动物生产和兽医临床上，FSH 常用于诱导母畜发情排卵和超数排卵，以及治疗卵巢机能疾病。在生理条件下，FSH 与促黄体素有协同作用。在生理状态下，促黄体素对 FSH 的促卵泡发育和排卵作用有协同效应。然而在生产或临床应用中，由于正常动物体内含有促黄体素，或 FSH 制品中含有大量促黄体素，以致在使用 FSH 制剂的同时如果再加促黄体素，反而影响 FSH 的作用效果。

2. 促黄体素（LH）

（1）来源与特性　促黄体素（LH）由腺垂体嗜碱性细胞分泌，分子结构与 FSH 类似，也是由 α-和 β-两个亚基组成的糖蛋白质激素。促黄体素的半衰期为 21 min。

（2）生理功能　与 FSH 协同，刺激卵泡的最后成熟并分泌雌激素；在 FSH 作用的基础上，LH 的突发性分泌引起排卵和黄体形成；促进和维持黄体分泌孕酮功能。刺激卵泡内膜细胞分泌雄激素，雄激素扩散到卵泡液中，被颗粒细胞摄取而芳构化为雌二醇；对公畜可促进睾丸间质细胞分泌睾酮，促进精子的最后成熟。

(3)临床应用　LH 由于来源有限、价格较贵，所以在临床上均用人绒毛膜促性腺激素替代。LH 主要与 FSH 配合应用于超数排卵。用于促进母畜排卵和治疗卵巢囊肿；与 FSH 合用治疗卵巢静止、卵泡中途萎缩；治疗黄体过早萎缩或卵泡交替发育引起的性周期紊乱、多卵泡发育；与 FSH 合用诱发季节性发情母畜在非繁殖季节发情和排卵；用于同期发情，增进群体母畜发情和排卵的同期率；治疗黄体发育不全引起的胚胎早期死亡、习惯性流产，配种时及配种后 5～7 d 连续注射 2～3 次。

3. 孕马血清促性腺激素(PMSG)

(1)来源与特性　PMSG 主要存在于孕马血清中，原以为是由马、驴子宫内膜的“杯状”组织分泌，现已证明是由胎盘的尿囊绒毛膜细胞分泌的，这种组织由专门的滋养层细胞侵入母体子宫内膜构成，故 PMSG 来自胎儿而不是母体。一般妊娠后 40 d 开始出现，60～90 d 高峰，130～180 d 消失。血清中 PMSG 含量因品种而异，轻型马、小型马最高(100 IU/mL)，大型马最低(20 IU/mL)；胎儿基因型对其分泌影响最大，母驴怀骡时可达 200～250 IU/mL，比怀驴高 8 倍。PMSG 也是糖蛋白激素，由 2 个亚基组成，含糖量高达 41%～45%，其中唾液酸占 10.8%，故半衰期长达 144 h，性质不稳定，分离提纯困难。

(2)生理功能　作用与 FSH 相似，有明显的促卵泡发育作用；因含类似 LH 的成分(但 PMSG 的 LH 活性不及 hCG 的 1/2)，有促进排卵和黄体形成的作用；对公畜还可促使精细管的发育和性细胞分化。马属动物垂体也分泌 FSH、LH。PMSG 对孕马没有促性腺作用，对孕马卵巢有强烈的抑制作用。因母马妊娠 38 d 时移去胎体(PG 引产)，此时尿膜绒毛膜细胞已侵入子宫内膜形成杯状结构，像孕马一样，母马血中含大量 PMSG，并延续数周，至杯状结构退化，PMSG 消失后才发情。生产上发现母马怀双胎时，不易足月分娩，多采用人工流产，由于 PMSG 浓度高 1 倍，继续分泌 PMSG 时间长，造成母马只能空怀 1 年。

(3)临床应用　治疗卵巢发育不全、静止等，母猪应用效果好(个体户到规模场，产仔数少或断奶后 7 d 不发情时用)；犬用 PMSG 催情时，最好在人工授精时配合注射同等剂量抗血清中和多余 PMSG，并确定是否适量；刺激超数排卵、增加排卵数。牛在发情第 9～13 天卵巢上有小卵泡时应用效果好；治疗卵巢发育不全、静止等。

4. 人绒毛膜促性腺激素(hCG)

(1)来源与特性　人绒毛膜促性腺激素(hCG)主要由灵长类动物妊娠早期的胎盘绒毛膜滋养层细胞、即朗氏细胞分泌，存在于血液中并可经尿液排出体外，故又称为“孕妇尿促性腺激素”。hCG 主要存在妊娠 2～3 个月的孕妇尿中，约在受孕第 8 天开始分泌，第 8～9 周高峰，第 21～22 周降至最低。睡眠后尿中含量较多。hCG 化学结构与 LH 相似，半衰期 24 h。

(2)生理功能　hCG 作用同 LH 类似。可促进母畜性腺发育；促进卵泡成熟、排卵和形成黄体；hCG 作为胚泡及早期胚胎的信息，能促使母体的周期黄体转变为妊娠共同体，并维持黄体的寿命；如果在妊娠第 6～10 周前，hCG 低于一定程度，则妊娠中止或造成胚胎早期死亡；hCG 能降低母体免疫反应能力，有免疫抑制作用，避免胎儿遭受母体免疫排斥作用；hCG 对雄性胎儿，能促进性腺分泌睾酮，促进雄性生殖器官发育；对成年公畜，能刺激睾丸曲精细管精子的发生和间质细胞的发育。hCG 的真正生理作用是刺激黄体分泌雌激素和孕激素，防止黄体功能的衰竭，但过量的 hCG 或 LH 都会引起黄体变性退化，孕酮水平下降，造成妊娠终止。

(3)临床应用　市场提供的 hCG 主要从孕妇尿和孕妇刮宫液中提取得到，与垂体促性腺激素相比，其来源广，生产成本低，因此是一种相当经济的 LH 代用品。实际上，由于 hCG 还具有一定的促卵泡素的作用，其临床应用效果往往优于单纯的 LH。hCG 在动物生产和临床上主要应用于刺激母畜卵泡成熟和排卵，与 FSH 或 PMSG 结合应用，以提高同期发情和超数排卵效果；还用于治疗雄性动物的睾丸发育不良、阳痿和雌性动物的排卵延迟、卵泡囊肿以及因孕酮水平降低引起的习惯性流产等症。

（三）性腺激素

1. 雄激素

(1)来源与特性　主要由睾丸间质组织中的间质细胞分泌，属于类固醇激素。睾丸生产的雄激素主要有睾酮和雄烯二酮。此外，雌性动物的肾上腺、卵巢和胎盘也可分泌雄激素，尤其当肾上腺囊肿时，雄激素分泌量增加。雄性动物肾上腺也可分泌雄激素，即睾酮类似物——雄酮。人工合成的雄激素类似物主要有甲基睾酮和丙酸睾酮，其生物学效价远比睾酮高。

(2)生理功能

①雄激素对雄性动物的作用：雄激素在动物幼年时期就已产生，对于维持生殖器官和附性器官以及第二性征的发育具有重要作用。对于成年动物，雄激素可刺激精细管发育，有利于精子生成，维持雄性性欲。

②雄激素对雌性动物的作用：一方面，雄激素对雌激素有拮抗作用，可抑制雌激素引起的阴道上皮角质化；对于幼年动物，雄激素可引起雌性动物雄性化；另一方面，雄激素对维持雌性动物的性欲和第二性征的发育具有重要作用。此外，雄激素还通过为雌激素生物合成提供原料，提高雌激素的生物活性。国内在动物繁殖实践中常用三合激素（含孕酮 25 mg、丙酸睾 12.5 mg 和苯甲酸雌二醇 1.5 mg），就是配合应用雄激素诱导母畜发情排卵的典型实例。

③大剂量雄激素对雄性和雌性动物促性腺激素的分泌都有负反馈调节作用，可抑制促性腺激素的分泌。正常雄性动物应用雄激素处理，虽在短时期内对提高性欲有利，但对提高精液品质不利，更有可能通过负反馈调节作用影响性欲。

(3)临床应用　主要用于治疗公畜性欲不强（如阳痿）和性机能减退症。此外，母畜或去势公畜用雄激素处理后，可用作试情动物。常用的药物为丙酸睾酮，皮下或肌内注射均可。

2. 雌激素

(1)来源与特性　雌激素主要来源于卵泡内膜细胞和卵泡颗粒细胞。此外，肾上腺皮质、胎盘和雄性动物睾丸也可分泌少量雌激素。动物体内的雌激素主要有雌二醇、雌酮、雌三醇、马烯雌酮、马奈雌酮等。人工合成的雌激素主要有己烯雌酚、苯甲酸雌二醇、己雌酚、二丙酸雌二醇、二丙酸己烯雌酚、戊酸雌二醇、双烯雌酚等。

雌激素在卵巢和睾丸内主要由雄激素转化而来，动物体内的雌激素生物活性，以 17-β-雌二醇最高，主要由卵巢分泌。

(2)生理功能

①刺激并维持雌性动物生殖道的发育。

②使雌性动物发生并维持第二性征。

③刺激卵泡发育。

④作用于中枢神经系统，诱导发情行为。

⑤刺激子宫和阴道腺上皮增生、角质化，并分泌稀薄黏液，为交配活动作准备。

⑥刺激子宫和阴道平滑肌收缩，促进精子运行，有利于精子与卵子结合。

⑦在妊娠期，雌激素刺激乳腺腺泡和管状系统发育，并对分娩启动具有一定作用。

⑧在分娩期间，雌激素与催产素有协同作用，刺激子宫平滑肌收缩，有利于分娩。

⑨在泌乳期间，雌激素与催乳素有协同作用，可以促进乳腺发育和乳汁分泌。

⑩雌激素对雄性动物的生殖活动主要表现为抑制效应。大剂量雌激素可引起雄性胚胎雌性化，并对雄性第二性征和性行为发育有抑制作用。还可引起睾丸和附性器官萎缩，精子生成减少，雄性特征消失。

(3)临床应用　雌激素在临床上主要配合其他药物(如三合激素)用于诱导发情、人工刺激泌乳、治疗胎盘滞留、人工流产等。尤其在猪中，由于雌激素具有促黄体作用，所以用雌激素处理母猪后配合应用前列腺素，可以诱导母猪同期发情。在其他动物中，雌激素单独应用虽可诱导发情，但一般不排卵。因此，在用雌激素催情时，必须等到下一个发情期才能配种。“化学去势”是一种化学的阉割方法，源自挪威，在公畜是注射雌激素，在母畜是注射雄激素。

3. 孕激素

(1)来源与特性　在雌性动物第一次出现发情特征之前以及所有雄性动物中，孕激素主要由卵泡内膜细胞、颗粒细胞或睾丸间质细胞及肾上腺皮质细胞分泌；在雌性动物第一次发情并形成黄体后，孕激素主要由卵巢上的黄体分泌。此外，胎盘也可分泌孕激素。

孕激素种类很多，动物体内以孕酮(又称黄体酮)的生物活性最高。因此，孕激素通常以孕酮为代表。除孕酮外，天然孕激素还有孕烯醇酮、孕烷二醇、脱氧皮质酮等。人工合成的孕激素有甲基乙酸孕酮(简称甲孕酮)、乙酸氯地孕酮(简称氯地孕酮)、甲地孕酮、炔诺酮等。

(2)生理功能

①孕激素能促进生殖道发育。母畜生殖道受到雌激素的刺激而开始发育，但只有在经过孕激素作用后，才能发育完全；家畜出现发情的外部表现，大量孕激素能抑制发情和排卵，对抗雌激素的作用。

②促进子宫收缩，子宫颈黏液变黏稠。

③通过刺激子宫内膜腺体分泌和抑制子宫肌肉收缩而促进胚胎着床并维持妊娠。

④孕激素对雄性动物生殖活动的作用，主要通过生物合成雄激素和雌激素来体现。

(3)临床应用　孕激素主要用于治疗因黄体机能失调引起的习惯性流产、诱导发情和同期发情等。用于诱导发情和同期发情时，孕激素必须连续提供(一般于皮下埋植或用阴道海绵栓)7 d 以上。在这种情况下，终止提供孕激素后，母畜即可发情排卵。

(四)前列腺素与外激素

1. 前列腺素

(1)来源与特性　早在 20 世纪 30 年代，国外有多个实验室在人、猴、羊的精液中发现能兴奋平滑肌和降低血压的生物活性的物质，并设想这类物质由前列腺分泌而来，故将其命名为前列腺素(PG)。后来研究发现，PG 几乎存在于身体各种组织和体液中。主要来自精液、子宫内膜、母体胎盘和下丘脑。

前列腺素的基本结构为含 20 个碳原子的不饱和脂肪酸，即前列酸，由一个环戊环和两个脂肪酸侧链组成。根据环戊环和脂肪酸侧链的不饱和程度和取代基的不同，可将目前已知的天然前列腺素分为三类九型。三类代表环外双键的数目，用 1、2、3 表示，缩写为 PG_1，PG_2 和 PG_3。九型代表环上取代基和双键的位置，用 A、B、C、D、E、F、G 和 H 表示，侧链取代基还有 α-和 β-两种构型。

(2)生理功能　PG 的种类很多，不同类型的 PG 具有不同的生理功能。在生殖系统中起作用的前列腺素主要是 $PGF_{2\alpha}$ 和 PGE_2。

①溶黄体作用。$PGF_{2\alpha}$ 对牛、羊、猪等动物卵巢上的黄体均具有溶解作用，故又称为子宫溶黄素。PGE_2 也具有溶黄体作用，但其生物学效应较 $PGF_{2\alpha}$ 弱。由子宫内膜产生的前列腺素通过逆流传递机制，即由子宫静脉透入卵巢动脉，运输到卵巢，作用于黄体。

②排卵作用。大鼠、兔、猴等动物在卵泡成熟前用 PG 拮抗剂——吲哚美辛片(消炎痛)或 PG 抗体处理后，排卵延迟；而用 $PGF_{2\alpha}$ 处理后，这种抑制作用发生逆转，表明前列腺素在这些动物的排卵过程中起调节作用。

③促生殖道收缩作用。前列腺素影响生殖道平滑肌的收缩，不同的前列腺素对生殖道不同部位平滑肌的作用不同；精液中的前列腺素被阴道吸收后，在 1 min 内即引起子宫肌收缩，有利于精子在雌性生殖道内的运行。

(3)临床应用　用于治疗持久黄体、黄体囊肿；用于治疗排卵迟缓(多因黄体消退不全，发情时血中孕酮含量偏高所致)；用于子宫积脓、严重子宫内膜炎的辅助治疗，因这些动物多有功能黄体存在，降低子宫的抵抗力和收缩能力；用于排出死胎和人工引产或诱导分娩。但牛易发生胎衣不下，羊易发生大出血和子宫内膜炎。与雌激素配合较好；可以增加公畜的射精量，提高受胎率。如在猪精液稀释液中添加 2 mg/mL PG，可显著提高受胎率；应用于家畜同期发情。

2. 外激素

(1)来源与特性　外激素是生物体向环境释放，在环境中起着同种个体间传递信息、引起对方产生特殊反应的一类生物活性物质。例如，公猪分泌的雄酮和雄烯醇，麝分泌的麝香酮，灵猫分泌的灵猫酮等都是外激素，大部分动物释放的外激素可刺激异性交配，并可影响同性别动物的生殖活动或生殖周期等。这些与性活动有关的外激素，统称为性外激素。

通常，外激素是指那些由特定腺体(一般为有管腺或外分泌腺)合成产生的化学物质。某些外激素的产生与其分泌腺体周边组织的某些共生生物的代谢活动有关，即由腺体产生某些化学物质经共生生物代谢后形成外激素。由于有时引起某种特殊反应需要两种或两种以上的化学物质的参与，即外激素可能是多种化学物质的混合物。

外激素的种类很多，成分十分复杂。例如，公猪中具有引诱异性、刺激母猪发生“静立反射”交配行为的外激素，这些化合物与雄激素的化学结构类似，可由不同器官分泌并经多种途径排出体外。由公猪睾丸合成的“雄甾烯酮”，可以储存在公猪的脂肪组织中，并可由包皮腺和唾液腺排出体外。由公猪下颌腺合成的羟雄甾烯，经唾液排出体外。灵长类动物(人和罗猴)阴道分泌的外激素，是一些低级脂肪酸的混合物，主要成分有：乙酸、丙酸、甲基丙酸、丁酸、甲基丁酸和甲基戊酸。

外激素的腺体分布很广，如皮脂腺、汗腺、唾液腺、下颌腺、泪腺、耳下腺和包皮腺等。有些家畜的尿液和粪便中也含有外激素。

(2)生理功能

①召唤异性。雌性分泌的性外激素可召唤雄性侍候雌性，直到雌性出现发情并与之交配。

这种现象在鸟类多见。雄性分泌的性外激素可引诱雌性，使雌性接受交配。如公猪分泌的性外激素，可使相距较远的发情母猪与公猪相会。

②刺激求偶行为。性外激素可诱导发生性行为反应，使公畜嗅闻母畜外阴及其分泌物，母畜向公畜靠拢。

③激发交配行为。性外激素可引起雄性的交配行为，并可使雌性表现愿意接受交配的行为反应。如母猪在公猪性外激素刺激下表现的“静立反射”行为。目前，国外利用人工合成的公猪外激素类似物进行母猪催情、试情、增加产仔数、提高繁殖力，取得了肯定的结果。

此外，性外激素对异性和同性的生殖内分泌调节以及发情、排卵均有一定程度的影响，主要表现在“异性刺激”“公羊效应”“群居效应”等。在畜牧生产中，利用异性刺激效应可以促进青年母羊性成熟、促进季节性乏情母羊提前结束休情期，并可延长发情季节，促使母羊发情集中、排卵提早，并可提高母羊的排卵率和产羔率。

(3)临床应用　主要用于母猪催情、试情，调教公猪，仔猪寄养(母猪死亡或产子过多)，促进母畜的性成熟和发情表现等。

项目三

动物发情鉴定技术

任务一　动物的性功能发育

【能力目标】

1. 熟悉母畜的初情期、性成熟、体成熟。
2. 掌握家畜初配年龄。

【相关知识链接】

动物性功能的发育从广义上来讲是指动物从出生前的性机能分化和生殖器官形成，到出生后的性发育、性成熟和性衰老的全过程。狭义的概念是指动物出生后与性发育、性成熟、性衰老有关的一系列生理过程，包括性行为及其调节。在动物性功能发育过程中，一般分为初情期、性成熟期、体成熟期及繁殖机能停止期。此外，生产实践中，还涉及适配年龄的问题。熟悉公、母畜在繁殖期中的性行为及其生理表现，把握其规律，进行适时配种，对缩短世代间隔，提高繁殖力具有重要意义。

一、初情期与性成熟

(一)初情期

1. 初情期的概念

雌性动物从出生到第一次出现发情表现并排卵的时期，称为初情期，或者雄性动物首次射精的时期。

雌性动物在初情期时虽有发情表现，配种也可能怀孕，但由于生殖器官尚处于继续生长发育阶段，其发情表现、发情周期和妊娠过程一般不完全。仔畜体重达到成年体重的 1/3 时，即可达到初情期。一般动物的初情期与体重的关系，比年龄更紧密。例如，奶牛达到初情期的体重是其成年体重的 30%～40%、肉牛达到 45%～55%、绵羊达到 40%～63%，这些动物就会进入初情期。

2. 初情期的激素调节

动物的初情期与下丘脑—垂体—卵巢轴的生长和分泌功能有关。

(1)当接近初情期时,垂体和卵巢对 GnRH 的敏感性增强,从而引起卵泡发育。同时释放到血液中的 GnRH 量增加。

(2)雌激素对下丘脑—垂体的反馈调节,随着卵泡的增长和成熟,卵巢的重量增加,同时卵泡分泌雌激素到血液,刺激生殖道的生长和发育。

3. 影响初情期的因素

(1)品种　个体小的品种一般较个体大的初情期早。肉牛的初情期较奶牛更晚。国内的地方品种(如太湖猪、湖羊等)较国外品种早。例如,我国的小尾寒羊比法国的夏洛莱羊发情早。

(2)气候　南方地区气候湿热,光照时间长,各种动物的初情期较早。

(3)营养水平　高营养水平条件下饲养,初情期较早;相反,饲养水平较低的情况下,生长发育缓慢,初情期较晚。但是,营养水平过高,动物饲养过肥,虽然体重增长很快,初情期反而延迟。

(4)出生季节　出生时气候适宜,饲草饲料丰富,生长速度较快,所以初情期较短。季节性发情动物尤其如此。

(5)终身寿命　寿命越长的动物,初情期往往越晚;相反,寿命越短的动物,初情期往往越早。

(二)性成熟

1. 性成熟的概念

雌性动物的性成熟是指母畜生殖器官发育基本完善,发情与排卵正常,具备繁殖能力的年龄。但此时,母畜全身各组织器官的发育还未成熟,不宜配种。此时,仔畜体重约达成年体重的 50%。

雄性动物的性成熟是指公畜性器官、性机能发育成熟,并具有受精能力的时期。各种家畜初情期和性成熟时间见表 3-1。

表 3-1　各种家畜初情期和性成熟时间

畜别	雄性		雌性	
	初情期(月龄)	性成熟(月龄)	初情期(月龄)	性成熟(月龄)
牛	9～12	10～18	6～12	8～14
羊	4～8	6～10	4～8	6～10
马、驴	15～18	18～24	12	12～18
猪	7	5～8	3～6	5～8
犬	7～12	7～8	6～10	8～14
兔	3～4	3～4	3～4	3～5

2. 影响性成熟的因素

动物种类、同种动物不同品种、饲养水平、出生季节、气候条件等因素都对性成熟期有影响。

影响动物初情期和性成熟的年龄因动物的种类、品种、品系不同而有差异,也与饲养管理、营养水平、环境等有关。

二、体成熟与初配年龄

体成熟是指家畜基本上达到生长发育完成的时期，具有明显的两性特征和正常的性行为，睾丸内能产生成熟的精子，配种能使母畜受胎。

在正常情况下，各种公畜的体成熟年龄为：猪 9～12 月龄，牛 2～3 岁，马、驴 3～4 岁，绵（山）羊 12～15 月龄，骆驼 5～6 岁，家兔 6～8 月龄，犬 7～14 月龄。各种母畜的体成熟年龄为：牛 8～14 月龄，马、驴 12～18 月龄，猪 5～8 月龄，羊 6～10 月龄，兔 3～5 月龄，犬 8～14 月龄。

在生产实践中，考虑动物身体的发育成熟情况和经济价值，一般选择在性成熟之后体成熟之前用于繁殖，这个适于开始繁殖的年龄称为初配年龄（或称适配年龄）。动物开始配种时的体重一般应达到成年体重的 70％左右。

各种母畜的初配年龄为：牛 1.5～5 岁，马、驴 2.5～3 岁，猪 8～10 月龄，羊 1～1.5 岁，兔 4～7 月龄，中、小型犬宜在第 2～3 次发情，即 12～18 月龄，大型犬宜在 24 月龄。公畜的初配年龄一般大于母畜，通常在体成熟或接近体成熟时期，一般在体重达到成年体重的 70％以上时，即可用于初配。各种公畜的初配年龄为：猪 10 个月，牛 2.5 岁，马、驴 3.5 岁，绵（山）羊 1.5 岁，骆驼 5.5 岁，家兔 8 个月，中、小型犬的配种适龄一般为 12～18 月龄以后，大型犬为 2 岁左右。

三、繁殖功能停止期

动物的繁殖能力有一定的年限，随着年龄的增长，雄性生精机能下降，性欲减退，逐渐失去繁殖能力；雌性卵巢机能减退或萎缩，不再出现周期性发情，我们把这个时期称为繁殖功能停止期。动物使用年限的长短因品种、饲养管理以及健康情况的不同而异。雌性动物在繁殖能力停止后，即使是遗传性能非常好的品种，继续饲养也无意义，应及早淘汰，以减少经济损失。一般而言：牛 15～22 岁，马、驴 20～25 岁，猪 10～15 岁，羊 8～10 岁，兔 3～5 岁，犬 6～10 岁。

任务二　动物的发情与发情周期

【能力目标】

1. 掌握排卵过程、黄体形成及退化。
2. 掌握卵泡发育过程。
3. 掌握家畜发情周期特点。
4. 掌握母畜发情表现。

【相关知识链接】

一、卵泡和黄体

（一）卵泡发育

1. 卵泡发育

动物在出生前卵巢含有大量原始卵泡，出生后随着年龄的增长而不断减少，多数卵泡中途闭锁而死亡，少数卵泡发育成熟而排卵（图 3-1）。哺乳动物在发情周期中，实际发育的卵泡数多于能达到成熟和排卵的卵泡数，如猪在卵泡期存在的卵泡数比排卵的卵泡数多 2～3 倍。

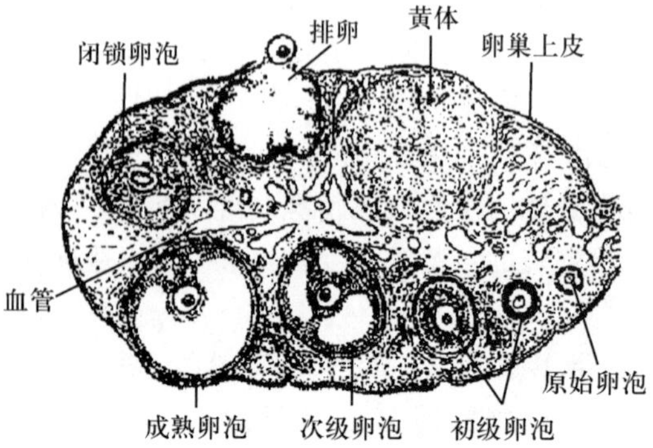

图 3-1 哺乳动物卵巢结构模式图

初情期前，卵泡虽能发育但不能成熟排卵，当发育到一定程度时便退化萎缩。初情期后，卵巢上的原始卵泡才通过一系列发育阶段而达到成熟排卵。卵泡发育从形态上可分为几个阶段，依次为原始卵泡、初级卵泡、次级卵泡、三级卵泡和成熟卵泡。有的把初级卵泡开始生长至三级卵泡阶段，统称为生长卵泡。有的又根据卵泡出现泡腔与否分为无腔卵泡（或称腔前卵泡）和有腔卵泡（或称囊状卵泡），三级卵泡以前的卵泡尚未出现泡腔，统称为无腔卵泡，而将三级卵泡和成熟卵泡称为有腔卵泡。

（1）原始卵泡　排列在卵巢皮质外周，其核心为一卵母细胞，周围为一层扁平状的卵泡上皮细胞，没有卵泡膜也没有卵泡腔。

（2）初级卵泡　也排列在卵巢皮质外围，是由卵母细胞和周围的一层立方形卵泡细胞组成，卵泡膜尚未形成，也无卵泡腔。

（3）次级卵泡　在生长发育过程中，初级卵泡移向卵巢皮质的中央，这时卵泡上皮细胞增殖，使卵泡上皮形成多层圆柱状细胞，细胞体积变小，称颗粒细胞。开始时这些卵泡细胞与卵母细胞的卵泡膜紧紧相连，随着卵泡的生长，卵泡细胞分泌的液体积聚在卵黄膜与卵泡细胞（或放射冠细胞）之间形成透明带。放射冠细胞的突起可以保持它与卵黄膜之间的接触，同时，卵黄膜的微绒毛部分延伸到透明带，这些细胞的延伸可供卵黄营养。

（4）三级卵泡　随着卵泡的发育，颗粒细胞层进一步增加，并出现分离，形成许多不规则的腔隙，充满由卵泡细胞分泌的卵泡液，各小腔隙逐渐合并形成新月形的卵泡腔。由于卵泡液的增多，卵泡腔也逐渐扩大，卵母细胞被挤向一边，并被包裹在一团颗粒细胞中，形成半岛突出在卵泡腔中，称为卵丘。其余的颗粒细胞紧贴于卵泡腔的周围，形成颗粒层。在颗粒层外周形成卵泡膜，卵泡膜有二层，其中内膜为上皮细胞，并分布有许多血管，内膜细胞具有分泌类固醇激素的能力；外膜由纤维细胞构成。

（5）成熟卵泡　又称葛拉夫氏卵泡。三级卵泡继续生长，卵泡液增多，卵泡腔增大，卵泡扩展到整个卵巢的皮质部而突出于卵巢的表面。发育成熟的卵泡结构，由外向内分别是卵泡外膜、卵泡内膜、颗粒细胞层、卵丘、透明带、卵细胞。

各种动物在发情时，能够发育成熟的卵泡数，牛和马一般只有 1 个，猪 10～25 个，绵羊 1～3

个，兔5个，大鼠10个，小鼠8个，仓鼠6个。

2. 卵泡的闭锁和退化

卵泡的闭锁和退化包括颗粒细胞和卵母细胞的一系列形态学的变化。其主要特征是染色体浓缩，核膜起皱，颗粒细胞发生固缩，颗粒细胞离开颗粒层悬浮于卵泡液中，卵丘细胞发生分解，卵母细胞发生异常分裂或碎裂，透明带玻璃化并增厚，细胞质碎裂等。闭锁的卵泡被卵巢中纤维细胞包围，通过吞噬作用最后消失而变成疤痕。

闭锁卵泡之所以发生闭锁，可能是由于垂体分泌FSH数量不够，或者是卵泡细胞对于FSH的反应性差所致。FSH浓度不够，颗粒细胞通过芳香化酶的活性将雄激素转化为雌激素的作用就减弱，因而雌激素浓度低，加之雄激素对雌激素的拮抗作用，所以卵泡对促性腺激素的反应性差，卵泡就不能充分发育，或发育到一定阶段时便发生闭锁。由此可见，发动卵泡产生雌二醇以及增加颗粒细胞对雌二醇的反应性是防止卵泡闭锁的关键。

（二）排卵、黄体形成和退化

1. 排卵类型

大多数哺乳动物的排卵都是周期性的，根据卵巢排卵特点和黄体的功能，哺乳动物的排卵可分为2种类型，即自发性排卵和诱发性排卵。

（1）自发性排卵　卵泡发育成熟后自行破裂排卵并自动形成黄体。但这种排卵类型形成的黄体尚有有功能性及无功能性之分。一是在发情周期中黄体的功能可以维持一定时间，如家畜；二是除非交配（交配刺激），否则形成的黄体是没有功能的，即不具有分泌孕酮的功能，如鼠类中的大鼠、小鼠和仓鼠等未交配时发情期很短，约5 d，若交配未孕发情周期可维持12～14 d。

（2）诱发性排卵　通过交配使子宫颈受到机械性刺激后才能排卵，并形成功能性黄体。骆驼、兔、猫等属于诱发性排卵。

2. 排卵的过程

排卵前，卵泡经历着三大变化：①卵母细胞细胞质和细胞核成熟；②卵丘细胞聚合力松懈，颗粒细胞各自分离；③卵泡膜变薄、破裂。所有这些变化都是由于LH和FSH的释放量骤增并达到一定比例引起的排卵前卵泡形态与结构发生了一系列的变化。随着卵泡发育和成熟，卵泡液不断增加，卵泡容积增大并凸出于卵巢表面，但卵泡内压并没有提高。突出的卵泡壁扩张，细胞质分解，卵泡膜血管分布增加、充血，毛细血管通透性增强，血液成分向卵泡腔渗出。随着卵泡液的增加，卵泡外膜的胶原纤维分解，卵泡壁变柔软，富有弹性。突出卵巢表面的卵泡壁中心呈透明的无血管区，排卵前卵泡外膜分离，内膜通过裂口而突出，形成一个乳头状的小突起，称为排卵点。排卵点膨胀，卵泡把卵母细胞及其周围的放射冠细胞冲出，被输卵管伞接纳。

3. 排卵时间和排卵数

排卵是成熟卵泡在LH峰作用下产生的，从LH排卵峰出现至排卵的时间，因动物种类而有差异，但在同种动物几乎是一定的。

4. 排卵部位

一般哺乳动物的排卵部位除卵巢门外，在卵巢表面的任何部位都可发生，唯马属动物仅限于卵巢中央排卵窝处排卵。

在牛、马和绵羊，不管卵巢上有无前次黄体，排卵在两个卵巢可随机发生。很多哺乳动物一般都是两个卵巢交替排卵，但它们的排卵率并不完全相同，如牛右侧卵巢排卵率约为 60%，左侧卵巢约为 40%，产后的第一次排卵多发生在孕角对侧的卵巢上。

5. 黄体形成与退化

成熟卵泡排卵后形成黄体，黄体分泌孕酮作用于生殖道，使之向妊娠的方向变化，如未受精，一段时间后黄体退化，开始下一次的卵泡发育与排卵。

图 3-2　牛卵巢上的黄体

(1)黄体的形成　成熟卵泡破裂排卵后，由于卵泡液排出，卵泡壁塌陷皱缩，从破裂的卵泡壁血管流出血液和淋巴液，并聚积于卵泡腔内形成血凝块，称为红体。此后颗粒细胞在 LH 作用下增生肥大，并吸收类脂质——黄素而变成黄体细胞，构成黄体主体部分(图 3-2)。同时卵泡内膜分生出血管，布满于发育中的黄体，随着这些血管的分布，卵泡内膜细胞也移入黄体细胞之间，参与黄体的形成，此为卵泡内膜细胞来源的黄体细胞。各种动物黄体的颜色也不一样，在牛、马因黄素多，黄体呈黄色，水牛黄体在发育过程中呈粉红色，萎缩时变成灰色，羊为黄色，猪黄体在发育过程中为肉色，萎缩时稍带黄色。黄体是一种暂时性的分泌器官。

(2)黄体类型　在发情周期中，雌性动物如果没有妊娠，形成的黄体在黄体期末退化，这种黄体称为周期性黄体。周期性黄体通常在排卵后维持一定时间才退化，退化时间：牛为 14～15 d，羊为 12～14 d，猪为 13 d，马为 17 d。如果雌性动物妊娠，则转化为妊娠黄体，此时黄体的体积稍大，大多数动物妊娠黄体一直维持到妊娠结束才退化，而马例外，一般维持到妊娠期 160 d 左右退化，妊娠黄体退化后，依靠胎盘分泌的孕酮来维持妊娠过程。

(3)黄体退化　黄体退化时由颗粒细胞转化的黄体细胞退化很快，表现在细胞质空泡化及核萎缩，随着微血管退化，供血减少，黄体体积逐渐变小，黄体细胞的数量也显著减少，颗粒层细胞逐渐被纤维细胞代替，黄体细胞间结缔组织侵入、增殖，最后整个黄体细胞被结缔组织代替，形成一个斑痂，颜色变白称为白体，残留在卵巢上。大多数动物的白体存在到下一周期的黄体期，即此时的功能性新黄体与大部分退化的白体共存。一般的规律是至第二个发情周期时，白体仅有疤痕存在，其形态已不清晰。

黄体退化的经典说法是由于子宫黏膜产生的 PG 作用所致。近年来有试验表明，催产素对牛和绵羊的黄体退化也具有生理作用。离体试验表明，小剂量催产素具有促进黄体作用，大剂量则有溶解黄体的作用。

二、母畜的发情

(一)发情与发情季节

1. 发情

雌性动物生长发育到一定年龄后，在垂体促性腺激素的作用下，卵巢上的卵泡发育并分泌雌激素，引起生殖器官和性行为的一系列变化，并产生性欲，雌性动物所处的这种生理状态称为发情。正常的发情主要有 3 方面的征状：即卵巢变化、生殖道变化和行为变化。以上这 3 方面的生理变化程度，因发情期的阶段不同而有差异，一般来说，在发情盛期时最为明显，在发情前期和后期则减弱。此外，因畜种不同和同一品种不同个体，其表现程度也有差异。其主要表现如下。

(1)卵巢的变化　雌性动物发情开始之前，卵巢卵泡已开始生长，至发情前 2～3 d 卵泡发育迅速，卵泡内膜增生，至发情时卵泡已发育成熟，卵泡液分泌增多，此时，卵泡壁变薄而突出于卵巢表面，在激素的作用下，促使卵泡壁破裂，致使卵子被挤压而排出。

(2)生殖道的变化　发情时卵泡迅速发育、成熟，雌激素分泌量增多，强烈地刺激生殖道，使血流量增加，外阴部表现充血、水肿、松软、阴蒂充血且有勃起；阴道黏膜充血、潮红；子宫和输卵管平滑肌蠕动加强，子宫颈松弛，子宫黏膜上皮细胞和子宫颈黏膜上皮杯状细胞增生，腺体增大，分泌机能增强，有黏液分泌。发情盛期黏液量多，且稀薄透明，发情前期黏液量少，而发情末期黏液量少且浓稠。

图 3-3　发情母牛接受其他母牛爬跨

(3)行为　精神不安，食欲减退，哞叫跑栏，举尾拱背，频频排尿，泌乳量减少，相互爬跨(图 3-3)，寻求交配等。

2. 异常发情

雌性动物的异常发情多见于初情期后、性成熟前、性机能尚未发育完全的一段时间内；性成熟以后由于环境条件的异常也会导致异常发情，如劳役过重，营养不良，内分泌失调，泌乳过多，饲养管理不当和温度等气候条件的突变以及繁殖季节的开始。常见的异常发情有安静发情、短促发情，断续发情、持续发情和孕后发情等。

(1)安静发情　又称静默发情或隐性发情，是指雌性动物发情时缺乏发情外表征状，但卵巢上有卵泡发育、成熟并排卵。常见于产后带仔母牛或母马，产后第一次发情，每天挤奶次数过多和体质虚弱的母牛以及青年动物或营养不良的动物。引起安静发情的原因是体内有关激素分泌失调，例如雌激素分泌不足，发情外表症状就不明显；促乳素分泌不足或缺乏，促使黄体早期萎缩退化，于是孕酮分泌不足，降低了下丘脑中枢对雌激素的敏感性。绵羊在发情季节的第一个发情周期的安静发情发生率较高，这与缺乏前一周期的黄体有关，由于孕酮分泌量不足，降低了中枢神经系统对雌激素的敏感性。在繁殖季节结束时发生的安静发情可能与缺乏雌激素有关。当雌性动物的发情间隔相当于正常发情间隔的 2 倍或 3 倍时，可怀疑中间有安静发情。安静发情可以通过直肠检查卵泡发育情况来发现，安静发情的动物如能及时配种也可正常受胎。

(2)短促发情　指动物发情持续时间短，如不注意观察，往往错过配种时机。短促发情多发生于青年动物，家畜中乳牛发生率较高。其原因可能是神经—内分泌系统的功能失调，发育的卵泡很快成熟破裂排卵，缩短了发情期，也可能是卵泡突然停止发育或发育受阻而引起的。

(3)断续发情　是指雌性动物发情延续很长，且发情时断时续，多见于早春或营养不良的母马。其原因是卵泡交替发育，先发育的卵泡中途发生退化，新的卵泡又再发育，因此产生了断续发情的现象，当其转入正常发情时，就有可能发生排卵，配种也可能受胎。

(4)持续发情　是慕雄狂的一种症状，常见于牛和猪，马也可能发生，表现为持续强烈地发情，发情周期不正常，发情期长短不规则，经常从阴户流出透明黏液，阴户浮肿，荐坐韧带松弛，同时尾根举起，配种不受胎。患慕雄狂的母牛，表现为极度不安，大声哞叫，频频排尿，追逐爬跨其他母牛，产奶量下降，食欲减退，身体消瘦，皮毛粗乱失去光泽，母牛往往具有雄性特征，如颈部肌肉发达，短而粗壮似公牛，阴门肿胀。患慕雄狂的母马易兴奋，性烈难以驾驭，不让其他母马接近，也不接受交配，发情持续时间 10～40 d 而不排卵，一般在早春配种季节刚刚开始时容易发生。

慕雄狂发生的原因与卵泡囊肿有关，但并不是所有的卵泡囊肿都具有慕雄狂的症状，也不是只有卵泡囊肿才引起慕雄狂表现，如卵巢炎、卵巢肿瘤以及下丘脑、垂体、肾上腺等内分泌器官机能紊乱，均可发生慕雄狂。

(5)孕后发情　又称妊娠发情或假发情，是指动物在怀孕期仍有发情表现。母牛在怀孕最初三个月内，常有 3%～5%的母牛发情，绵羊孕后发情可达 30%，孕后发情的主要原因是激素分泌失调，即妊娠黄体分泌孕酮不足，而胎盘分泌雌激素过多。母牛有时也因在怀孕初期，卵巢上仍有卵泡发育，致使雌激素含量过高而引起发情，并常造成怀孕早期流产有人称之为“激素性流产”。

3. 产后发情

产后发情是指雌性动物分娩后的第一次发情。母猪一般在分娩后 3～6 d 出现发情，但不排卵，一般在仔猪断乳后一周之内出现第一次正常发情。如仔猪死亡，母猪提前结束哺乳期，则在断奶后数天内发情。哺乳期内也有发情的，但为数甚少。

母马往往在产驹后 6～12 d 便发情，一般发情表现不太明显，甚至无发情表现，但和母猪不同的是母马产后第一次，有卵泡发育且可排卵，因此可配种，俗称“配血驹”。

母牛一般可在产后 40～50 d 发情，但本地耕牛特别是水牛一般产后发情较晚，往往经数月甚至一年以上，主要是饲养管理不善或使役过度引起的。

母羊大多在产后 2～3 个月发情，不哺乳的可在产后 20 d 左右发情。

母兔在产后 1～2 d 就有发情，卵巢上有卵泡发育成熟并排卵。实验动物大白鼠和小白鼠一般产后 2～3 周表现第一次发情。

4. 乏情

乏情是指已达初情期的雌性动物不发情，卵巢无周期性的功能活动，处于相对静止状态。乏情一般是一种生理现象，不是由疾病引起的，是一种生理性乏情。例如雌性动物在妊娠、泌乳期间不发情，季节性发情的动物在非发情季节不发情，还有营养不良、衰老等引起的暂时性或永久性卵巢活动降低以致不发情等都属于生理性乏情。由于卵巢和子宫的一些病理状态引起的不发情，则属病理性乏情，如持久黄体、卵巢机能障碍等。

(1)季节性乏情　动物在进化过程中形成了适应环境的季节繁殖现象。在非繁殖季节，卵巢卵泡无周期性活动而生殖道无周期性变化。对有繁殖季节的动物，环境条件的改变(如温度、光照等)可使卵巢机能从静止状态转为活动状态，使发情季节提早到来，但注射促性腺激素，往往效果不良。

(2)泌乳性乏情　有些动物在产后泌乳期间，由于卵巢的周期性活动受到抑制而引起的不发情。泌乳乏情的发生和持续时间因畜种和品种不同而有很大差异。母猪在哺乳期间发情和排卵受到抑制，因此在正常情况下母猪是在仔猪断奶后才发情的。挤乳奶牛每天挤乳多次的比每天挤乳两次的出现产后发情的时间延长。高产奶牛或哺乳仔数多的母猪乏情期一般较长。泌乳引起乏情的原因是过多地吮乳或挤乳刺激诱发外周血浆中促乳素浓度升高，促乳素对下丘脑产生负反馈作用，抑制了促性腺激素释放激素的释放，使垂体前叶 FSH 分泌减少和

LH 合成量降低，致使雌性动物不发情。另外，泌乳过多会抑制卵巢周期活动的恢复，因而影响发情。

(3)营养性乏情　日粮中营养水平对卵巢机能活动有明显的影响。营养不良可以抑制发情，青年动物比成年动物受到的影响更大。如能量水平过低，矿物质、微量元素和维生素缺乏都会引起哺乳母牛和断乳母猪乏情；放牧母牛和绵羊缺磷引起卵巢机能失调，饲料缺锰可导致青年母猪和母牛卵巢机能障碍，缺乏维生素 A 和维生素 E 会出现性周期不规则或不发情。

(4)应激性乏情　不同环境引起的应激，如气候恶劣、畜群密集、使役过度、栏舍卫生不良、长途运输等都可抑制发情，影响排卵及黄体功能。这些应激因素会抑制下丘脑—垂体—卵巢轴的活动机能。

(5)衰老性乏情　动物因衰老使下丘脑—垂体—性腺轴的功能减退，导致垂体促性腺激素分泌减少，或卵巢对激素的反应性降低，不能激发卵巢的活动机能而表现不发情。

5. 发情季节

母畜的发情可分为季节性发情和全年性多次发情两种类型。

(1)季节性发情　分季节性多次发情和季节性单次发情两种。前者指母畜的发情在每年的特定季节内出现，并在该季节中表现为多次发情。马和绵羊属于该类型，其中马的发情季节多为 3—7 月份；绵羊多为 9—11 月份。后者指母畜在发情季节只出现一次发情。大多数雌犬属于季节性单次发情，在每年春季(3—5 月份)和秋季(9—11 月份)各发情一次。

(2)全年多次发情　即母畜在一年四季内均可出现发情并可配种。牛和猪属于此类型。

三、母畜的发情周期

雌性动物初情期以后，卵巢出现周期性的卵泡发育和排卵，并伴随着生殖器官及整个机体发生一系列周期性生理变化，这种变化周而复始(非发情季节及怀孕期间除外)，一直到性机能停止活动为止，这种周期性的性活动称为发情周期。发情周期的计算，一般是指从一次发情开始到下一次发情开始的间隔时间。各种动物发情周期的时间因种类不同而异，牛、水牛、猪、山羊、马、驴平均为 21 d，绵羊为 16～17 d，豚鼠为 16～19 d，兔为 8～15 d，鹿为 6～20 d，麝为 19～25 d，水貂为 6～9 d，海狸鼠为 5～27 d，虎为 20 d。大鼠、小鼠和仓鼠未交配发情周期约为 5 d，若交配未孕发情周期可维持 12～14 d，犬为 6 个月，猫为 14～21 d。

(一)发情周期的分期

在动物发情周期中，根据机体发生的一系列生理变化，可将发情周期分为几个阶段，一般多采用四期分法和二期分法。四期分法是根据动物的性欲表现及生殖器官的变化，将发情周期分为发情前期、发情期、发情后期和间情期四个阶段(图 3-4)；二期分法是根据卵巢上组织学变化以及有无卵泡发育和黄体存在，将发情周期分为卵泡期和黄体期。

1. 发情周期的四期分法

(1)发情前期　是卵泡发育的准备时期。此期的特征是：上一个发情周期形成的黄体进一步退化萎缩，卵巢上开始有新的卵泡生长发育；雌激素也开始分泌，使整个生殖道血管供应量开始增加，引起毛细血管扩张伸展，渗透性逐渐增强，阴道和阴门黏膜有轻度充血、肿胀；子宫颈略微松弛，子宫腺体略有生长，腺体分泌活动逐渐增加，分泌少量稀薄黏液，阴道黏膜上皮细胞增生，但尚无性欲表现。

(2)发情期　是雌性动物性欲达到高潮的时期。此期特征是：愿意接受雄性交配，卵巢上的卵泡迅速发育，雌激素分泌增多，强烈刺激生殖道，使阴道及阴门黏膜充血肿胀明显，子宫黏膜显著增生，子宫颈充血，子宫颈口开张，子宫肌层蠕动加强，腺体分泌增多，有大量透明稀薄黏液排出。多数是在发情期的末期排卵。

(3)发情后期　是排卵后黄体开始形成的时期。此期特征是：动物由性欲激动逐渐转入安静状态，卵泡破裂排卵后雌激素分泌显著减少，黄体开始形成并分泌孕酮作用于生殖道，使充血肿胀逐渐消退，子宫肌层蠕动逐渐减弱，腺体活动减少，黏液量少而稠，子宫颈管逐渐封闭，子宫内膜逐渐增厚，阴道黏膜增生的上皮细胞脱落。

(4)间情期　又称休情期，是黄体活动时期。此期特征是：雌性动物性欲已完全停止，精神状态恢复正常。间情期的前期，黄体继续发育增大，分泌大量孕酮作用于子宫，使子宫黏膜增厚，表层上皮呈高柱状，子宫腺体高度发育增生，大而弯曲分支多，分泌作用强，其作用是产生子宫乳为胚胎发育提供营养，如果卵子受精，这一阶段将延续下去，动物不再发情。如卵子未受精，在间情期后期，增厚的子宫内膜回缩，呈矮柱状，腺体缩小，腺体分泌活动停止，周期黄体也开始退化萎缩，卵巢有新的卵泡开始发育，又进入下一次发情周期的前期。

2. 发情周期的二期分法

二期分法是根据卵巢上组织学变化以及有无卵泡发育和黄体存在为依据，将发情周期分为卵泡期和黄体期(图 3-5)。

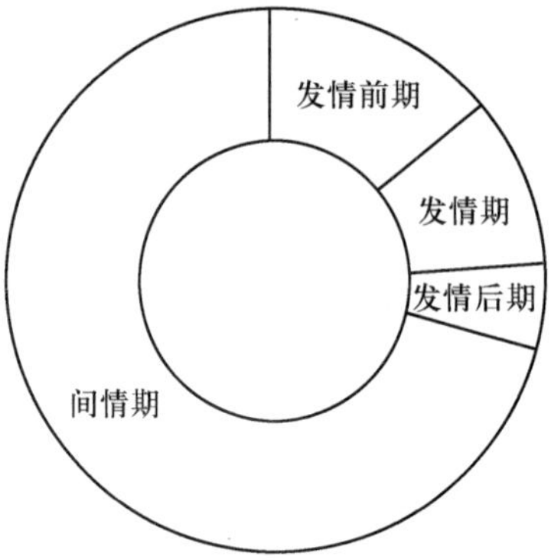

图 3-4　发情周期的四期分法

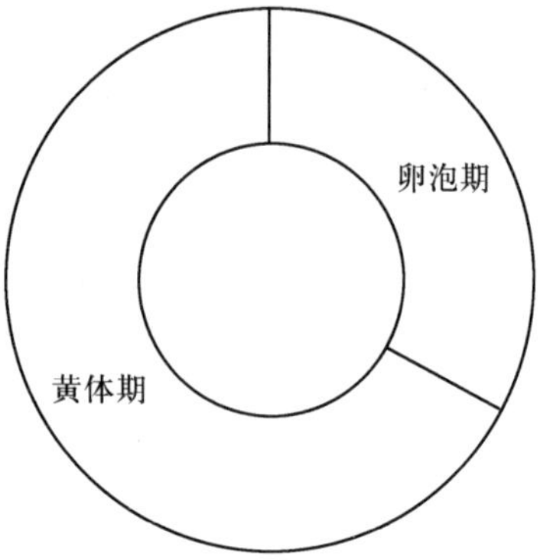

图 3-5　发情周期的二期分法

(1)卵泡期　是指黄体进一步退化，卵泡开始发育直到排卵为止。卵泡期实际上包括发情前期和发情期两个阶段。卵泡期很短，是从上一发情周期黄体开始退化到下一发情周期排卵之间的时间。在猪、马、牛、羊等大动物持续 5～7 d，占整个发情周期的 1/3，相当于发情周期第 16 天至第 2 天或第 3 天，或者是发情前期和发情期两个阶段。

(2)黄体期　是指从卵泡破裂排卵后形成黄体，直到黄体萎缩退化为止。黄体期相当于发情后期和间情期两个阶段。

(二)发情周期的内分泌调节

雌性动物的发情周期，实质上就是卵泡期和黄体期的交替循环，而卵泡的生长排卵以及黄体的形成和退化是受神经激素的调节和外界环境条件的影响。外界环境的变化以及雄性刺激反应(雌性动物通过自己的嗅觉、听觉、视觉、触觉接受性刺激),经不同途径通过神经系统影响下丘脑 LH-RH 的合成和释放,由垂体门脉系统运送到垂体前叶,刺激垂体前叶促性腺激素的产生和释放,作用于卵巢,产生性腺激素,从而调节雌性动物的发情。因此,雌性动物发情周期的循环是下丘脑—垂体—卵巢轴分泌激素相互作用的结果。

内分泌调节过程概括如下:

雌性动物生长至初情期,在外界环境因素的影响下,下丘脑的某些神经细胞分泌促性腺激素释放激素(GnRH),GnRH 经垂体门脉循环到达垂体前叶,调节促性腺激素的分泌,垂体前叶分泌的 FSH 经血液循环运送到卵巢,刺激卵泡生长发育,同时垂体前叶分泌的 LH 也进入血液与 FSH 协同作用,促进卵泡进一步生长并分泌雌激素,刺激生殖道发育。雌激素与 FSH 协同作用,使颗粒细胞的 FSH 和 LH 受体增加,卵巢对这 2 种促性腺激素的结合性增大,进一步促进卵泡的生长和雌激素的分泌量,并在少量孕酮的作用下,刺激雌性动物性中枢,引起雌性动物发情和刺激生殖道发生各种生理变化。当雌激素分泌到一定数量时,信号作用于丘脑下部或垂体前叶,抑制 FSH 的分泌,同时刺激 LH 释放。LH 释放脉冲式频率增加导致出现排卵前 LH 峰,引起卵泡进一步成熟、破裂、排卵。排卵后,卵泡颗粒层细胞在少量 LH 的作用下形成黄体并分泌孕酮。此外,当雌激素分泌量升高时下丘脑促乳素抑制激素的释放减少,引起垂体前叶促乳素释放量增加,促乳素与 LH 协同,促进和维持黄体分泌孕酮。当孕酮分泌达到一定量时,对下丘脑和垂体产生负反馈作用,抑制垂体前叶 FSH 的分泌,使卵巢卵泡不再发育,抑制中枢神经系统的性中枢,使雌性动物不再表现发情。同时,孕酮也作用于生殖道及子宫,使之发生有利于胚胎附植的生理变化。

如果排出的卵子已受精,囊胚刺激子宫内膜形成胎盘,使溶黄体的 $PGF_{2\alpha}$ 产生受抑制,此时黄体则继续存在下去成为妊娠黄体。若排出的卵子未受精,则黄体维持一段时间后,在子宫内膜产生的 $PGF_{2\alpha}$ 的作用下,黄体逐渐萎缩退化,于是,孕酮分泌量急剧下降,下丘脑也逐渐脱离孕酮的抑制,垂体前叶又释放 FSH,使卵巢上新的卵泡又开始生长发育。与此同时,子宫内膜的腺体开始退化,生殖道转变为发情前的状态。但由于垂体前叶的 FSH 释放浓度不高,新的卵泡尚未充分发育,致使雌激素分泌量也较少,使雌性动物不表现明显的发情症状。随着黄体完全退化,垂体前叶释放的促性腺激素浓度逐渐增多,卵巢上新的卵泡生长迅速,下一次发情又开始,因此,雌性动物的正常发情就这样周而复始地进行着。

(三)影响母畜发情周期的因素

1. 光照

长、短日照对母畜发情影响较大,改变光照可导致周期的改变。一般来讲,长日照转变为短日照,随着光照时间的缩短,可以促进绵羊、山羊发情。而马的发情周期则与绵羊恰恰相反,它们多集中在一年中日照由短变长(春分至夏至)的季节发情,如蒙古马、伊犁马等均为春、夏季发情,故称为长日照发情动物。

2. 温度

温度较光照对发情周期的影响小些。温度对羊发情的影响与光照相比较为次要,一般来讲,相对高温的条件会推迟羊的发情。山羊虽然是常年发情的畜种,但在 5—6 月份只有零星发情。在高寒地区的母猪,冬季气温最低的时候发情率很低。在高海拔地区的牦牛,其发情季节随着海拔高度的上升而推迟,如青海地区的牦牛其发情季节推迟到 8—9 月份,这是由于随海拔高度的上升气温回升变慢的缘故。

3. 饲料

饲料充足、营养水平高，母畜发情季节就可适当提早，发情期也延长。反之，则造成发情迟滞，发情期短，甚至停止发情，或者只发情而不排卵。某些矿物质和微量元素的缺乏也会影响母畜的发情周期，对成年母牛可造成发情症状不全，发情周期不规律，最后导致发情完全停止。绵羊由缺磷引起的繁殖机能紊乱与牛相同。根据已有的资料分析，显著缺钙并不会引起生殖器官的发育障碍或性周期的紊乱，但钙的进食量过高会影响磷的利用。此外，牧草中植物性雌激素的含量过多也常常会影响母羊的正常繁殖力，但适当的含量可能对母畜有良好的影响。例如母牛或母马等常常在吃青草后改进了配种效果，即可能与此有关。

4. 激素

激素是发生周期性变化的主要因素，直接有关系的激素有：GnRH、LH、FSH、LTH、EP、PG 等。母畜的发情表现和发情周期受内分泌生殖激素的控制，其中起主要作用的是脑垂体前叶分泌的促卵泡素（FSH）和促黄体素（LH）两种。其中促卵泡素的主要作用是刺激卵巢内卵泡的生长和发育，形成卵泡期，引起母羊生殖器官的变化和性行为的变化，促进羊的发情表现。促黄体素的主要作用是与促卵泡素协同作用，促进卵泡的成熟和雌激素的释放，诱使卵泡壁破裂而引起排卵，并参与破裂卵泡形成黄体的过程，使卵巢进入黄体期，从而对发情表现有相对的抑制作用。促卵泡素和促黄体素虽然功能各异，但又具有协同作用。羊的促卵泡素的分泌量较低，因此发情持续时间较短，与促黄体素比率的绝对值也相对较低，形成羊的排卵时间比较滞后，一般为发情结束期前，同时表现安静排卵的羊较多。掌握了羊发情的以上特点，对实施羊的辅助交配及人工授精过程中适时输精很有帮助。

5. 其他

家畜中公畜的声音、气味、性行为，均可通过母畜的感觉器官刺激母畜的神经—内分泌系统而调节其发情周期，这主要是由于性外激素的刺激作用所致。公、母分群饲养的羊群，在发情季节即将来临之际，提早将公羊放入母羊群中能诱使母羊群发情季节的提前到来，并出现母羊发情同期化的现象，这种现象被称为“公羊效应”。

(四)各种家畜发情周期的特点

1. 母牛发情周期的特点

(1)发情季节　一般而言，母牛属全年多次发情的家畜，约 21 d 一个发情周期，没有明显的季节性，饲养管理良好的母牛全年都可以发情配种和产犊；但在粗放的饲养条件下，冬季气候寒冷，营养差的母牛较多表现为休情。有些牛的发情也受季节的影响，如高寒地区的牦牛（四川阿坝藏族羌族自治州、甘肃天祝藏族自治县等），则在每年 7—9 月份发情。水牛受发情季节的影响较奶牛明显，广西水牛上半年发情的仅占 19.13%，下半年发情的占 80.77%，以 8—11 月份发情的最多，占全年的 65.4%。华中和四川水牛则多在夏秋季发情旺盛。

(2)发情周期各期的特点　母牛的发情周期平均为 21 d，处女牛一般少 1～2 d。母牦牛发情周期平均为 20.5 d，发情周期的变动幅度较大，一般变动范围为 17～25 d。发情周期受光照、温度、饲养管理、劳役、个体情况等因素的影响。母牛的发情期（发情持续的时间）短，但行为明显。母牛有外部表现的发情时间仅为 18～24 h，有些牛仅有几个小时，又由于许多牛是夜晚开始发情，白天观察的时间就仅有 0.5 d 或 1 d，因此必须留心观察，否则很容易漏过去。排卵通常发生在发情停止后数小时，多在 6～12 h。因此母牛刚开始发情时不要急于配种，应等到发情旺期或发情接近结束时配种，这时才是最佳的配种时间。

①发情前期是发情的准备期，卵巢内黄体已消失，新的卵泡继续发育。子宫颈和阴道的分泌物由干黏状态逐渐变成稀薄，分泌物增加，生殖器官开始充血。在此期间母牛无接近公牛的表现，一般不接受公牛的爬跨。持续时间为 4～7 d。

②发情期是母牛出现旺盛性欲的时期，表现为食欲减退，精神兴奋，时常哞叫，尾根举起，愿意接受其他牛爬跨或爬跨其他牛，外阴部红肿；从阴门流出大量黏性强的透明黏液(俗语称为吊线)。阴道和子宫颈黏膜潮红而有光泽，黏液分泌增多，子宫颈口开张。在牛群内有些牛常嗅发情母牛的外阴部。发情持续时间指发情期所占的时间，习惯上指从母牛愿意接近公牛开始，经过主动接受爬跨至回避爬跨这一段期间。在家畜中以母牛的发情持续时间为最短，一般平均为 18 h，范围是 6～36 h，个别的可持续 48 h 左右。排卵：发情开始后 28～32 h，或性兴奋结束后 10～14 h，夜间(22:00 至次日 4:00)排卵多，性交提前 2 h 排卵。母牦牛发情持续期为 12～36 h。季节、饲养管理条件、年龄等因素影响发情持续时间，夏季、饲养条件好和经产母牛持续时间略短。因为母牛发情持续期短，所以采用人工授精时应注意观察母牛的发情，以免错过发情期而失去配种时机。母牛的排卵时间是在发情期结束后 12～15 h，这也是母牛的发情特点之一。排卵以夜间居多。但如果有公牛的刺激，能使发情时间缩短，排卵也可提早。

③发情后期是发情现象逐渐消失的时期。卵巢已经排卵，并开始形成黄体。母牛性欲消失，拒绝爬跨。子宫颈和阴道分泌物减少，子宫颈收缩，阴道黏膜充血肿胀状态逐渐消退。母牛发情后期的持续时间为 5～7 d。据统计，60%～70%的育成母牛、30%～40%的成年母牛在发情后期(发情后 2～3 d)从阴道内流出血液或混血的黏液。发情后出血的原因是发情时子宫黏膜的实质充血，发情后子宫阜上的毛细血管破裂，血液渗入子宫腔，随黏液排出。出血量很少，颜色正常，对妊娠无不良影响；若出血量很多，色泽暗红或黑紫，是患有子宫疾病的征兆。

④休情期也称为间情期或黄体期。其特点是黄体逐渐萎缩，卵泡逐渐发育，从上一次性周期过渡到下一次性周期。母牛休情期的持续时间为 6～14 d。如果已妊娠，这个时期就不是休情期而是怀孕期，周期黄体转为妊娠黄体，直到妊娠结束前不再出现发情。

(3)产后发情　母牛产后第一次发情时间出现较晚，肉牛多在产后 40～104 d，黄牛多在产后 58～83 d，奶牛为 30～72 d。挤奶次数多或产后患病发情延迟。带犊哺乳、营养、季节等是影响母牛产后发情迟早的主要因素。产后发情时间的差异，与牛的安静发情有关，安静发情多见于牛产后 25～30 d，而奶牛比例较高。

2. 母羊发情周期的特点

(1)发情季节　羊属短日照动物，一般总是在秋、冬季节发情配种。这是长期自然选择的结果。野生条件下，羊总是选择有利于羔羊存活的时候分娩，秋季和冬初母羊体况较好，配种妊娠有利，产羔后经哺乳到断奶时，外界环境条件有利于羔羊生长发育并安全渡过翌年冬天。因此，长期的自然选择使羊具有季节性繁殖的属性。但是人工选择的干预使得这种属性发生了不同程度的变化，同时，也是某一品种适应相应生态环境的结果，如我国的小尾寒羊、湖羊、白山羊等地方品种，引进的萨福克、夏洛莱、波尔山羊等培育品种都有四季发情的特性。但这些品种的发情也相对集中在春、秋两季。炎热的夏季和严酷的冬季都不利于公、母羊配种。

(2)发情周期各期的特点　母羊发情时，其外阴部也发生肿胀，但不十分明显，只有少量黏液分泌，有的甚至见不到黏液而稍有湿润。绵羊发情的外部表现不明显，需要用公羊试情；山羊发情表现明显，发情时高声咩叫，爬跨其他母羊；清晨发现发情，可在傍晚配种，傍晚发现可在次日清晨配种。

绵羊的发情周期平均为 17 d(14～21 d)，山羊平均为 21 d(18～24 d)。发情周期因品种、年龄及营养状况不同而有差别。奶山羊的发情周期长，青山羊的短；处女羊、老龄羊发情周期长，壮年羊短；营养差的羊发情周期长，营养好的羊短。

母羊的发情持续时间称为发情持续期。绵羊发情持续期平均为 30 h，山羊平均为 40 h。母羊排卵一般在发情开始后 12～24 h，故发情后 12 h 左右配种最适宜。发情持续期受品种、年龄、繁殖季节中的时期等因素影响。毛用羊比肉用羊发情持续期长。羔羊初情期的发情持续期最短，1.5 岁后较长，成年母羊最长；繁殖季节初期和末期的发情持续期短，中期较长；公母羊混群的母羊比单独组群的母羊的发情持续期短，且发情整齐一致。

①发情前期：卵泡开始发育，血液中的雌激素水平上升，促使生殖道上皮增生，黏膜充血，腺体活动逐渐加强。阴道分泌稀薄的黏液，但母羊没有性欲表现。

②发情期：母羊接受公羊交配，有性欲表现，外阴部充血肿胀，子宫角和子宫体充血，从阴门流出具有牵缕性透明黏稠的黏液。子宫颈口松弛开张，卵泡发育很快。

③发情后期：母羊排卵后发情征状逐渐消退，卵泡破裂后形成黄体，分泌孕酮，血液中的孕激素水平上升。生殖器官开始复原，黏膜充血消退。子宫颈口闭合，分泌物减少。母羊拒绝交配。

④间情期：如果母羊妊娠，黄体继续存在，并发育成妊娠黄体；如果没有妊娠，黄体逐渐消失，进入下一个发情周期。

(3)产后发情　母羊分娩后，体内生殖机能需要有一段休养时间，一般产后第一次发情都在下一次发情季节。在良好的饲养管理条件下，小尾寒羊母羊产后生殖机能恢复时间很短，从产羔到第一次发情的平均间隔时间为 48.9 d，每胎次产后到再次怀孕的天数平均为 67.21 d。

3. 母猪发情周期的特点

(1)发情季节　无明显季节性，母猪全年都有发情周期循环，但在严寒和酷暑季节，或饲养管理不良时，发情可能停止一段时间。

(2)发情周期各期的特点　平均为 21 d(17～24 d)。发情周期长短，在不同年龄和不同品种间差异不大。母猪的发情是由来自卵巢的雌激素和孕酮直接控制的，以及由垂体前叶的促卵泡素、促黄体素和催乳素间接控制的。

①发情前期：母猪发情前期阴门肿胀，后备母猪肿胀程度明显，经产母猪肿胀程度不明显。阴道前庭充血，阴门开始变红，子宫颈和阴道开始分泌一种水样的稀的阴道分泌物。发情前期大约持续 2 d。此时的母猪通常变得越来越不安定，厌食、好斗。如果在附近有公猪，母猪就会主动接近公猪。

②发情期：此期是母猪进入接受交配的时期。此期母猪对外周环境敏感，东张西望，一有动静马上抬头，竖耳静听。平时吃饱后爱睡觉的母猪，发情后常在圈内来回走动，或常站在圈门口。常常发出哼哼声，食欲不振，急躁不安，耳朵直立，咬圈栏杆，咬临栏母猪，愿意接近公猪或爬跨其他母猪。当按压母猪后背时，发情母猪经常两后腿叉开，呆立不动，尾巴上翘，大白母猪耳尖向后背，长白母猪耳根轻微上翘，杜洛克耳朵轻微向上翘。母猪发情持续 40～70 h，排卵发生在该时期的后 1/3 时间。排卵过程大约持续 6 h。交配的母猪比没有交配的母猪大约提早 4 h 排卵。

③发情后期：母猪在发生静立反射之后，排卵通常发生在发情结束或发情后期开始。排卵后，卵巢腔里充满血块，黄体细胞开始快速生长，是黄体形成和发育的阶段。即使黄体还没有完全形成，卵泡腔里的黄体细胞已经开始产生孕酮。此时，生殖道充血消失，生殖道腺体分泌物变得黏稠，且数量降低。发情后期大约持续 2 d。

④间情期：是母猪发情周期持续时间最长的一个时期，也是黄体发挥功能的时期。这时黄体发育成一个有功能的器官，产生大量的孕酮及一些雌激素进入身体循环，作用于乳腺发育和子宫生长。子宫内层细胞生长使腺体细胞分泌一种稀的黏性物质滋养合子(即受精卵)。如果合子到达子宫，黄体在整个妊娠期继续存在；如果卵子没有受精，黄体的功能只保持 16 d 左右，届时母猪会分泌一种前列腺素激素使黄体退化。大约在第 17 天后，由于促卵泡素和促黄体素的释放，导致卵泡生长和雌激素水平的上升，母猪继而又会出现发情。间情期一般为 14 d。

(3)产后发情　一般经产母猪产后 3～6 d 发情，但不排卵。只有在仔猪断奶后 1 周左右，出现第 1 次正常发情。

4. 母犬发情周期的特点

(1)发情季节　母犬属于“季节性一次发情”动物，即每发情一次不论受孕与否，均不再反复，然后进入较长的情期(长度相当于妊娠期)，这是由黄体机能维持的所谓发情后期。这与牛、马、猪、羊等动物不同，这些家畜的母畜如果发情而未孕，隔 18～21 d 会再次发情，如此反复一直到受孕为止，才进入较长的妊娠期。

(2)发情周期中各期的特点　母犬的发情活动有周期性，从一次发情开始到下一次发情开始，或由这一次排卵到下一次排卵的间隔时间称为发情周期或性周期。母犬因系季节性发情，故发情周期很长，其范围也很大，因品种、年龄、饲养环境而变化，一般为 6～10 个月，多集中在 172～200 d。犬的性周期具有特殊性，性周期不是发情周期的重复，排卵后的功能性黄体可持续存在很长时间，与妊娠黄体不易区分。大多数母犬到 4 岁时，发情周期的长度会进行性延长，老龄母犬通常有规律的发情周期，但乏情期延长。

①发情前期：发情前期为发情前的一个时期，发情前期的确定一般是以阴道开始有血样分泌物(发情出血)为依据的，为阴门排出血样黏液至接受公犬爬跨交配这一段时间。这个时期母犬阴唇肿胀，触诊整个阴唇发硬，母犬接近并挑逗公犬，但不接受交配，而有繁殖经验的母犬偶有接受公犬交配的。阴道分泌物涂片，可见放大的红细胞、角化上皮细胞、有核上皮细胞和少量白细胞。发情前期的持续时间为 5～20 d，平均为 9 d。发情前期首要的表现或许是阴门肿大或从阴道中排出血迹，这两个现象一个可能先于另一个 1～4 d 出现，或者同时出现。有些母犬也许是由于过于爱干净，弄干净了阴门，那么即使阴道内有存留的话，在外部也看不到血迹，这些血迹来源于子宫，是血球渗出的结果。在发情前期阴门持续水肿，在发情前期的晚期雌激素峰值时肿胀达到了最大程度。从母犬的行为来看，在发情前期的早期，母犬具有排斥性行为，公犬试图爬跨时，它将嗥叫、逃避或撕咬。随着发情前期的进行，雌激素水平的增加使母犬变得更温顺，表现出玩耍和诱情行为，但这种行为一般不具有性的含义。在发情前期的晚期，这种行为可能在继续，尽管母犬经常顺从于公犬的爬跨而且站立不动，但不会促成交配，或者坐下、蜷伏，或者当公犬爬跨时躺下。在发情前期，母犬可能会表现出雄性行为，爬跨其他犬(公犬或母犬)，用前肢牢牢地抱住被爬跨者的同时甚至还出现骨盆前耸的动作。这种雄性行为可能与卵泡期结束时雄激素分泌的增加有关，人们已观察到睾酮和雄烯二醇在这个时刻增

加。在某比格犬群中，单独注射雄激素，在发情前期观察到了雄性行为，因此母犬在发情前期的雄性行为似乎是雄激素对中枢神经系统作用的结果。

②发情期：是指母犬接受公犬交配、接受爬跨交配的时期。此时母犬从发情前期晚期的顺从转变到发情期的主动的性行为，发情期的确定除了试情之外，尚无其他有效的方法。可通过每日测定母犬对公犬的反应而观察到。在发情期，此期的母犬阴道分泌物由血样变为浅黄色，阴唇变软且有节律地收缩，抚拍尾根，尾巴翘歪到一侧，母犬继续表现出逗惹和诱情行为，但当公犬逗惹它、舔它的阴门或者开始爬跨时，母犬将站立不动，把尾巴偏向一边，接受公犬交配。发情期的持续时间为 7～12 d，平均为 9 d，排卵发生于发情期第 1～3 天，排卵时，阴道分泌物中的白细胞消失是其特征变化。具有性进攻和性经验的母犬常常会把会阴部朝向公犬，用臀部触碰公犬，甚至向公犬鼓出阴门，特别是当公犬试图爬跨却出现站立不稳或出击不力的情况时。有些母犬倾向于偏爱某个公犬，对其他公犬不感兴趣，而某个公犬能够引诱母犬表现出完全的发情行为，其他公犬则不能。

③发情后期：发情后期(休止期)为发情期结束的一个时期，也称后情期，从母犬发情结束至生殖器官的发情表现完全结束为止，即生殖器官恢复到常态的时期。发情母犬进入发情后期是以母犬开始拒绝公犬交配为依据，发情后期的母犬血中雌激素含量降低，性欲减退，发情后期外阴部变得软瘪，发情后期的第 3～5 天，卵巢形成功能黄体，血中黄体激素含量增高；第 42 天左右黄体开始退化。发情后期持续 2～3 个月，平均 60 d，因此，不应该把黄体变化阶段统称为发情后期。母犬阴道血样排出物变成褐色或黑色，以至于停止排出，母犬变得性情不再驯服，拒绝公犬的爬跨，卵巢上形成黄体，具有分泌孕激素的作用。发情后期从什么时候算起取决于所采用的标准，其特征为发情行为消失、阴道角质化细胞消失、阴道涂片中白细胞重新出现，不论妊娠与否，都在黄体激素(孕酮)的作用下使得子宫黏膜增生，子宫壁增厚，尤其是子宫腺囊泡状增生非常显著，为胚泡的着床做准备。未妊娠的犬此期易患子宫内膜炎和子宫蓄脓症，尤其不用于繁殖的大型犬更易发生。发情后期的长短同样也取决于所采用的标准，如果怀孕，发情后期则是从妊娠到分娩和泌乳期；如果是假妊娠，此期则是空怀妊娠期。

④间情期：此期是从母犬断奶算起，如果未孕则从为期 60 d 的发情后期算起，是发情后期到下次发情前期的期间。犬是单发情动物，这个时期不是性周期的一个环节，是非繁殖时期。临床表现同往常，行为举止、体形外貌均正常。在此期间，其生殖器官呈休止状态，体内的卵泡发育缓慢，子宫内膜开始微有增殖，雌激素略有增加，阴道中有泡沫状细胞和各种白细胞，阴道上皮菲薄，只有 2～3 层。休情期标志着从一个发情周期到下一个发情周期的过渡，其特征是血浆孕酮水平很低(1.0 ng/mL)。休情期可能会持续 1～6 个月。

(3)产后发情　犬与家畜的发情周期不同，不论受孕与否，再次发情要经过很长的无发情期(几个月)，在无发情期期间，卵巢处于完全休止状态。无发情期的时间，根据犬的品种、外界环境、饲养状况以及个体不同而有差异。小型犬 6 个月发情一次，也有 4 个月的；大型犬 8 个月发情一次。

5. 母猫发情周期的特点

(1)发情季节　猫一般是在春、秋两季多次发情。发情时间大多集中在 3、4 月份和 6、7 月份。在发情的季节中约每隔两周就发情一次，每次 3～7 d，平均 4 d。这是长期自然选择的结果。野生条件下，猫总是选择有利于仔猫存活的时候分娩，春季和秋季母猫体况较好，有利于配种和妊娠。产仔后从哺乳到断奶时，外界环境条件有利于幼猫生长发育并安全渡过翌年冬天。因此,长期的自然选择使猫具有季节性繁殖的属性。但是猫生活水平的提高使得这种属性发生了不同程度的变化,尽管如此,猫的发情也相对集中在春、秋两季。炎热的夏季和严酷的冬季都不利于公、母猫的配种。

(2)发情周期各期的特点

①发情前期:发情前期母猫的外阴部的阴毛刚刚分开,外生殖器肿胀,阴唇稍稍裂开。

②发情期:母猫发情中前期,外阴部肿胀明显,阴唇呈明显的两大瓣,有少量的白色黏液。母猫发情中后期外阴强烈肿胀和外翻,呈明显的四瓣,有多量的黏液。母猫的性格情绪会发生明显的变化,母猫的性情会变得焦躁不安,喜欢频繁地外出,寻找公猫。同时发情的母猫会日夜发出类似婴儿的"哇哇"的叫声,特别是在晚上母猫的叫声会更加激烈。很多发情的母猫在发情期还会不停地在地上乱翻滚,喜欢跟随主人,特别黏主人。母猫在发情时,眼睛变得明亮,食欲逐渐减退,活动大量增加,行为与声音都会改变,发情的母猫经常以身体磨蹭人或桌椅、柜子等物,少数母猫会四处乱尿或胃口变差。发情的母猫在发情高潮期会蹲在地上,屁股高高翘起,等待公猫的交配。

③发情后期:母猫发情后期,外阴部肿胀逐渐消退,萎缩发干,阴毛又逐渐呈毛笔状,同时行为趋于正常。

(3)产后发情　母猫产后一般 30 d 左右会再次发情。

任务三　动物的发情鉴定技术

【能力标准】

1. 了解发情鉴定的目的。
2. 掌握发情鉴定的方法。

【相关知识链接】

动物的发情是在生殖激素的调节下,生殖器官和性行为等发生的一系列变化。这种变化包括外部表现和内部变化,外部表现是可以直接观察到的,而内部变化是指生殖器官的变化,其中卵巢上卵泡发育的变化是发情的本质变化。

因此,在进行发情鉴定时,不仅要观察动物的外部表现,更重要的是,要掌握卵泡发育状况的内在本质特征,同时还应考虑影响发情的各种因素。只有进行综合的科学分析,才能作出较准确的判断。

各种动物的发情特征,有其共性,也有其特异性。因此,在发情鉴定时,既要注意共性方面,还要注意各种动物的自身特点。

一、发情鉴定的目的

①通过发情鉴定,可以判断动物的发情阶段,预测排卵时间。

②及时掌握母畜发情程度,确定最佳配种时间,以提高受胎率。

③确定适宜配种期,及时进行配种或人工授精,从而达到提高受胎率的目的。

④还可以判断动物发情是否正常,以便发现生殖疾病或异常(子宫炎、卵巢囊炎),及时治

疗或解决。

⑤确定配种次数。配种次数每个周期不宜多于3次，防止产生受精免疫。

二、发情鉴定的方法

发情鉴定的方法有多种，在实际应用时，要根据各种动物的特点，采用重点与一般相结合的原则。但无论采用何种方法，在发情鉴定前，均应了解动物的繁殖历史和发情过程。

(一)外部观察法

此法是各种动物发情鉴定最常用的方法，主要观察动物的外部表现和精神状态，从而判断其是否发情或发情程度。发情动物常表现为精神不安，鸣叫，食欲减退，外阴部充血肿胀、湿润，有黏液流出，对周围的环境和雄性动物的反应敏感。不同的动物往往有不同的表现，如母牛爬跨；母猪闹圈；母马扬头嘶鸣，阴唇不断外翻露阴蒂；母驴“叭哒嘴”等。上述特征表现随发情进程由弱到强，再由强到弱，发情结束后消失。

(二)试情法

此法根据雌性动物在性欲及性行为上对雄性动物的反应判断其发情程度。发情时，雌性动物通常表现为愿意接近雄性，弓腰举尾，后肢开张，频频排尿，有求配动作等，而不发情或发情结束后则表现为远离雄性，当强行牵引接近时，往往会出现躲避行为甚至踢、咬等抗拒行为。专用试情的雄性动物，一般选用体质健壮，性欲旺盛，无恶癖的非种用雄性动物。试情的公马或公绵羊可采用输精管结扎术，经济动物直接放对观察。试情要定期进行，以便及时掌握雌性动物的性欲表现程度。

(三)阴道检查法

此法主要适用于牛、马等大家畜，是应用阴道开张器或阴道扩张筒插入并扩张母畜阴道，借用光源，观察阴道黏膜颜色，充血程度，子宫颈松弛状态，子宫颈外口的颜色、充血肿胀程度及开口大小，分泌物的颜色、黏稠度及量的大小，有无黏液流出等来判断发情的程度。检查时，阴道开张器或扩张筒要洗净和消毒，以防感染，插入时要小心谨慎，以免损伤阴道黏膜。此法由于不能准确地判定动物的排卵时间，因此，目前只作为一种辅助性检查手段。

(四)直肠检查法

1. 应用

此方法主要应用于牛马等大家畜，因直接可靠，在生产上应用广泛。方法是将手臂伸进母畜的直肠内，隔着直肠壁用手指触摸卵巢及其卵泡发育情况。如卵巢的大小、形状、质地、卵泡发育的部位、大小、弹性、卵泡壁的厚薄以及卵泡是否破裂，有无黄体等。通过直肠检查并结合发情外部征状，可以准确地判断卵泡发育程度及排卵时间，以便准确地判定配种适期。

但在采用此法时，术者须经多次反复实践，积累比较丰富的经验，才能正确地掌握和判断。

2. 操作步骤

①检查前的准备工作，指甲要剪断，磨光；洗手，抹润滑液。

②动物的保定，尾固定。

③站立于动物后方，双脚前后站立。

④手指并成锥体形，通过肛门进入直肠，掏尽粪便，努责过强时应停止检查，待放松后再进行。

⑤只能用手肚触摸，指尖不能触及黏膜，拇指始终不能展开，减少进出直肠次数，直肠渗血后停止检查。

⑥检查完后，清洗和消毒手和手臂。

3. 检查顺序

手在骨盆中向下触摸，找到子宫颈（圆柱状，粗硬）；手前移找到子宫体（软而有弹性）；手再向前找到角间沟（绵羊角状）；手向侧摸找到子宫角；顺着子宫角尖端找到卵巢，黄体和卵泡；检查完一侧再检查另一侧。

4. 应注意的问题

发现努责，停止检查；过于扩张，停止检查；分清卵巢、球类器官和粪便；膀胱排尿，停止检查；直肠黏膜出血，应停止检查；防止时间过长；注意人、畜安全。

（五）生殖激素检测法

是应用激素测定技术（放射免疫测定法、酶联免疫测定法等），通过对雌性动物体液（血浆、血清、乳汁、尿液等）中生殖激素（FSH、LH、雌激素、孕酮等）水平的测定，依据发情周期中生殖激素的变化规律，来判断动物的发情程度。该法可精确测出激素的含量，如放免法测定母牛血清中孕酮的含量为 0.12～0.48 ng/mL，输精后情期受胎率可达 51%，但这种方法所需仪器和药品试剂较贵，目前尚难以普及。

（六）仿生学法

是模拟公畜的声音（放录音磁带）和气味（天然或人工合成的气雾制剂），刺激母畜的听觉和嗅觉器官，观察其受到刺激后的反应状况，判断母畜是否发情。

在生产实践中采用仿生学法对猪的发情进行鉴定的试验较多，结果表明，只用压背试验时，发情母猪中仅有 48%呈现静立反应；若同时公猪在场，则 100%出现静立反应，当公猪不在场，但能听到公猪叫声和嗅到公猪的气味，发情母猪中有 90%呈现静立反应。用天然的或人工合成的公猪性外激素，在母猪群内喷雾，可刺激发情母猪“静立反应”。因此，有人提出在利用公猪气味和声音的同时，再配合有模拟公猪的形象出现，将会优化母猪发情鉴定的效果。

（七）电测法

即应用电阻表测定雌性动物阴道黏液的电阻值来进行发情鉴定，以便决定最适当的输精时间。用黏液电阻法探索母畜发情变化的研究开始于 20 世纪 50 年代，经反复研究证实，黏液和黏膜的总电阻变化与卵泡发育程度有关，与黏液中的盐类、糖、酶等含量变化有关。一般地说，在发情期电阻值降低，而在周期其他阶段则趋升高。

该测定仪由探棒（长约 50 cm 的有机玻棒）并连接电流表而成。据报道，用国产 XZ-Ⅰ或 XZ-Ⅱ型母畜发情电测仪测定，电测值 40 μA 以上相当于发情中期，发情期以 40 μA 为界，电测值 50 μA 以上相当于自然发情状态下的输精适期，输精期以 50 μA 为界。

(八)生殖道黏液

pH法测定雌性动物性周期中,生殖道黏液pH呈现一定的变化规律,一般在发情盛期为中性或偏碱性,黄体期偏酸性。母牛子宫颈液pH一般为6.0～7.8,当经产母牛pH为6.7～6.8时输精受胎率最高,处女牛的pH为6.7时输精受胎率最高。长白、大白和汉普夏3个品种猪在发情开始的当天,阴道黏液的pH大于7.3,发情盛期为7.2,妊娠期小于7.2,在pH为7.2～7.3时输精,3个品种猪受胎率分别为93.8%、96.7%和92.3%。小母猪在其pH为7.2～7.3时输精,情期受胎率最低。

测定生殖道黏液pH似乎不能明显区别发情周期的各阶段,但是在一定pH范围内输精的受胎率较高,因此在发情周期表现正常并具有发情表现时再测pH更有参考价值。

雌性动物的发情鉴定除了上述方法外,另外,还有颜色标记法、子宫颈黏液透析法、离子选择性电极法、宫颈黏液结晶法和阴道上皮细胞抹片法等。

技能训练一　奶牛的发情鉴定技术

【训练目的】通过技能训练,使学生能够根据母牛发情时外部行为和阴道变化判断母牛是否发情,基本掌握奶牛直肠检查的方法,并利用直肠检查来判断母牛卵泡发育情况。

【使用材料】阴道开膛器、一次性塑料手套、肥皂、洗手盆、发情母牛、保定栏、75%的酒精、手电筒等。

【操作方法】

鉴定母牛发情的方法有外部观察法、试情法、阴道检查法和直肠检查法等,下面分别介绍:

1. 外部观察法

外部观察法是鉴定母牛发情的主要方法,主要根据母牛的外部表现判断发情情况。发情母牛表现兴奋不安,经常哞叫,两眼充血,眼光锐利,感应刺激性提高;拉开后腿,频频排尿;在牛舍内常站立不卧,当有人走过其后部时,常回顾;食欲减退,反刍的时间减少或停止。发情强烈的母牛,体温略有升高(0.7～1.0 ℃)。在运动场或放牧时,追逐和爬跨其他母牛并接受其他牛爬跨。两者的区别是被爬跨的牛如发情,则站立不动、并举尾,如不是发情牛,则往往拱背逃走;发情牛爬跨其他牛时,阴门搐动并滴尿,具有公牛交配的动作;外阴部红肿,从阴门流出黏液。其他牛常嗅发情牛的阴部,发情母牛的背腰和尻部有被爬跨留下的泥土、唾液。必须注意的是,妊娠后假发情和卵泡囊肿的母牛也有爬跨现象,应与真正发情母牛加以区别。

母牛的发情表现虽有一定规律性,但由于内外因素的影响,有时表现不大明显或欠规律性。因此,在确定输精适期时,必须善于综合判断,具体分析。

2. 试情法

根据母牛爬跨的情况来判断牛发情,这是最常用的方法。此法尤其适用于群牧的繁殖母牛群,可以节省人力,提高发情鉴定效果。

试情法有3种:一是将结扎输精管的公牛放入母牛群中,白天放在牛群中试情,夜间将公母牛分开,根据公牛追逐爬跨情况以及母牛接受爬跨的程度来判断母牛的发情情况;二是发情时,通常表现为愿意接近雄性,弓腰举尾,后肢开张,频频排尿,有求配动作等,而不发情或发情结束后则表现为远离雄性,当强行牵引接近时,往往会出现躲避行为甚至踢、咬等抗拒行为;三是下腭标记法,用容量0.54 kg左右的壶状物固定在牛的笼头上,壶中装满液体油剂染料,壶的中部有一滚动的圆珠装置(与圆珠笔原理相似)。试情公牛戴上笼头,圆珠正好位于下颚下方,在公牛爬跨后从母牛腰部滑下时,其下腭便拖下 1 条色线。壶中的染料 1 周加 1 次即可,比较方便。据试验,母牛和试情公牛比例为 30∶1 时发情鉴定率最高,达 95%。

3. 阴道检查法

阴道检查法是用阴道开膣器来观察阴道的黏膜、分泌物和子宫颈口的变化来判断发情与否。

发情母牛阴道黏膜充血潮红,表面光滑湿润;子宫颈外口充血、松弛、柔软开张,排出大量透明的牵缕性黏液,如玻棒状(俗称吊线),不易折断。黏液最初稀薄,随着发情时间的推移,逐渐变稠,量也由少变多。到发情后期,量逐渐减少且黏性差,颜色不透明,有时含淡黄的细胞碎屑或微量血液。不发情的母牛阴道苍白、干燥,子宫颈口紧闭,所以没有黏液流出。

黏液的流动性取决于酸碱度,碱性越大越黏,乏情期的阴道黏液比发情期的碱性强,故黏性大。发情开始时,黏液碱性较低,黏性也最小;发情旺期,黏液碱性增高,黏性最强,有牵缕性,可以拉长。母牛阴道壁上的黏液比取出的黏液略酸,如发情时的黏液,在阴道内测定 pH 为 6.57,而取出在试管内测定时则 pH 为 7.45。子宫颈的黏液一般比阴道的稍微酸些。

发情母牛的子宫颈黏液如在载玻片上涂片、镜检,则出现羊齿植物状的结晶花纹。结晶花纹晶型,排列长而整齐,保持时间达数小时,其他杂物如上皮细胞、白细胞等很少。如果结晶结构较短,呈短金藻或星芒状,且保持时间较短,白细胞较多,这是发情末期的表现。据报道,也有少数母牛的子宫颈黏液涂片不呈结晶状态。

阴道检查的操作。根据现场条件,利用绳索、三角绊或六柱栏保定母牛,尾巴用绳子拴向一侧。外阴部先用清水洗净后,再用 1%煤酚皂或 0.1%新洁尔灭溶液进行消毒,最后用消毒纱布或酒精棉球擦干。开膣器清洗擦干后,先用 75%的酒精棉球消毒其内外面,然后用火焰烧灼消毒,涂上灭菌过的润滑剂。用左手拇指和食指(或中指)将阴唇分开,以右手持开膣器把柄,使闭合的开膣器和阴门相适应,斜向前上方插入阴门。当开膣器的前 1/3 进入阴门后,即改成水平方向插入阴道,同时打开开膣器,使其把柄向下,通过反光镜或手电筒光线检查阴道变化。应特别注意阴道黏膜的色泽及湿润程度,子宫颈部的颜色及形状;黏液的量、黏度和气味,以及子宫颈管是否开张和开张程度。判断发情的依据是:阴唇肿大,开膣器容易插入,阴道黏膜充血,光泽滑润。子宫颈口松软而开张,有黏液流出,可判定为母畜发情;阴门紧缩,有皱纹,插入开膣器时感觉干涩,阴道黏膜苍白,黏液量少且呈糨糊状,子宫颈口紧缩,可判定为母畜未发情。检查完后稍微合拢开膣器,抽出。

4. 直肠检查法

(1)操作方法

主要是隔着直肠壁触摸卵巢上卵泡的发育情况。将母牛牵入保定栏内保定,将母牛的尾抬向一侧。检查者将指甲剪短磨光,衣袖挽起,带上长臂手套,并涂以少量润滑剂。

①检查时,先将母牛保定,检查者站在母牛的正后方,将母牛的肛门周围清洗并涂以润滑剂。

②检查者将左手并拢呈锥形,缓慢旋转伸入母牛的肛门,如直肠内有蓄粪,用手指扩张肛门,促进蓄粪排出。也可在母牛排粪时,用手掌在直肠内向前轻推,当粪便蓄积到一定量时,逐渐将手臂撤出,使蓄粪排尽。

③伸入直肠内的左手指向下轻压肠壁,在骨盆腔的中部找到软骨棒状的子宫颈,发情母牛

子宫颈稍大、较软，由于子宫黏膜水肿，子宫角体积也增大，子宫收缩反应比较明显，子宫角坚实；不发情的母牛，子宫颈细而硬，子宫较松弛，触摸不那么明显，收缩反应差。成年母牛的卵巢较育成牛大(因为经过多次发情，不少退化的黄体仍然存在)，卵巢的表面有小突起，质地坚实。沿着子宫颈往正前方可摸到 1 个浅沟，即为角间沟，沟的两旁为向前向下弯曲的两侧子宫角，沿着子宫角大弯向下稍向外侧可摸到卵巢。然后触摸其形状、质地。发情时卵巢上有卵泡发育，仔细体会卵泡的发育情况。

(2)卵泡发育分 4 期　第一期(卵泡出现期)：卵巢体积比静止期稍增大，卵泡直径为 0.5～0.7 cm，卵巢一端稍增大，触诊时感到硬而光滑。此期母牛已有发情表现，持续 10 h 左右。第二期(卵泡发育期)：卵泡直径增大到 1～1.5 cm，并突出于卵巢表面，呈小球状，触摸时感觉卵泡光滑有弹性，略有波动。此期母牛处于外部表现的盛期，持续 10～12 h。第三期(卵泡成熟期)：卵泡不再增大，但卵泡液增多，泡壁变薄，紧张性增强，用手指触压，弹性弱，波动强，有一触即破之感。此期母牛外部发情表现趋于结束，能持续 6～8 h。第四期(排卵期)：卵泡成熟破裂，卵泡液流出，卵子随之排出。泡壁变为松软，形成凹陷，捏之有两层皮的感觉。排卵约在母牛发情结束后 10 h，排卵后 6～8 h 黄体即开始形成，卵巢恢复正常大小，触之有肉样感觉。排卵后，原卵泡处有不光滑的小凹陷，以后就形成黄体。

(3)直肠检查时要注意卵泡与黄体的区别

①发情前期的卵泡有光滑、较硬的感觉。卵泡的形状像半个弹球扣在卵巢上一样，而没有退化的黄体一般呈扁圆形，稍突出于卵巢表面。

②卵泡的生长过程是渐进性变化，由小到大，由硬到软，由无波动到有波动，由无弹性到有弹性。而黄体则是退行性变化，发育时较大而软，到退化时期越来越小、越来越硬。

③黄体与卵巢连接处有明显的界线且不平直，而正常的卵泡与卵巢连续处光滑，无界线。

【注意事项】

①阴道检查时要注意阴道开膣器消毒要严密，操作要仔细，防止粗暴。

②检查者手在直肠内触摸时要用指肚进行，不能用手指乱抓，以免损伤直肠黏膜。

③在母牛努责或肠管收缩时不能将手臂硬向里推，可待它努责或收缩停止后再继续检查。

④膀胱排尿，停止检查。

⑤直肠黏膜出血，应停止检查。

⑥防止时间过长。

⑦注意人、畜安全。

【技能考核标准】奶牛的发情鉴定技能考核标准。

<table>
<tr><th rowspan="2">考核内容及分数分配</th><th rowspan="2">操作环节与要求</th><th colspan="2">评分标准</th><th rowspan="2">考核方法</th><th rowspan="2">熟练程度</th><th rowspan="2">时限</th></tr>
<tr><th>分值</th><th>扣分依据</th></tr>
<tr><td rowspan="5">1. 奶牛的外部观察法
2. 奶牛的阴道检查法
3. 奶牛的直肠检查法
(100 分)</td><td>①奶牛的外部观察</td><td>30</td><td>每少观察一项扣 5 分</td><td rowspan="5">单人操作考核</td><td rowspan="5">基本掌握</td><td rowspan="5">20 min</td></tr>
<tr><td>②奶牛的阴道检查操作</td><td>20</td><td>每错一步扣 5 分</td></tr>
<tr><td>③奶牛的直肠检查操作</td><td>30</td><td>每错一步扣 5 分</td></tr>
<tr><td>④熟练程度</td><td>10</td><td>在教师指导下完成扣 5 分</td></tr>
<tr><td>⑤完成时间</td><td>10</td><td>每超时 1 min 扣 3 分，直至 10 分</td></tr>
</table>

【思考题】牛的发情鉴定方法有哪些?

技能训练二　羊的发情鉴定技术

【训练目的】通过技能训练,使学生掌握以试情法为主结合外部观察法判断母羊是否发情。

【使用材料】羊用阴道开膣器、发情母羊、肥皂、洗手盆、一次性塑料手套、保定栏、75%的酒精、手电筒等。

【操作方法】

1. 外部观察

母羊发情时表现不安,目光滞钝,食欲减退,咩叫,外阴部红肿,流露黏液,发情初期黏液透明,盛期黏液呈牵丝状、量多,末期黏液呈胶状。发情母羊在被公羊追逐或爬跨时,往往叉开后腿站立不动,接受交配。处女羊发情不明显,要认真观察,不要错过配种时机。

2. 试情法

试情公羊即用来发现发情母羊的公羊。要选择身体健壮,性欲旺盛,没有疾病,年龄 2～5 岁,生产性能较好的公羊。为避免试情公羊偷配母羊,对试情公羊可系试情布,布长 40 cm,宽 35 cm,四角系上带子,每当试情时拴在试情羊腹下,使其无法直接交配,也可采用输精管结扎或阴茎移位手术。

试情公羊应单独喂养,加强饲养管理,配种前 1 个月驱虫、远离母羊群,防止偷配。对试情公羊每隔 1 周应本交或排精 1 次,以刺激其性欲。

试情应在每天清晨进行。试情公羊[按一定比例 1∶(30～40)]进入母羊群后,用鼻去嗅母羊,或用蹄子去挑逗母羊,甚至爬跨到母羊背上,母羊不动,不拒绝,或伸开后腿排尿,这样的母羊即为发情羊。发情羊应从羊群中挑出,做上记号。对于初配母羊,对公羊有畏惧心理,当试情公羊追逐时,不像成年发情母羊那样主动接近。但只要试情公羊紧跟其后者,即为发情羊。若是母羊聚集在一起,试情公羊无法靠近发情母羊,可人为赶动母羊群,加大母羊之间的空隙,使公羊能够顺利地找到发情母羊。

3. 阴道检查法

通过观察阴道黏膜、分泌物和子宫颈口的变化来判断是否发情的方法。进行阴道检查时,先将母羊保定好,外阴部冲洗干净。开膣器清洗、消毒、烘干后,涂上灭菌润滑剂或用生理盐水浸湿。检查人员将开膣器前端闭合,左手横向持开膣器,慢慢插入阴道,然后竖直开膣器轻轻打开,通过反光镜或手电筒光线检查阴道变化。发情母羊阴道黏膜充血,表面光亮湿润,有透明黏液流出,子宫颈口充血、松弛、开张,有黏液流出。检查完毕后稍微合拢开膣器,抽出。

【注意事项】

①注意辨别假发情现象。

②部分羊,尤其是处女羊发情时症状不明显,称静默发情,应注意观察鉴定。

③对不发情的羊需要及时救治和处理。

④公羊带的试情布要每天清洗消毒,防止感染公羊生殖器官。

【技能考核标准】奶牛的发情鉴定技能考核标准。

考核内容及分数分配	操作环节与要求	评分标准		考核方法	熟练程度	时限
		分值	扣分依据			
1. 母羊的外部观察法 2. 母羊的阴道检查法 3. 母羊的试情法 (100分)	①母羊的外部观察	30	每少观察一项扣5分	单人操作考核	基本掌握	20 min
	②母羊的阴道检查操作	20	每错一步扣5分			
	③母羊的试情法	30	每错一步扣5分			
	④熟练程度	10	在教师指导下完成扣5分			
	⑤完成时间	10	每超时1 min扣3分,直至10分			

【思考题】母羊的发情鉴定方法有哪些?

技能训练三　猪的发情鉴定技术

【训练目的】通过技能训练,使学生掌握母猪发情鉴定的方法。

【使用材料】发情母猪、试情公猪、肥皂、洗手盆、一次性塑料手套、发情记录本等。

【操作方法】

1. 外部观察法

(1)发情母猪精神状态的表现　母猪发情初期对周围环境十分敏感,烦躁不安,食欲下降、频频排尿、嚎叫、拱地、两前肢跨上栏杆、两耳耸立、东张西望,随后性欲趋向旺盛。在群体饲养的情况下,爬跨其他猪,常越圈寻找公猪,对于公猪的逗情,甚至闻到公猪的气味或听到公猪的叫声,立即表现静立,僵直不动,两耳频频扇动。随着发情高潮的到来,上述表现越来越频繁,随后母猪食欲由低谷开始回升,嚎叫频率逐渐减少,呆滞,愿意接受其他猪爬跨,此时配种最佳。

(2)发情母猪外阴部的变化　发情前期母猪阴门红肿呈鲜红色,有少量分泌物,一般持续1~2 d。母猪发情时外阴部明显充血,肿胀,而后阴门充血、肿胀更加明显,阴唇内黏膜随着发情盛期的到来,变为淡红或血红,黏液量多而稀薄。随后母猪阴门变为淡红、微皱、稍干,阴唇内黏膜血红开始减退,黏液由稀转稠,此时母猪进入发情末期,是配种的最佳期。简而言之,母猪外阴由硬变软再变硬,阴唇内黏膜颜色由浅变深再变浅,正是配种佳期。

2. 公猪试情法

在鉴定母猪发情时,一般每天做2次试情(每天7:00~9:00和16:00~17:30进行发情检查),试情公猪一般选用善于交谈、口嚼白沫多、性欲好的,以便让母猪接受公猪的声音和气味刺激。一般来讲,在这种情况下发情检出率几乎为100%,若公猪不在场时,会有1/3的母猪不出现压背反应。

采用试情法时需要两人配合,一人将试情公猪赶至待配母猪舍,让其与母猪头对头接触。另一人用手压母猪腰背后部,如母猪四肢前后活动,不安静,又哼叫,这表明尚在发情初期,或者已到了发情后期,不宜配种;如果按压后母猪不哼不叫,四肢叉开,静立不动,尾巴翘起,弓腰,这是母猪发情最旺的阶段,是配种最佳期。农民常说的"按压不哼不动,配种百发百中"是有道理的。可根据上述方法鉴定母猪发情而适时配种,相对而言,培育品种(特别是国外引入品种)的发情表现,不如地方猪种明显。因此,要多观察,从而找到某一猪种甚至个体的发情受胎规律,适时配种,以防空怀。另外,母猪对公猪的气味特别敏感,可将公猪的尿液或包皮囊冲洗液向母猪舍喷雾,还可以播放公猪的求偶叫声,来观察母猪的反应,发情母猪则表现为呆立不动或做寻找状。

【注意事项】

①每天进行2次发情检查。

②用一头性欲旺盛的公猪(作试情公猪)缓缓通过母猪旁。

③二元杂交母猪的发情症状虽然没有本地母猪明显,需要留心观察,如外阴红大、爬跨、减食、呆立,有的母猪有用嘴拱主人,压背不动等发情症状。

④鉴定到发情后至施行配种前的间隔时间内,母猪不要与公猪接触。

⑤当公母猪鼻与鼻接触时,立即对母猪施压背测试及观察母猪发情征候。

⑥做好发情鉴定记录,如发情母猪耳号、胎次、发情时间、外阴部变化、压背反应等,后备母猪的记录尤其重要。

【技能考核标准】猪的发情鉴定技能考核标准。

考核内容及分数分配	操作环节与要求	评分标准		考核方法	熟练程度	时限
		分值	扣分依据			
1. 母猪的外部观察法 2. 母猪的试情法 (100分)	①母猪的外部观察	40	每少观察一项扣5分	单人操作考核	基本掌握	20 min
	②母猪的试情法	40	每错一步扣5分			
	③熟练程度	10	在教师指导下完成扣5分			
	④完成时间	10	每超时1 min扣3分,直至10分			

【思考题】母猪发情的变化有哪些?

技能训练四　犬的发情鉴定技术

【训练目的】通过观察母犬的外部表现,结合阴道检查和公犬试情等方法,综合判断母犬是否发情,从而确定最佳的配种时间,为今后从事犬的繁殖和改良工作奠定基础。

【使用材料】发情母犬、试情公犬、保定架,保定绳、开膣器、镊子、长棉签、手电筒、注射器、水盆、脱脂棉、毛巾、载玻片、盖玻片、显微镜、犬发情排卵仪、生理盐水、肥皂、75%酒精棉球、消毒液、苏木素—伊红染色液、瑞氏染色液、吉姆萨染色液、甲醇、液体石蜡、一次性塑料手套、发情记录本等。

【操作方法】

1. 外部观察法

(1)发情前期　多数母犬在发情前期的前2～3 d,就表现不安、易兴奋,不服从命令,饮水量增加,食欲减少,频频排尿。初产母犬有的不食,少数母犬在发情前期出现痉挛或强直,有的则兴奋或震颤。母犬主动接近公犬,注视并挑逗公犬,母犬对公犬有求爱行为,但不接受交配。母犬兴奋不安,有时不停地吠叫,善于游走,饮水量变大、排尿频繁,尤其见到公犬后频频排尿,有些发情好的母犬会出现互相爬跨,并做出公犬样的交配动作;此期雌犬阴门水肿,体积增大,触摸时感到肿胀;阴门下角悬垂有液体小滴,其水分使周围毛发及尾根毛发湿润,并可能黏在一起。在发情前期和刚刚开始发情时,阴道分泌物带有大量血液而呈红色,随着发情持续,血的颜色逐渐变淡。

(2)发情期　母犬表现较强的交配欲望,兴奋异常,敏感性增强,易激动,轻拍尾根部,尾巴偏向一侧,喜欢挑逗公犬,公犬接近时站立不动,愿意接受公犬的交配。从外阴部变化看,此时的母犬外阴部肿胀达到最大,触诊外阴部柔软有弹性,并开始消退,内壁发亮,出血量减少,阴道分泌物的颜色由红色变成了黄色,最后变为淡黄色,有的变成了无色透明样。发情期的持续时间为 7～12 d，平均 9 d。

(3)发情后期　母犬性欲减退，开始拒绝公犬交配。母犬表现为安静、温顺，发情表现消失而趋向于正常，阴门水肿消失，阴门相对较小，有皱纹，张力较大，阴道仅有少量的黏液排出。

(4)乏情期　母犬发情表现完全消失，阴门恢复发情前的大小，阴道不再排出黏液。

2. 试情法

(1)准备工作　在成年母犬舍内将准备好的试情公犬放入母犬舍内，试情人员注意观察每只母犬对公犬的反应。试情时可选用输精管结扎或阴茎移位的雄犬。

(2)仔细观察　通过观察母犬是否愿意接受公犬交配来鉴定雌犬发情状况，一般每天早上试情一次即可。

(3)结果判定

①发情前期：此期母犬对公犬不感兴趣，甚至在雄犬接近时会攻击公犬。在发情前期开始时，母犬行为和乏情期一样，如果这时公犬接近，母犬就会打转、龇牙甚至咬公犬。几天后母犬对公犬的敌对行为消失。这时如果公犬接近，母犬就会跑开，或者接受爬跨，但常常不接受交配。

②发情期：母犬在发情期的主要表现是异常兴奋、敏感、易激动，出现明显的交配欲，常对公犬产生"调情"性反应，爬跨其他母犬并喜欢和力图接近公犬。人为地轻碰其臀部，母犬则会将尾巴向一侧偏转，并主动迎合公犬，采取交配姿势。当公犬爬跨交配时，便主动腰部凹陷，骨盆区抬高，以露出会阴区，臀部对向雄犬，阴门开张，阴唇有节律性地收缩。有的母犬食欲明显下降，接受能力下降，使用效果不佳。一般在母犬愿意接受交配的第二天配第一次，然后间隔 48 小时配第二次。

③发情后期：对试情公犬不感兴趣。

④乏情期：同发情后期症状。

3. 阴道检查法

(1)阴道黏膜细胞的采样　将母犬固定于桌上，使阴道保持水平。以一手分开阴门，将浸有生理盐水的灭菌棉签斜向上(约与水平方向呈 45°角)插入阴道 2～4 cm 后，水平地插入阴道深处。轻转棉签 2～3 圈，以保证棉签的头部蘸取到足够的阴道上皮细胞。

注意在阴道黏膜细胞采样的同时要观察阴道内部情况。在发情开始时，开膣器通过阴道并不困难，但到中后期会有一定阻力，这时可以看到阴道黏膜水肿呈玫瑰红色，并可看到纵向皱褶及大量血红色恶露，子宫颈微开；在发情期，将开膣器伸入阴道时有阻力、发黏，黏膜变为淡红色或无色皱褶，界线不清，子宫颈进一步开张；发情后期，开膣器容易进入，阴道黏膜发白；乏情期，开膣器很容易进入阴道且黏膜发白。

(2)涂片和染色　将棉签在载玻片上转动(避免滑擦或来回抹擦)涂擦，自然风干后利用瑞氏-吉氏染色法进行染色观察。

(3)镜检　在显微镜下可观察到阴道黏膜细胞的种类和形态特征如下：

①副基细胞：为涂片上可见的最小的上皮细胞，圆形或卵圆形，细胞核很大，细胞质很少。

②中间细胞：直径一般为副基细胞的 2～3 倍，可根据其大小、形态及核质比分为小中间细胞和大中间细胞。前者为圆形或卵圆形，核质比较大。后者外缘为多边形，核质比较小。

③角化的上皮细胞：为阴道涂片上可见的最大的上皮细胞，一般为多角形，细胞扁平，有的细胞边缘出现折转。由于细胞的角化程度不同，其着色情况也不一致，不完全角化的上皮细胞，核固缩，核周围着色较细胞质边缘区深；完全角化的上皮细胞细胞核消失，整个细胞质呈均匀的淡粉色。角化的上皮细胞通常在阴道涂片上呈片状或串状分布。

④其他细胞:除阴道上皮细胞外,在不同发情周期的阴道涂片上还可能观察到白细胞、红细胞、细胞碎片、细菌、精子(交配所致)或染色颗粒等。

(4)结果判定

①发情前期:一般可看到大量的红细胞和碎屑分布。但由于有些犬不表现很明显的发情出血,故在阴道涂片上看不到大量红细胞。在发情前期的初期,涂片上的上皮细胞主要是副基细胞和小中间细胞,随后,副基细胞和小中间细胞逐渐减少,大中间细胞及角化上皮细胞的比例逐渐增加。偶见少量白细胞。

②发情期:在发情期的阴道涂片上,观察到的细胞主要为角化上皮细胞,根据角化程度的不同,有些角化上皮细胞还含有固缩的核,而另一些角化上皮细胞的细胞核则完全消失。红细胞的数量由于犬的个体差异也各有不同,有些犬的发情期阴道涂片上看不到红细胞,而有些则仍可观察到一定数量的红细胞,甚至红细胞一直持续到发情后期的早期还存在。在发情期的末期,角化上皮细胞呈团块状或片状聚集,除角化上皮细胞外一般看不到其他细胞。排卵前白细胞消失,排卵后白细胞又重新出现。

③发情后期:发情后期阴道涂片的主要特征为可观察到大量白细胞,另外,还有非角化的上皮细胞,以及少量的角化上皮。在发情后期的早期,可看到小中间细胞及大中间细胞。而发情后期的晚期,白细胞的数量减少,副基细胞的数量将增加,且有时还可观察到细胞碎片。

④乏情期:乏情期的阴道涂片上主要是小中间细胞及副基细胞,白细胞几乎不可见。

【注意事项】

①每天进行 1 次发情检查。

②在雌犬激素分泌紊乱及患有阴道肿瘤时也会出现发情期的部分表现。例如阴门水肿,触诊会阴区和阴门周围,雌犬也会阴门翘起尾巴向旁边摆动等。

③应注意试情犬的安全,避免被凶猛的雌犬咬伤。可以给相应的雌犬戴上口笼。

④未进行任何处理的试情犬应避免其与发情雌犬配种。

⑤阴道细胞学检查时样品应从阴道深部采集而不要从前庭采集,因为,前庭上皮细胞全为角化细胞,不能反映体内类固醇激素的变化。采样时,最好使用开膣器打开阴道,如无开膣器可把采样用具从背侧伸入阴道,以避开阴蒂窝。

⑥使用开膣器时,不可使用润滑剂以免干扰制片。

⑦阴道细胞学检查时,取样时要小心,不可造成阴道损伤或样品污染,否则会导致错误的诊断。制好的片子要立即固定,不及时固定时细胞就会干燥,而固定时又发生膨胀影响观察和分析。

⑧老龄犬细胞核形状异常,无一定规则。

【技能考核标准】犬的发情鉴定技能考核标准。

考核内容及分数分配	操作环节与要求	评分标准		考核方法	熟练程度	时限
		分值	扣分依据			
1. 母犬的外部观察法 2. 母犬的试情法 3. 母犬的阴道检查法 (100 分)	①母犬的外部观察	30	每少观察一项扣 5 分	单人操作考核	基本掌握	20 min
	②母犬的试情法	20	每错一步扣 5 分			
	③母犬的阴道检查法	30	每错一步扣 5 分			
	④熟练程度	10	在教师指导下完成扣 5 分			
	⑤完成时间	10	每超时 1 min 扣 3 分,直至 10 分			

【思考题】母犬发情时的变化有哪些？

技能训练五　猫的发情鉴定技术

【训练目的】通过技能训练，使学生能够通过观察雌猫的行为、阴道变化和性欲表现来判断雌猫是否发情，掌握雌猫发情的基本要点。

【使用材料】发情母猫、保定架，保定绳、开膣器、镊子、棉签、手电筒、注射器、水盆、脱脂棉、毛巾、载玻片、盖玻片、显微镜、生理盐水、肥皂、75％酒精棉球、1％～2％来苏尔溶液、瑞氏染色液、吉姆萨染色液、甲醇、液体石蜡、一次性塑料手套、发情记录本等。

【操作方法】

1. 外部观察法

(1)发情前期　阴门水肿不明显，阴道无血红色恶露；常常依偎于主人身边或在主人身上磨蹭，喜欢被抚摸，排尿频繁。

(2)发情期　雌猫嗷嗷叫，性格变得较温顺，精神振奋，食欲下降，喜欢外出游荡，在夜间烦躁不安，发出粗大的叫声，招引公猫；若以手压其背部，有踏足举尾巴的动作，尾巴弯向一侧愿意接受雄猫交配；会阴部前后移动，如果轻敲骨盆区，表现更为明显；外阴部的阴毛明显分开，并倒向两侧，阴门红肿、湿润，有时外翻，甚至流出黏液。

(3)发情后期　阴门水肿逐渐萎缩，食欲逐渐增强，不接受雄猫的爬跨。

2. 阴道细胞学检查法

①抓住猫颈背部和尾巴将其固定住，清洗阴门及其周围。

②左手持开膣器打开阴道，右手用浸有生理盐水的棉签伸入阴道约 1.5 cm 深，转动棉签取样。

③将棉签在载玻片上适度用力滚动制片，尽量避免拖过去导致细胞扭曲。

④制好的片子迅速用甲醇固定，然后用染色液染色。

⑤在显微镜下观察结果，并分析。

⑥结果分析。猫发情周期可发现角质化细胞和白细胞，但发情前期无红细胞。猫阴道上皮细胞的变化不能准确地反映发情的开始，有大约 1/3 的猫在阴道上皮细胞角质化前就开始发情。在发情期和发情后期，看不到基细胞。

发情前期以大而有核的上皮细胞为主；发情期无旁基细胞，而发情后期旁基细胞最多。在发情期，中间型细胞减少，进入发情后期时又开始增多。无核表皮细胞各期都有，发情时数目最多，而细胞核固缩的细胞从发情前期到发情后期逐渐减少。

【注意事项】

①用棉签取阴道细胞时，棉签首先斜向上(与水平方向呈 45°角)插入一定深度，然后再水平插入阴道深处。

②使用开膣器时不可使用润滑剂，以免干扰制片。

③取样时要小心，不可造成阴道损伤或样品污染诊断。

【技能考核标准】猫的发情鉴定技能考核标准。

考核内容及分数分配	操作环节与要求	评分标准		考核方法	熟练程度	时限
		分值	扣分依据			
1. 母猫的外部观察法 2. 母猫的阴道细胞学检查法 （100分）	①母猫的外部观察	40	每少观察一项扣5分	单人操作考核	基本掌握	20 min
	②母猫的阴道细胞学检查法	40	每错一步扣5分			
	③熟练程度	10	在教师指导下完成扣5分			
	④完成时间	10	每超时1 min扣3分，直至10分			

【思考题】母猫的发情鉴定方法？

任务四　动物的发情控制技术

【能力标准】

1. 掌握家畜诱导发情的方法。
2. 掌握家畜同期发情的方法。
3. 掌握牛、羊超数排卵的方法。

【相关知识链接】

超数排卵是在母畜发情周期的适当时期，应用外源性促性腺激素处理以控制其排卵时间和排卵数量的方法。控制排卵时间的方法称诱发排卵；用超常规剂量的促性腺激素促使排卵数多于正常排卵数称超数排卵（简称“超排”）；在同期发情处理基础上，使用一定剂量的促性腺激素，促使排卵时间更加一致，称为同期排卵。排卵控制的意义在于：提高单胎动物的产仔数，多用于牛和羊，让其在一个发情期内多排1～2个卵，使牛能产双胎、羊能产双羔或三羔；用于胚胎移植：对供体母畜作超数排卵处理后适时人工授精，让被处理母畜能获得数枚胚胎；或活体采卵前作超数排卵以便在采卵时能获得更多的卵子。

一、诱导发情技术

诱导发情是对处于生理或病理状态下乏情的母畜，给予激素或其他措施，使之出现正常的发情、排卵的技术，称为诱发发情技术。诱导发情处理对象为个体。针对个体发情的确切原因，采用针对性技术措施达到诱使其发情的目的。

诱导发情在生产中有很重要的价值。通过诱导发情，可缩短母畜发情周期，增加胎次，提高繁殖效率；对因病理原因不发情的动物，可恢复其繁殖机能，继续繁殖后代；对季节性乏情的动物，也可通过诱导发情改变其繁殖季节，提高生产效益。

（一）诱导发情的原理

母畜乏情的原因，一是生理性乏情（如季节性乏情、哺乳期乏情），此时，母畜垂体前叶的

FSH 和 LH 分泌量减少，活性降低，不足以引起卵巢上卵泡的生长发育，也没有黄体存在，卵巢处于静止状态。二是病理性乏情，即卵巢机能减退、卵巢囊肿、卵巢硬化、持久性黄体等病理性原因而使母畜乏情。诱导发情是根据上述不同情况采用外源性激素或某些生理活性物质或通过改变环境条件以及异性刺激等方法，促使卵巢从相对静止状态转为活跃状态，促进卵泡的生长发育、成熟和排卵，继而表现发情并予配种。其本质是通过内分泌和神经的作用激发卵巢的机能。对病理因素导致的乏情，则通过药物处理，消除病理因素，恢复卵巢正常机能而诱导发情。

(二)用于诱导家畜发情的激素

根据药物性质可分为：

1. 抑制卵泡发育和发情

如孕酮(黄体酮)、醋酸甲羟孕酮(MAP)、氟孕酮(FGA)、氯地孕酮(CAP)、18-炔诺孕酮(P_4)、16-次甲基甲地孕酮(MGA)等。

2. 促进卵泡生长发育及成熟排卵

如孕马血清促性腺激素(PMSG)、促卵泡素(FSH)、人绒毛膜促性腺激素(hCG)、促黄体素(LH)。

3. 溶解黄体的激素

如前列腺素($PGF_{2\alpha}$)及其类似物如氯前列烯醇(ICI)。后者其活性相当于天然($PGF_{2\alpha}$)的100～200 倍。

4. 促进发情的激素

如雌二醇、己烯雌酚。

5. 性外激素

公羊头颈部皮脂腺发达，能发出一种膻味，是一种性引诱剂，即所谓的“公羊效应”。

6. 其他

如初乳、催产素、抑制素、褪黑素等。

(三)常见家畜的诱导发情

1. 牛的诱导发情

(1)孕激素处理法　母牛产后不发情或暗发情是由于缺乏孕激素的刺激，经过孕激素刺激后能增强卵泡对促性腺激素及雌激素的敏感性，孕激素对 LH 有抑制作用，这种作用一旦解除，就会诱导 LH 升高和启动卵巢周期，因此可用短效孕激素诱导母牛发情。常用方法有：注射法、口服法、阴道置留法、皮下植入法等。

①阴道栓塞法：目前多选用法国产阴道置留器(简称 PRID)。PRID 装置为管状，每个外套橡胶中含孕酮 2.25 g，内部胶囊中含雌二醇 10 mg。插入阴道置留 12 d，除去 24 h 前肌内注射 25 mg 前列腺素，对分娩后 64～143 d 无发情奶牛处理，成功率达 75%。用 PRID 处理肉牛 14 d 能使 50%的牛出现卵巢周期。用 PRID 的优点在于不影响未孕牛以后的发情和受胎。阴道栓塞法的另一种方法是，取 18-炔诺孕酮 50～100 mg，用色拉油(事先煮沸消毒，放凉)溶解，浸泡于海绵中。海绵呈圆柱形，直径和长度约 10 cm，用开膣器、长柄镊子将海绵送入阴道中，9～12 d 后，将海绵栓取出。在取出海绵后肌内注射 PMSG 1 000 IU 或氯前列烯醇。

②孕激素埋植法：用18-炔诺孕酮15～25 mg/头，进行耳背部皮下埋植1～2周后取出，同时注射800～1 000 IU的PMSG便可诱发发情。一般在撤除孕激素后2～3 d内发情。

③肌内注射油质孕酮：用油质孕酮肌内注射，隔天1次，每次100 mg，共3次，接着注射PMSG，可使产后奶牛繁殖机能恢复正常，发情率为70%～80%。

(2)“三合激素”法　对不发情奶牛用“三合激素”(每毫升含丙酸睾酮25 mg、黄体酮12.5 mg、苯甲酸雌二醇1.25 mg)。用量一般为每头2～3支，用药后3～4 d约有70%的牛发情。如果在用三合激素时外加PMSG其受胎率可提高25.2%左右。

(3)前列腺素诱导法　$PGF_{2\alpha}$有溶解黄体的作用，故可用于治疗家畜持久黄体引起的乏情和暗发情。常用剂量是$PGF_{2\alpha}$ 25～30 mg或氯前列烯醇0.5 mg肌内注射，或$PGF_{2\alpha}$ 5.0 mg子宫内注射。母牛一般在注射后3～5 d内发情，在注射后80 h人工授精或分别在注射后72和96 h两次人工授精，妊娠率达60%。由于不同时期的黄体对药物反应不同，从而影响发情效果。所以，在使用$PGF_{2\alpha}$类激素时要选择在发情周期的第8～16天注射才有效。如果第一次注射无效，应间隔10～12 d再注射1次。

(4)GnRH及其类似物的发情诱导　GnRH及其类似物能够促进垂体释放促性腺激素，从而诱导卵泡发育和排卵。奶牛用LRH-A2或LRH-A3 200～400 μg进行肌内注射，每天1次，连续1～3次，可引起发情排卵。在奶牛产后4周，肉牛产后40～60 d，一次注射100～500 μg GnRH也能诱导出卵巢活动，约有50%的母牛发生排卵。然而有不少研究结果表明，GnRH的治疗结果并不一致，这可能取决于注射时的卵巢状态。一些学者认为，只有在卵巢上有卵泡发育时注射GnRH才有效，因此用GnRH治疗暗发情可能是有效的。对于卵巢静止者有人建议注射500 μg GnRH，使血液中P_4水平暂时升高，10 d后再以相同剂量注射1次以便诱导母牛出现发情周期。

2. 猪的诱导发情

母猪哺乳期间通常是不发情的，只是在仔猪断奶后才出现正常发情。因此，对哺乳母猪以提早断奶诱发发情，是现代养猪业提高母猪繁殖力的重要措施。哺乳1个月断奶，母猪可在断奶后1周左右发情。如果能在断奶的同时注射PMSG，则发情效果更好。

一般而言，断奶时间越早，断奶至出现发情的间隔时间越长。对母猪进行药物诱发发情主要有：在母猪分娩后第6周，肌内注射PMSG(750～1 000 IU)进行诱导，其发情率达95.83%，受胎率为93%。采用PMSG和hCG的混合物即PMSG 400 IU和hCG 200 IU混合后给乏情母猪肌内注射5 d内其发情率为94%以上，情期受胎率为75%。在哺乳期进行部分断奶，即从哺乳21 d开始，每天哺乳12 h，3 d后再注射PMSG，可促使母猪在哺乳期内发情。

3. 羊的诱导发情

(1)孕激素处理　目前对孕激素的作用时间没有固定的天数，孕激素一般用药时间较长，因此常用的投药方式为皮下埋植法和阴道栓塞法。采用不同的方法，要求孕激素的剂型不同，一般是MGA 60 mg海绵栓、FGA 30 mg海绵栓、孕酮海绵栓及阴道置留器(PRID)(内含400 mg孕酮)。处理时间以6～15 d为宜。用孕激素刺激过后，再用PMSG较为理想。

对青年奶山羊非繁殖季节诱导发情，应用FGA海绵栓处理14 d后，移去海绵栓后肌内注射PMSG 50～500 IU可获得较好的受胎效果。PMSG作为卵泡发育的一个引发因素，对生理性乏情母羊诱导发情是必需的。

(2)促性腺激素　用于诱导乏情母羊发情的激素主要有孕马血清促性腺激素、促卵泡素、人绒毛膜促性腺激素、促黄体素等。PMSG 半衰期长，一次注射即可，操作方便。一般皮下注射：PMSG 500 IU，hCG 200 IU，隔 16～17 d 再重复一次，可取得发情排卵的良好效果。

(3)性外激素　公羊在繁殖季节其头、颈部皮脂腺特别发达，分泌物较多，这部分被毛散发出强烈的骚味性外激素。引入母羊群中的公羊强烈的气味对母羊感觉器官嗅、视、听、触产生刺激，由神经系统作用于丘脑垂体轴，激发促性腺激素 LH 的释放，再作用于卵巢，引起排卵。这就是利用性外激素或者说公羊效应的依据。去势公羊虽保持性行为，但无法诱导母羊的排卵反应，当用雄激素处理后，刺激母羊的能力迅速恢复。

(4)雌激素　主要用雌二醇 2～5 mg/只和己烯雌酚 10～15 mg/只。通过试验证实了雌激素对非繁殖季节的诱导发情是有效的，Zeraol 与雌激素作用相似，其中 125 mg Zeraol 是具有较高发情率和受胎率的最佳量。

4. 犬的诱导发情

对非繁殖季节的犬或产仔后的犬作诱导发情。在非繁殖季节，肌内注射孕马血清，每日 1 次，每次 250～270 IU，连注 3 日。用药后 5～7 d 出现发情，发情率在 95%以上。平均每只产仔 4.6 只(其中高的可产 7 只)。在受孕母犬产仔后 30 d，仍按上法注射孕马血清，发情后配种平均每只产仔 5.4 只，其中窝产 6 只的可达配种犬的 60%。

二、同期发情技术

(一)同期发情的概念

同期发情是对一群母畜采取措施(主要是用激素处理和某些管理措施，如母猪的提早断奶、母羊在发情季节到来前夕提早放入种公羊等)使之在一个短时间(3～5 d)内集中发情排卵和配种的技术，也称为发情同期化。同期发情是将原来群体母畜发情的随机性人为地改变，使之集中在一定的时间范围内。通常能将发情集中在处理结束后 2～5 d 内即是成功。

(二)同期发情的意义

第一，充分发挥冷冻精液人工授精技术优势，扩大配种面采用同期发情技术可以充分利用冷冻精液人工授精技术，扩大冷冻精液的使用范围。特别是广大的农村，能够减少液氮的消耗及液氮设备的使用，可以使人工授精工作做到成批、集中、定时，甚至可以不需要作发情鉴定。

第二，便于组织规模化生产和科学管理。同期发情可以使畜群妊娠和分娩时间相应地比较集中，产下的后代年龄也较整齐，仔畜培育、断奶等阶段也相继可以做到同期化。因而可以节省人力、时间、降低管理费用。乳牛、肉牛、猪可以根据生产计划来分批进行同期发情处理，这对配种工作十分方便。

第三，提高畜群的发情率和繁殖率。对繁殖率较低的畜群，如南方的水牛和管理较粗放的黄牛，因随母哺乳或营养水平偏低等原因，分娩后较长时间不能恢复正常的发情周期，对这些畜群作同期发情处理达到提早发情受胎的目的，从而提高发情、配种和繁殖率。

第四，同期发情技术是其他繁殖技术和科学研究的辅助手段。使用 MOET 技术进行鲜胚移植必须与同期发情技术结合，才能达到预期效果。即供给胚胎的母畜和接受胚胎的母畜发情的同期化，供、受体母畜的生殖器官才能处于相同的生理状态，移植的胚胎才能正常发育。

(三)同期发情的原理

雌性动物发情周期中，根据卵巢活动规律可将发情周期划分为卵泡期和黄体期两个阶段。黄体期约占整个周期的70%。如牛的发情周期为21 d，黄体期为15 d。黄体期期间，黄体分泌的孕酮对卵泡发育有极强的抑制作用。只有黄体消退、血浆中孕酮水平下降以后，新的卵泡才能发育成熟和排卵，母畜才能表现出正常的发情。因此控制卵巢上黄体的消长是控制母畜发情的关键。

同期发情技术是借助外源激素刺激卵巢，使被处理母畜的卵巢生理机能都处于相同阶段而达到同期发情。其实质是通过外源性激素使黄体期延长或缩短、控制卵泡的发生或黄体的形成来调节发情周期，使被处理动物的发情、排卵同期化。同期发情通常采用2种途径：一种途径是延长黄体期，给一群母畜用孕激素药物，抑制卵巢中卵泡的生长发育和发情表现，经过一定时期后同时停药，由于卵巢同时失去外源性激素的控制，卵巢上的周期性黄体已退化，于是同时出现卵泡发育，引起母畜发情。另一种途径是缩短黄体期，应用 $PGF_{2\alpha}$ 加速黄体消退，使卵巢提前摆脱体内孕激素的控制，于是卵泡得以同时开始发育，而达到母畜同期发情。

(四)同期发情的主要药物

根据其药物性质可分为3类。

1. 抑制卵泡发育和发情的制剂

如孕酮、甲羟孕酮(MAP)、氟孕酮(FGA)、氯地孕酮(CAP)、18-炔诺孕酮(P_4)、16-次甲基甲地孕酮(MGA)等。这类药物的用药期通常短于一个正常发情周期的时间，其处理方式及用药与诱发发情基本相同，具体用药方式如下。

(1)阴道栓塞法　泡沫塑料、棉团经灭菌后，浸吸一定量药液，塞于子宫颈附近，药液不断被阴道黏膜吸收，经过一定时间后取出。通常用于牛、羊，不宜用于猪。

(2)口服法　每日将一定量的药物均匀拌在饲料中，以单个饲喂较为准确，经一定时期后同时停药。这种方法可用于舍饲母畜，但较费时费工。群体饲喂会造成个体剂摄入量不够准确。

(3)注射法　每日用定量药物作皮下或肌内注射，经一定时期后停止给药。此法剂量准确，但操作烦琐。

(4)埋植法　将成形的药剂或装有药物的带孔容器，埋植于母畜皮下组织，经一定时期后取出。埋植药物被缓慢吸收。此法可做群体处理。孕激素的处理期限有短期(9～12 d)和长期(16～18 d) 2种。长期处理后，发情同期率较高，但受胎率较低，而短期处理的同期发情率接近正常水平。使用孕激素作同期发情处理后，第一次发情的受胎率往往较低，但第二次发情的受胎率趋于正常。这是由于孕激素能影响精子在母畜生殖道内的运行和生活力。因此，在孕激素停止施药后，立即配合应用PMSG，将会提高受胎率。

2. 溶解黄体的制剂

在牛、羊、马发情周期的5～16 d以内的黄体对前列腺素 $PGF_{2\alpha}$ 及其类似物都易产生反应(性周期1～4 d内无反应)，采用子宫灌注或肌内注射，都可使黄体溶解，并在2～4 d后出现发情。一般采用子宫灌注效果较好。为了使同期率更高，在第一次使用前列腺素后11 d出现发情的不配种，再用前列腺素处理一次。

3. 促进卵泡发育、排卵的制剂

如 PMSG，hCG，FSH，LH 等。在使用同期发情药物的同时，如果配合使用促性腺激素，可以增强发情同期化和提高发情率，并促使卵泡更好地成熟和排卵。

(五)常见家畜的同期发情

1. 牛

(1)孕激素处理

①阴道栓塞法：取 18-炔诺孕酮 50～100 mg，用色拉油（事先煮沸消毒）溶解，浸泡于海绵中。海绵呈圆柱形，直径和长度约 10 cm（大小根据个体大小而定，太大易引起努责，导致海绵栓被挤出，太小易滑脱），在一端拴一根细绳。用开膣器打开阴道，再用长柄镊子将海绵送入阴道中，细绳露在阴门外。9～12 d 后，拉住细绳将海绵栓取出。在取出海绵后肌内注射 PMSG 或氯前列烯醇。万一海绵脱落，可每天肌内注射孕激素 5～10 mg。除海绵栓外，可选用国外生产的阴道硅橡胶环孕激素释放装置。

②埋植法：将 18-炔诺孕酮 15～25 mg 及少量消炎粉装入长 15～18 mm 的塑料细管（可用装精液或胚胎的细管）中，并在管壁上打一些孔，以便药物释放。使用时利用兽用套管针将细管埋植于耳背皮下，9～12 d 后，在埋植处做一切口，用手将细管挤出，同时注射氯前列烯醇 0.2 mg 或 PMSG 500～800 IU。取管后一般 2～5 d 大多数母牛发情排卵。

(2)前列腺素给药法　用国产氯前列烯醇肌内注射 0.4 mg，可使大多数牛在处理后 3～5 d 发情排卵，由于前列腺素对新生黄体（排卵后 5 d 内）没有作用，因此一次注射往往同期发情率和受胎率都不高，空怀牛比率分别为 62、42.11，若采取 2 次肌内注射，即第 1 次注射后间隔 9～12 d，再注射第 2 次。可获得高的同期发情率（空怀牛可达 94%）和受胎率（80.65%）。用氯前列烯醇对牛群进行处理时，第 1 次处理后出现发情的母牛都不予配种，经过第 2 次处理后，各畜所处的生理状态更一致使同期发情率更高，经 2 次处理后母牛的生殖激素的分泌才能达到平衡状态，确保高的受胎率。前列腺素也可用输精枪进行子宫内灌注，可减少 1/2 的激素用量。

(3)用三合激素处理法　按牛体重每头肌内注射 3～5 支。黄牛每 100 kg 体重用量 0.7 mL，水牛每 100 kg 体重用量 1 mL。注药后 95%左右的牛 2～4 d 内开始发情，第 3 天发情的占 60%。

2. 羊

上述处理牛的方法也可以用于诱导羊同期发情，只是药物用量较少、海绵栓直径较小、孕激素处理时间较短而已。通常，羊用海绵栓直径和厚度以 2～3 cm 为宜，孕激素用量为：甲羟孕酮 40～60 mg，甲地孕酮 40～50 mg，18-炔诺孕酮 30～40 mg，氟孕酮 30～60 mg，孕酮 150～300 mg。前列腺素的用量一般为牛的 1/3～1/4。

3. 猪

猪用孕激素处理易引起卵巢囊肿，而且发情率和受胎率都不高；用前列腺素处理的同期发情率也比牛和羊低，故对猪多以同期断奶，结合使用促性腺激素（PMSG：750～1 000 IU）。

(1)后备母猪　先用己烯雌酚（规格为每支 1 mL 2 mg）肌内注射 2 mL/头，以调整发情周期，在第 2 情期发情前 2～3 d 肌内注射促性腺激素释放激素类似物 LRH A2（促排卵素 2 号）每头 20 μg，在第 3 情期自然发情时配种，视母猪体重大小，配种前 6～12 h 每头每次肌内注射

5～12.5 μg LRH A2，一般不超过 25 μg。注射己烯雌酚后，后备母猪在 18～22 h 后发情，但只有发情表现，阴户流出黏液，而卵巢不一定排卵。第 2 情期肌内注射 LRH A2，20 h 后全部发情，发情率达 100%。

(2)青年母猪　皮下埋植乙基去甲睾酮 500 mg，20 d，或每天注射 30 mg，持续 18 d，停药后 2～7 d 内发情率可达 80%以上，受胎率可达到 60%～70%。法国生产的合成类固醇激素 RU-2267，用于性成熟的青年母猪(每天口服 15～20 mg)，连续 18 d，停药后 80%～90%在第 4～8 天出现发情，情期受胎率可达 70%～90%。

(六)影响同期发情效果的因素

同期发情技术是一项综合性技术，很多因素可影响它的处理效果。归纳起来有以下几个方面。

(1)处理对象的选择　组织实施同期发情，应对每只参与同期发情的母畜作繁殖史调查，对大家畜最好做一次直肠检查。这些母畜应该有正常的发情周期、生殖系统(包括输卵管、子宫，特别是子宫角、体颈无疾患)健康、体况中等、饲养管理良好者。对有卵巢机能障碍的母畜，应在治疗基础上，做诱发发情对象处理。

(2)所用药品的质量　必须对每批次药物作预备试验，以便把握好使用剂量，力求达到预期的效果。

(3)适当的处理时间　对季节性发情的动物，最好在发情季节或发情季节即将开始时做同期发情处理，才能取得较好的效果。即使是非季节性发情的动物，如我国的黄牛、牦牛和水牛，也应选择在发情最旺盛的季节，才能取得较好的效果。

(4)输精技术人员的水平和使用冷冻精液的质量。同期发情人工授精的输精方法虽然与常规人工授精无多大差别。但因在短时间内输精处理大批发情母畜，必须是技术熟练、身体健康、体力充沛者。对用于输精的冷冻精液解冻后的质量必须达到规定标准，最好使用细管冻精，以减少解冻稀释的污染和确保输入足够量的有效精子数。

(5)同期发情处理后的管理　对同期发情处理后的母畜应加强饲养管理并做好配种后第 2 情期返情与否的跟踪观察。一般而言，同期发情的第 1 情期受胎率不会很高，牛 35%～45%，猪 60%左右，羊 40%～60%。因此，抓好第 2 情期的补配是提高同期发情受胎率的重要手段。

三、超数排卵技术

1. 超数排卵的概念

在母畜发情周期的适当时间，注射外源促性腺激素，使卵巢比自然发情时有更多的卵泡发育并排卵。这种方法称为超数排卵，简称超排。

2. 超数排卵的原理

正常生理条件下，哺乳动物卵巢上含有大量卵泡，而最终能排卵的仅是少数，大部分发生闭锁(约 99%的有腔卵泡发生闭锁而退化)而消失。卵泡的闭锁是哺乳动物普遍存在的正常生理现象。超排处理在于通过外源性激素的处理，提高血液中促性腺激素浓度，增加卵泡发育到高级阶段(成熟)卵泡的数量。超数排卵技术在国内外研究较多，其内容包括药物及种类、剂量、用药的方法、操作规范等，在一些家畜已日臻成熟和完善，并已在生产中应用。

3. 超数排卵方法

(1)羊的超数排卵　绵羊在发情周期的第 12～13 d,山羊在发情周期的第 16～18 天。任意一天开始连续 3 d,分 6 次递减肌内注射 FSH,每天 2 次间隔 12 h,第 5 次注射 FSH,同时注射 $PGF_{2\alpha}$ 2 mL,注射 FSH 后的 24～48 h 发情。配种或输精 2 次,每次间隔 12 h,同时注射 LH 100～150 IU。

(2)牛的超数排卵　自然发情的供体,发情之日为 0 d,在发情后的 9～13 d 中的任意时间开始,连续 4 d 递减肌内注射 FSH,每天 2 次,间隔 12 h,注射 FSH 48 h 后每头牛注射 $PGF_{2\alpha}$ 2 mL。人工输精 3 次,每次间隔 12 h 可以实现超排。

项目四

动物配种技术

任务一　动物配种基础知识

【能力标准】

1. 了解自有交配的方法及优缺点。
2. 熟悉分群交配的方法。
3. 掌握围栏交配的方法。
4. 熟练掌握人工辅助交配方法。

【相关知识链接】

家畜配种的方法主要有自然交配和人工授精 2 种,2 种方法各有优缺点。下面以自然交配为主进行叙述。

种公畜与发情母畜直接交配的配种方式称为自然交配。根据人为干预的程度又分为以下 4 种方式。

1. 自由交配

公、母畜混群饲养,公畜任意和发情母畜交配。原始交配方式,容易引起近亲繁殖。优点是节省人工,不用人观察母畜是否发情和配种。缺点是无法控制产仔时间;公畜追逐母畜,无限交配,不安心采食,影响休息,耗费精力,影响健康;公畜追逐爬跨母畜,会影响母畜采食抓膘和母畜体质;无法掌握交配情况,后代血统不明,容易造成近亲交配或母畜早配,影响正常选育工作的进行;种公畜利用率低,不能发挥优良种公畜的作用,致使生产成本加大。如果公、母比例失调,会存在母畜漏配现象。种公畜利用年限过长,会造成近亲繁殖,所以每经过 2～3 年,不同的养殖户之间应该调换(交换)种公畜,更换血统。

2. 分群交配

在配种季节,把一头或数头经选择的公畜放入一定数量的母畜群中进行交配,公、母比例为 1∶(10～20)。在偏远的新疆、内蒙古牧区,这种配种方式较为普遍。优缺点:可实现一定程度的选种选配,但仍然很难进行配种记录。

3. 围栏交配

与分群交配相同,配种时,在围栏内放入一头母畜与特定的公畜交配。公畜与母畜的比例为 1∶1。优缺点:既可控制与配母畜的受配次数,又可提高种公畜的利用率,同时,可实现比较严格的选种选配。

4. 人工辅助交配

公、母畜严格分群饲养,只有在母畜发情配种时,才按照原定的选种选配计划,让其与特定的公畜进行交配。与上述 3 种配种方式相比,人工辅助交配较为科学、合理:增加了种公畜的可配母畜数,延长了种公畜的使用年限。而且在一定程度上防止疾病的传播,可有计划地进行选种选配,建立系谱,有利于品种改良。成年公马每周可配种 5～6 次;分小群交配时,每匹种公马可负担 15～20 匹母马。成年公牛每周可配种 3～4 次,可用于配 25～40 头小群母牛。成年公羊配种每日可达 3 次;在大群种羊中,种公羊应占 2%～3%。成年公猪每日可配种 1 次;放牧猪每头公猪可负担 15～20 头小群母猪的配种任务。青年公畜配种次数应适当减小。

任务二　精子发生与精液组成

【能力标准】

1. 了解精子发生的基本过程。
2. 熟悉精子的形态结构。
3. 掌握精液组成成分。
4. 掌握精子代谢特点。
5. 掌握影响精子存活的因素。

【相关知识链接】

一、精子的发生

雄性动物在出生时精细管还没有管腔,在精细管内只有精原细胞和未分化细胞。到一定年龄后,精细管逐渐形成管腔,围绕管腔的精细管上皮有精原细胞和由未分化细胞变成的支持细胞。精原细胞是精子发生的起点,精子在睾丸内形成的全过程称为精子发生,包括从精原细胞到初级精母细胞、次级精母细胞以及精细胞变形成为精子的一系列分化过程。精细胞形成后不再分裂,而在支持细胞的顶端、靠近管腔处经过复杂的形态变化,形成蝌蚪状的精子。精细胞在睾丸精细管内变态形成精子的过程称为精子的形成。精子形成是精子发生的最后阶段。

1. 精子发生的基本过程

当雄性动物到了一定的年龄,精原细胞在激素作用下开始增殖和分化,进入精子发生的过程。

(1)精原细胞的分裂增殖和初级精母细胞的形成阶段　睾丸曲精细管上皮中的精原细胞可分为 3 类:一是 A 型精原细胞,由它分裂成 A_1、A_2、A_3 型细胞,少数能分裂成 A_4 型精原细胞;二是中间型精原细胞,由 A_2 或 A_3 型细胞分裂而成;三是 B 型精原细胞,由中间型细胞分裂增殖而成,最后由 B 型精原细胞经有丝分裂形成初级精母细胞。

在精子发生的第一阶段中,由一个精原细胞经过数次有丝分裂,最终可形成 16 个初级精母细胞，此阶段需要 15～17 d。

(2)初级精母细胞的减数分裂到精细胞的形成阶段　B 型精原细胞的最后一次有丝分裂形成前细线期的初级精母细胞。刚形成的初级精母细胞经过一段休止期，然后进入生长期，直径逐渐增大。随后，初级精母细胞进入第一次减数分裂(减数分裂Ⅰ)，最后，每个初级精母细胞分裂成 2 个单倍体的次级精母细胞。

次级精母细胞的间期很短，它们很快进入减数第二次分裂(减数分裂Ⅱ)，姐妹染色单体分开，染色体数目不减少，结果每个次级精母细胞形成 2 个精细胞。正常的精子为单倍体。

(3)精细胞变形和精子的形成阶段　圆形的精细胞不再分裂，而在支持细胞的顶端靠近曲精细管的管腔，经复杂的形态变化而形成蝌蚪形的精子。在精细胞变形的过程中，细胞核成为精子头部的主要成分，细胞质大部分消失，细胞体积逐渐减小，细胞内的中心体逐渐生长成精子的尾部，高尔基体变成精子的顶体，线粒体聚集在尾部中段的周围，最后精子从支持细胞顶端脱离，进入曲精细管管腔内。精子发生期依次出现的各种细胞类型如图 4-1 所示。

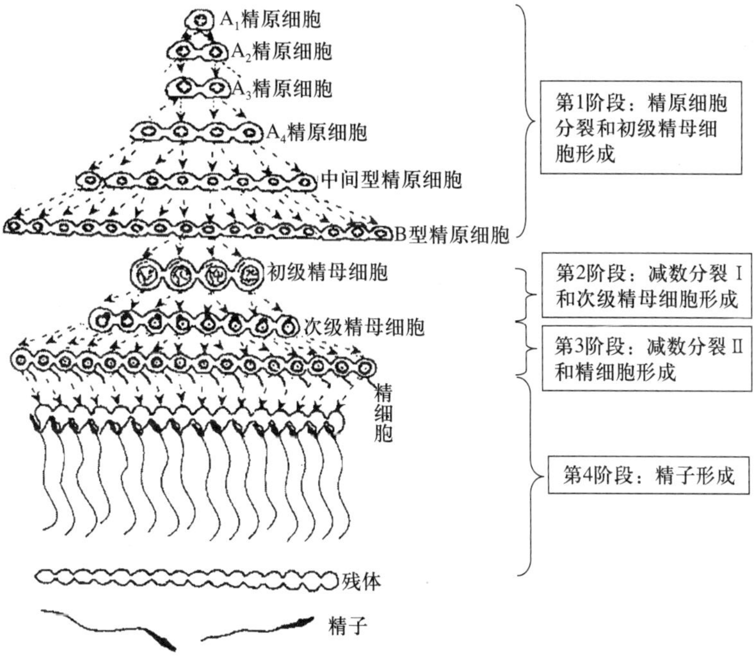

图 4-1　精子发生期依次出现的各种细胞类型

2. 精子的形态结构

哺乳动物的精子是一种高度分化的细胞，其形态和结构基本相似，分为头、颈、尾 3 部分(图 4-2)，是具有活动性、含有遗传物质的雄性细胞，其表面有脂蛋白性质的脂膜。在电镜下，尾部又可区分为中段、主段和末段 3 部分。精子的长度因动物种类不同而有差异，而且不与动物个体的大小成正比。一般长 50～70 μm，尾部占总长的 80%。各种动物精子各部分长度见表 4-1。

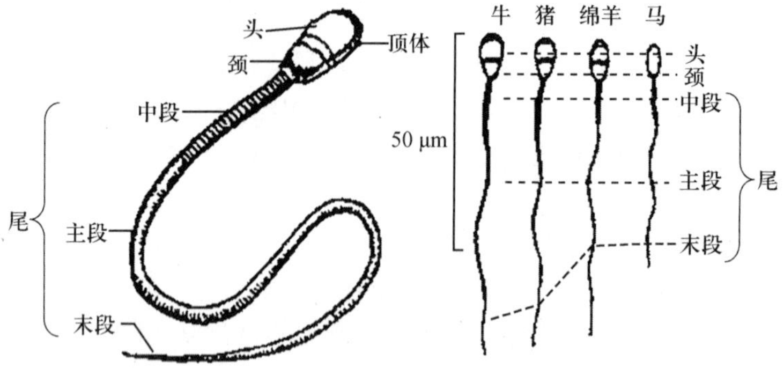

图 4-2 几种动物的精子结构

表 4-1 各种动物精子各部分长度 μm

动物种类	头	中段	主段和末段	总长
牛	8.0～9.2	14.8	45～50	57.4～90
马	5.0～8.1	8～10	30～43	55～63.6
绵羊	7.5～8.5	14	50～60	70～75
山羊	7.0～8.0	14	40～50	70～75
猪	7.2～9.6	10	30	49.2～62.4
犬	6.5	—	—	55～65

(1)头部　精子头部主要由细胞核、顶体、核后帽、赤道节(核环)及核膜等组成。细胞核内含有单倍的染色体。核的前面覆盖有一个像帽子一样的双层膜囊结构,称为核前帽,即精子的顶体,后面有核后帽(包在核后部的一层薄膜),两者交叠处为赤道节。顶体内含中性蛋白酶、透明质酸酶、穿透酶等与受精有关的酶类。顶体是一种不稳定的结构,易变性脱落,完整的顶体是精子具有受精能力的前提。精子头部一般呈扁卵圆形,鼠的呈钩形,鸡的呈略弯曲的圆锥形。核后帽能被伊红和溴酚蓝着色的属于死精子,不易着色的为活精子,借此,可以鉴别精子的死活状态。

(2)颈部　颈部位于头与尾之间,起连接作用,又称连接段。颈部很短。精子颈部长约 0.5 μm,脆弱易断,容易形成无尾精子。

(3)尾部　精子尾部位于精子颈部之后,是精子的代谢和运动器官,长 40～50 μm,分为中段、主段及末段 3 部分,是由精细胞中心小体发生的轴丝及纤丝组成的。

①中段位于颈部和终环之间,长 8～15 μm,是尾部较粗部分。中段结构为 2+9+9 结构,即中心为 2 条中心轴丝,中心轴丝被 9 条二联体丝包围,外围有 9 条粗大的纵行纤维束(外周致密纤维)包围。在纤维束外围是 50～70 圈螺旋状环绕的线粒体鞘。螺旋的圈数因物种不同而有差异,牛 70 圈、猪 65 圈、兔 47 圈、人 10～12 圈。线粒体鞘内含有与精子代谢有关的各种酶与能源,是精子能量代谢的部位。紧接线粒体鞘最后一圈的尾侧,有一致密环形板状结构,称为终环,是由局部细胞膜反转而成,主要是纤维物质,类似于纤维鞘,细胞膜牢固地附着于此环上,防止精子运动时线粒体鞘向尾部移动,也是中段与主段的分界

标志。

②主段是精子尾部的主要组成成分，也是位于终环之后最长的部分，长 30～40 μm。其结构为 2+9 结构，中心为两条中心轴丝。9 条外围纤丝与内圈相应的纤丝合并而成。中段的线粒体鞘在主段上消失，最外层为高度特化的纤维鞘。

③末段纤维鞘及致密纤维终止以后的精子尾部称末段，长 3～5 μm，只有两条中央的中心轴丝及外周的细胞膜构成，其余的轴丝呈退行性变化，逐渐消失。

二、精液的组成

精液由精子和精清 2 部分组成，即精子悬浮于液态或半胶状液体样的精清中。副性腺分泌物为精清的主要组成成分，它使精液具有一定的容量，是精子在雌性生殖道内的运载工具，有利于精子受精。

(一)精液的化学组成

精液是精子和副性腺液体的混合物，其化学成分是精子和精清化学成分的总和。各种动物精液中化学成分基本相似，但化学成分的种类或数量略有差异。

1. 核酸(DNA)

DNA 是构成精子头部核蛋白的主要成分，几乎全部存在于核内，它是雄性动物遗传信息的携带者。

2. 蛋白质

精液中的蛋白质主要存在于精子上，包括核蛋白质、顶体复合蛋白质、尾部收缩性蛋白质以及精清中的少量蛋白质。

(1)核蛋白质　在精子头部的核中与 DNA 结合构成碱性核蛋白，已知的有组蛋白、精蛋白等。

(2)顶体复合蛋白质　在顶体内有磷脂质与糖蛋白质的结合物和含糖蛋白质。在糖蛋白质中主要有谷氨酰胺酸等 18 种氨基酸和甘露糖、半乳糖、岩藻糖、葡萄糖、唾液酸等 5 种糖组成。从牛、羊精子顶体中提取的含脂糖蛋白，具有蛋白分解酶及透明质酸酶的活性，能溶解家兔卵子的放射冠，对透明带也有作用，所以认为在受精时起着帮助精子侵入卵子的作用。

(3)尾部收缩性蛋白质　是在精子的尾部存在的有使精子尾部运动收缩的蛋白质，也称为肌动球蛋白。

(4)精清中的蛋白质　在精清中含有各种酶，以蛋白质的形式存在，主要来源于副性腺分泌液。除此之外还有在精子老化过程中从精子移入精液中的透明质酸酶和细胞色素等，特别是细胞质滴中的蛋白酶更易从精子中渗出。精液中的蛋白质，射出后变化很快，非蛋白氮及氨基酸增加，最后形成游离氨。

3. 酶

在精液中有多种酶，大部分来自副性腺，少量由精子渗出，这些酶与精子的活动、代谢及受精有密切的关系。大致可分为以下 3 类。

(1)水解酶　此类酶有脱氧核糖核酸酶、透明质酸酶、磷酸酶、糖苷酶、淀粉酶等。

(2)氧化还原酶　此类酶有乳酸脱氢酶、过氧化氢酶、细胞色素等，这些酶类可使精子具有授精能力。

(3)转氨酶　此类酶有谷草转氨酶、谷丙转氨酶、甘油激酶等。

4. 氨基酸

精液含有10多种游离氨基酸。精液中氨基酸的组成变化会影响精子的生存时间。精子在有氧代谢时能利用精液中的氨基酸作为基质合成蛋白质。

5. 脂类

精液中的脂类物质主要是磷脂，在精子中大量存在，大多以脂蛋白和磷脂的结合态而存在。前列腺是精清中磷脂的主要来源，其中以卵磷脂更有助于延长精子的存活时间，对精子的抗冻保护作用比缩醛磷脂更重要。

精液的脂质组成因动物种类不同而有差异。牛和猪精子中脂质占全干重的12%，其中磷脂和游离脂肪分别占73%和74.7%。精清中脂质的含量比精子中少，牛精清中脂质总量占全干重的1.35%，猪的只占0.23%，而且大多数是磷脂质。

6. 糖类

糖是精液中的重要成分，是精子活动的重要能量来源。精子只含有极少量的中性糖以及与蛋白质结合的糖蛋白，并进一步构成脂糖蛋白，它具有透明质酸酶的活性，只限于顶体内。精液中的糖类主要有果糖、葡萄糖、山梨醇、肌醇、多糖类及唾液酸等。

(1)果糖。果糖在精液中含量较高，主要是由精囊腺分泌的。猪、马精液中含量少，牛、羊精液中含量较多。果糖的含量跟动物的年龄有关，如中青年牛精液中果糖含量高，而老龄牛精液中果糖含量低，因此，精子活力差。就是同一个体也因季节、年龄、营养等因素有变化。果糖是精子的主要能源物质。

(2)葡萄糖。精子也能利用葡萄糖，但在猪、羊精液中不含葡萄糖。

(3)山梨醇。山梨醇主要由精囊腺分泌。山梨醇能氧化成果糖，同时果糖也能还原成山梨醇，所以精液中果糖含量高的，山梨醇含量也高。

(4)肌醇。肌醇也是精囊腺分泌的多价醇，猪精液中含量特别多，它和柠檬酸的功用有相似的方面，都不能被精子利用。据研究分析，这对维持渗透压有一定作用。

(5)多糖类及唾液酸。精液中的多糖类存在于精子的顶体和精清中，多糖类与蛋白质和脂质结合成为顶体的主要成分。精液中还有唾液酸，但其作用到目前为止还不太清楚。

7. 有机酸

哺乳动物精液中含有多种有机酸及有关物质，如柠檬酸、抗坏血酸、乳酸等。此外，还有少量的甲酸、草酸、苹果酸、琥珀酸等。精液中还有前列腺素，这是一种不饱和脂肪酸，在雌性生殖道内有刺激子宫肌收缩的作用。这些酸类物质对维持精液的正常pH和刺激雌性生殖道平滑肌收缩具有重要作用。

8. 无机成分

精液中的无机离子主要有Na^+、K^+、Mg^{2+}、Ca^{2+}、Cl^-、PO_4^{3-}，阳离子以K^+和Na^+为主。这些离子对维持渗透压和pH起到重要作用。

9. 维生素

精液中维生素含量和种类与饲料有关，常见的有核黄素、抗坏血酸和烟酸等。这些维生素的存在有利于提高精子的活力和密度。

(二)精清的来源及化学组成

精清是由睾丸液、附睾液、副性腺分泌物组成的混合液体。由于来源不同,成分各异,因而对精子的影响也不同。但它们共同的特点是具有润滑雄性生殖道、营养和保护精子的作用,也是运送精子的载体。

1. 睾丸液

睾丸液是伴随精子最早的液体成分。尽管睾丸液分泌量很大,但射出的精液中睾丸液所占的成分却很少,这是因为附睾有很强的浓缩能力。

睾丸液的总蛋白含量少于血浆,性质也不相同。睾丸液中的氨基酸如谷氨酸、丙氨酸、甘氨酸、天冬氨酸,可能是在精细管中合成的,因为在绵羊和猪睾丸液中这些氨基酸的浓度比血浆中的还高,这些氨基酸没有被精子利用。但天冬氨酸、甘氨酸及谷氨酰胺参与嘌呤和嘧啶的合成,并且这些氨基酸在睾丸液中保持的高浓度,对在精细管内合成核酸特别有利。

绵羊、牛及猪的睾丸液中睾酮、脱氢表雄酮、2,5-二氢睾酮以及雌激素的浓度和外周血浆中的浓度一样高。间质细胞能分泌类固醇,精细管容易受到睾酮的影响,睾酮部分用于维持精子的发生,或者在附睾中直接影响精子。

2. 附睾液

甘油磷酰胆碱和肉毒碱是附睾液中浓度很高的成分,这 2 种成分均受激素的控制,对精子成熟起重要作用。

附睾液中的糖蛋白不但有润滑剂的作用,而且与唾液酸一起改变精子表面的活性结构。附睾液中的乳酸浓度很高,而果糖、葡萄糖和乙酸盐则很少。

3. 前列腺分泌物

前列腺的分泌形式是顶浆分泌,即部分细胞质随分泌物被分泌排出。这种类型的分泌液含有丰富的酶,如酵解酶、核酸酶、核苷酸酶及溶酶体酶(包括蛋白酶、磷酸酯酶、糖苷酶)等。

4. 精囊腺分泌物

精囊腺分泌物常呈碱性,含干物质较多,并有较多的钾、碳酸氢盐、酸性可溶性的磷酸盐和蛋白质。精囊腺分泌物的一个特点是具有含量很高的还原物质,包括糖和抗坏血酸。很多动物(如牛、绵羊、山羊和猪)精液中的大量糖是由精囊腺分泌的。

在人、牛、猪和马中,柠檬酸和果糖虽有程度上的不同,但均由精囊腺产生。猪的精囊腺分泌物以山梨醇含量高为特征(2%~3%),分泌物中还有麦硫因。

虽然前列腺素(PG)是因来源于前列腺而得名,但绵羊精清中的大量前列腺素来自精囊腺。

5. 尿道球腺和输精管壶腹的分泌物

公猪的尿道球腺非常大,几乎呈圆柱状,充满黏滞胶状乳白色分泌物,它是精液射出后形成胶质的必需成分。公牛爬跨前,从包皮“流滴”出来的液体就是尿道球腺的分泌物,其功能是冲洗尿道。犬无此腺体。

公猪缺少壶腹,而公马的壶腹非常发达,并且分泌麦硫因。公马壶腹腺不分泌果糖,而其他动物(如公牛)壶腹分泌果糖。

(三)常见家畜精液的化学成分

常见家畜精液的化学成分见表4-2。

表4-2 常见家畜精液的化学成分

成分	牛	绵羊	山羊	猪	犬
水分/(g/mL)	90(87~95)	85.0	86	95(94~98)	95(94~98)
钠/(mg/100 mL)	230(140~280)	190(120~250)	140(60~183)	650(290~850)	660(290~850)
钾/(mg/100 mL)	140(80~210)	90(50~140)	158(76~255)	240(80~380)	260(90~410)
钙/(mg/100 mL)	44(35~60)	11(6~15)	11(5~15)	5(2~6)	2~6
镁/(mg/100 mL)	9(7~12)	8(2~13)	3(1~4)	11(5~14)	11(5~15)
氯/(mg/100 mL)	371{309~433)	86.0	125(82~215)	330(260~430)	330(150~430)
果糖/(mg/100 mL)	530(150~900)	250.0	708	13(3~15)	12(2~25)
山梨醇/(mg/100 mL)	75(10~140)	72(26~120)	—	12(6~18)	—
肌醇/(mg/100 mL)	35(25~46)	12(7~14)	—	530(380~630)	500~750
柠檬酸/(mg/100 mL)	720(340~1 150)	140(110~260)	384	130(30~330)	140(30~330)
乳酸/(mg/100 mL)	35(20~50)	36.0	39	27.0	30
蛋白质/(g/mL)	6.8	5.0	—	3.7	0.023
维生素/(mg/100 mL)	6(3~9)	5(2~8)	—	—	—

三、精子代谢

精子是特殊的单细胞动物,只能利用精清或自身的某些能源物质进行分解代谢,不能进行合成代谢,形成新的体组织。精子的代谢分为:精子的糖酵解、精子呼吸、精子对酯类的代谢、精子对蛋白质和氨基酸的代谢。

1. 精子的糖酵解

(1)无氧情况下 在无氧情况下,果糖酵解成为乳酸获得能量,睾丸中无果糖分泌物,所以精子不活动;当精子通过尿生殖道时,副性腺分泌物含有果糖,而使精子能活动。这就是冻精稀释液中必须加果糖的原因。在交配时,家畜生殖器内基本上是无氧环境,精子的活动主要是通过这种果糖酵解来提供能量。

(2)有氧情况下 在有氧情况下,果糖首先酵解成丙酮酸,然后经过三羧酸循环转变为 CO_2 和 H_2O,为精子提供能量。

2. 精子呼吸

精子在有氧情况下具有很强的呼吸能力。精子呼吸能力越强,消耗能量就越大,死亡也越快。因此,在保存精液时,应尽量减少与空气接触,降低精子温度,提高酸度,使其呼吸作用降低,以减少能量消耗,延长精子寿命。

(1)呼吸过程 精子主要在尾部进行呼吸,机理和大多数组织细胞进行的呼吸代谢过程相似,可按三羧酸循环,即丙酮酸氧化脱羧生成乙酰辅酶A,然后乙酰辅酶A和乙酸反应得柠檬酸,然后经过一系列过程分解成 H_2O 和 CO_2,最后释放大量游离能重新合成高能磷酸键。

(2)精子在有氧情况下获得能量的途径 第一种途径是外源性呼吸,氧化外源性基质获得能量；第二种途径是内源性呼吸，在没有了外源性基质时，利用细胞本身含有的磷脂获得能量。

3．精子对酯类的代谢

当精子呼吸所需的外源性基质枯竭时，可通过氧化细胞内的磷脂维持生存。精子先将磷脂分解，产生脂肪酸和甘油，脂肪酸经过氧化而获得能量，甘油通过磷酸三糖的阶段参与糖酵解的过程。甘油不仅是冷冻精液的防冻剂，而且可作为精子的能量来源，这是因为甘油进入精子内被代谢分解，产生的乳酸能再形成果糖。此外，甘油在精子中可能通过磷酸三糖的阶段参加糖酵解的过程。

4．精子对蛋白质和氨基酸的代谢

在正常情况下，精子不分解蛋白质获能，精子对蛋白质进行分解则表明精液已开始变性。在有氧时，精子能将某些氨基酸脱氢生成氨和过氧化氢。其中的过氧化氢对精子有毒害作用，能降低精子的耗氧率，是精液腐败的表现。

四、精液的理化特性

精液是公畜在性交时由生殖器官排出的黏稠液体，由精子和精清两部分组成。精子悬浮在黏性的精清中，就像血球分布在血浆中一样。

1．色泽

正常精液，牛、羊为淡黄色，猪、马为乳白色。红色可能混有血液，黄色可能混有尿液。所有动物的精液均不透明。凡是异常颜色的精液，都不能用于输精。

2．气味

正常精液无味或稍带腥臊味，但无臭味和其他气味。一旦有其他气味，精液就不能使用。

3．黏稠度

这取决于精子密度，密度大黏稠度高，否则反之。黏稠度还与精液所含黏蛋白唾液酸的多少有关。黏度以 20 ℃的蒸馏水作为一个单位标准，以厘帕（cP，1 cP=1 Pa·s）表示。

4．比重

它与精子密度有关，精子密度大，精液比重就大；精子密度小，精液比重就小。牛、羊精液比重最大，马、猪精液较小。

5．渗透压

精液的渗透压是以冰点下降度表示，正常精液的渗透压为−0.65～−0.55 ℃。渗透压对配置稀释液关系甚大。

渗透压也可以用渗压克分子浓度（简称 Osm）表示。1 L 水中加入 1 Osm 溶质，能使水的冰点下降 1.86 ℃，如果精液的冰点下降度为−0.61 ℃时，它所含的溶质总浓度为 0.61/1.86=324 Osm，可以用 324 Osm 表示。

6．酸碱度

新鲜精液的 pH 在 7 左右，其中牛、羊精液略偏酸性，猪、马精液略偏碱性。精子存活的 pH 范围是 5.5～10。

7．导电性

精液中含有各种盐类或离子，如其含量大，导电性也就强。因而可以通过测定导电性的大小，了解精液中所含有电解质的多少及其性质。导电性以 25 ℃条件下，测得的精液电阻值表示，单位为 $\times 10^{-4}\ \Omega$。

五、精子的运动

1. 精子的运动形式

精子是非常活跃的细胞，它能依靠尾部的摆动而运动。在光学显微镜下观察，精子有 3 种运动形式。

(1)直线运动　在适宜的条件下，精子一般呈直线前进运动。在 40 ℃以内的温度下，温度越高直线前进运动越快。直线运动表示精子的活力和受精能力较强。

(2)摆动运动　即头部左右摇摆，前进运动很慢，受精能力很弱。

(3)转圈运动　精子围绕一处作圆周运动，不能直线向前行进，无受精能力。

2. 精子运动速度

影响精子运动速度的有关因素。

(1)温度　做直线运动的精子，在 40 ℃以下时，温度越高前进速度越快。

(2)精子密度和精液黏度　精子的运动速率和精子密度及精液黏度负相关。

(3)精子的运动形式　直线运动的速度大于摆动运动和转圈运动。

六、精子的存活时间

精子的存活时间因温度、环境及保存方法不同而异。

(1)在雄性生殖器官内　附睾内的精子主要储存于附睾尾，占总量的 70%，而在输精管内的只有 2%。由于附睾内的分泌物中没有果糖和其他糖原，因此储存于附睾内的精子处于休眠状态，代谢作用停止，能量消耗降低，存活时间较长。精子在雄性生殖器官内的存活时间约 40 d，最长可存活 60 d 以上。

(2)在雌性生殖道内　精子在雌性生殖道的不同部位存活时间不同。阴道环境对精子存活不利，因此存活的时间短。在子宫内存活时间较长。在子宫颈可存活约 30 h。在子宫液内可存活 7 h，精子在雌性生殖道的存活时间与精子本身的品质有关，也和生殖道的生理状态有关。精子在雌性生殖道存活时间的长短，关系到精子的受精能力。精子在雌性生殖道内的存活时间约为 40 h。

(3)在体外　精子在体外的存活时间，受家畜品种、温度、保存方法、酸碱度、稀释液种类等因素影响较大。一般认为，射出体外后，精子活力越好，保存的时间就越长，受精能力也就越高。要延长精子在体外的保存时间，就要抑制精子的活动，减少能量消耗，降低保存温度和 pH。温度是影响精子存活时间的重要因素。冷冻保存精液的技术使精子保存的时间理论上可无限地延长。

七、外界环境条件对精子的影响

外界许多因素能刺激或抑制精子的代谢和活力，从而影响精子的存活时间。

1. 温度

适宜精子维持正常生命活动的温度是体温，即 37～38 ℃。高温使精子的代谢和活力增强，能量消耗加快，导致精子在短时间内死亡。温度达到 55 ℃时，精子很快就会失去活力，因蛋白质凝固而很快死亡。0～10 ℃的低温可降低精子代谢，延长精子寿命，但需缓慢降温到 0～10 ℃，否则会使精子冷休克，失去活力。冷休克造成精子死亡的原因是：①当精子受到冷休克后，ATP 被迅速破坏，而且不能再合成，严重影响糖酵解和呼吸。②精子发生冷休克时细胞膜受到破坏，渗透压升高，导致细胞内的 K^+ 和蛋白质渗出，严重损害细胞结构。防止冷休克的措施：①采取逐渐降温的方法；②在稀释液中加入防冷刺激剂——卵黄和奶类；0 ℃以下为超低温，其中－50～0 ℃是精子生存的有害温区，－25～－15 ℃是最有害的危险温区；而－196～－79 ℃可使精子的代谢和活动基本停止，处于休眠状态，是精液长期保存的温度。

2. 酸碱度

精子在一定的酸碱度(pH)溶液中才能生存，最适合精子生存的 pH 为 7.0 左右。在弱酸性环境中，精于活力受到抑制，但存活时间能延长；在弱碱性溶液中精子活力强，但死亡也快。因此，保存精液除给予低温条件外，还需偏低的 pH 环境。在精液保存时，常加入一些缓冲剂，如柠檬酸盐和磷酸盐，以调整 pH，防止 pH 改变。

3. 光照和辐射

精子对光照反射十分敏锐，直射日光能刺激精子，使其运动增强，而散射日光影响较小。日光中的紫外线和红外线会缩短精子寿命，损害其受精能力。因此，处理精液应在室内进行，并放在棕色的玻璃(瓶)内，避免阳光照射。X 射线也有破坏、杀死精子的作用。

4. 渗透压

精子只有在等渗溶液中才能生存，并保持正常的形态和受精能力。低渗溶液可使精子发生膨胀、尾部卷曲，有时呈现后退运动；高渗溶液则使精子内部水分渗出而发生皱缩，尾部呈锯齿状弯曲，运动缓慢。因此，进行精液稀释时，稀释液的渗透压必须与精液的渗透压相同。一般来说，低渗比高渗危害更大。

5. 药品

向精液或稀释液中加入适量抗生素、磺胺类药物，能抑制精液中病原微生物繁殖，从而延长精子的存活时间；但消毒药品对精子有害。因此，人工授精所用的器械既要清洁无菌，又要避免残留药物混入精液。有挥发性或特殊气味的药物，其气味也能危害精子，

6. 离子浓度

离子浓度影响精子的代谢和运动。少量的离子能促进呼吸、糖酵解和运动，大量的离子对精子的代谢和运动有抑制作用。因为溶液中带相反电荷的离子会中和细胞表面的电荷，增加精子的凝集性。浓度相同的情况下，阴离子对精子的损害一般较阳离子要大，因为阴离子能使细胞表面失去脂类。带相同电荷的不同离子对精子的影响也有差异，胞膜对 Na^+、K^+ 的渗透性很小，而某些离子则可使精子致死。

7. 稀释

经适当的稀释液稀释，精子密度会降低。耗氧率会增加，糖酵解也受到影响。精液过度的稀释会使精子的活力、受精力大大下降，所以精液不做高倍的稀释。

8. 振动

如果有空气存在，振动可加速精子的呼吸，对精子的危害就会增加，轻度的振动对精子的危害不大，在液态精液运输时，应将装精液的容器注满、封严，防止液面和封盖之间出现空隙。

任务三　动物人工授精技术

【能力标准】

1. 掌握家畜采精的方法。
2. 掌握精液品质检查项目及方法。
3. 掌握精液稀释液成分、配置。
4. 掌握家畜输精方法。

【相关知识链接】

人工授精技术最早有文献记载是1780年，当时意大利的生物学家司巴扎尼用犬进行了人工授精的试验。试验获得了一只比格犬。从此，开始了人工授精技术的研究。人工授精是以人工方法利用器械采集雄性动物的精液，经检查合格之后，对精液进行适当处理，再利用器械输入发情母畜的生殖道内，以代替自然交配而繁殖后代的一种技术。

人工授精技术相比自然本交的优点是：可提高优良公畜的利用率和母畜受胎率；预防疾病传播；克服杂交改良和形体大小相差悬殊带来的配种困难；打破母畜配种的时间、地域和空间隔距。人工授精的程序包括采精、精液品质检查、处理、保存、运输和输精等。

采精是人工授精技术的第一个重要环节，采精的目的就是最大量地获得高质量的精液，因此，采精前要认真做好各项准备工作，严格按照规程操作。此外，合理安排采精频率也是保证采得量多质优精液的重要条件。在整个采精过程中要保证做好以下几方面工作：一是要保证全量，即能完整地收集到一次射精射出的全部精液。二是要保证原质，即在采精过程中不能造成精液的污染或精液品质的改变。三是要保证无损伤，即不能造成种公畜的损伤。四是要保证操作简便，即整个采精操作过程要求尽量简便。

目前，家畜人工授精使用的精液有鲜精和冷冻精液2种。对于刚采得的鲜精应立即进行品质检查，只有合格的才能稀释、保存和使用；而冷冻精液在保存和运输过程中难免会出现问题，因此，用户使用前也需进一步核实其质量。因此，精液品质检查是人工授精成功的必要环节和必备技术。

一、采精前的准备

1. 采精场地的准备

采精要有固定的环境，以便雄性动物建立起巩固的条件反射，同时防止精液污染。采精场地应该宽敞、平坦、安静、清洁，场内设有采精架以保定台畜，或设立假台畜，供公畜爬跨进行采精，采精场应与人工授精操作室和公畜舍相连。设有采精者躲避的通道或防护措施。室内采精场的面积一般为10 m×10 m，并附设喷洒消毒和紫外线照射杀菌设备。

2. 台畜的准备

台畜分为真台畜和假台畜2种。

（1）真台畜的准备　真台畜是指使用与公畜同种的母畜、阉畜或另一头种公畜作台畜。真台畜应健康无病、体壮、大小适中、性情温顺。选发情的母畜比较理想，经过训练的公、母畜都可作台畜。真台畜使用时必须保定好，并对其后驱进行彻底的清洗消毒，目的是保证公畜顺利采精和避免精液污染。

(2)假台畜的准备　假台畜即采精台，是模仿母畜体型高低大小，选用金属材料或木料做成的一个具有一定支撑力的支架(图 4-3)。给大型公犬采精时，假母犬一般高 60 cm 左右，长 70 cm 左右，宽 25 cm 左右，四肢间距稍宽一些。由于猪射精时间长，用活台畜进行采精操作极为不便，常采用假台畜采精。

利用假台畜采精，要事先对种公畜进行调教，使其建立条件反射。调教的方法有如下几种。

①在假台畜的后躯涂抹发情母畜的阴道黏液、尿液或外激素，公畜则会受到刺激而引起性兴奋并爬跨假台畜，公畜经过几次采精后即可调教成功。

②在假台畜旁边牵一发情母畜，诱使公畜进行爬跨，但不让交配而把其拉下，反复多次，待公畜性冲动达到高峰时，迅速牵走母畜，令其爬跨假台畜采精，这种方法尤其适用于种公猪的调教。

③将待调教的公畜拴系在假台畜附近，让其目睹另一头已调教好的公畜爬跨假台畜，然后再诱其爬跨(图 4-4)。

(3)公畜调教时应注意的事项

①调教过程中，要反复进行训练，耐心诱导，切勿施用强迫、恐吓、抽打等不良刺激，以防止性抑制而给调教造成困难。

②调教时应注意公畜外生殖器的清洁卫生。

③最好选择在早上调教，早上精力充沛，性欲盛。

④调教时间、地点要固定，每次调教时间不宜长，每次调教时间不要超过 30 min(公猪为 15～20 min)。

⑤调教期间，应注意加强和改善种公畜的饲养管理，以保持健壮的种用体况。

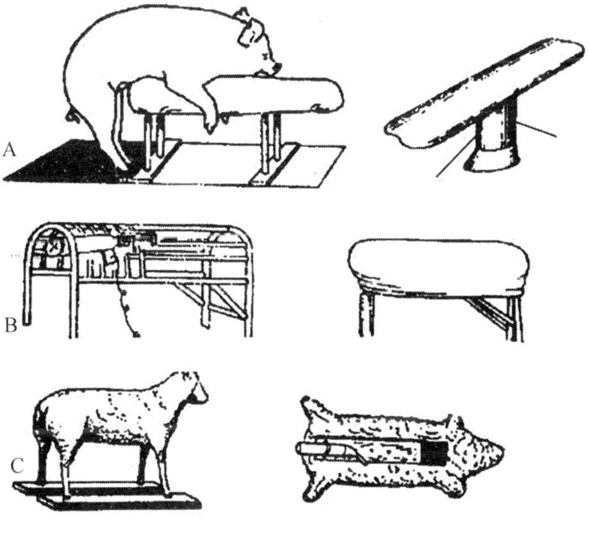

A. 猪　B. 牛　C. 羊

图 4-3　采精用的假台畜

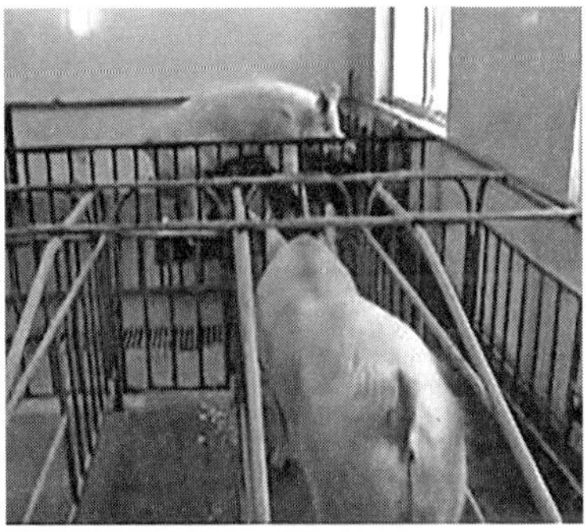

图 4-4　观摩法调教公猪

3. 采精器械的准备

采精用的所有器械，均要求进行严格的消毒，以保证所用器械清洁无菌。这对于减少采精引起的公畜生殖道疾病至关重要。

传统的洗涤剂是2%～3%的碳酸氢钠或1%～1.5%的碳酸钠溶液。肥皂或洗衣粉也是采精场常用的洗涤剂，但安全性不及前两者。各类器械用洗涤剂洗刷后，务必立即用清水洗净，然后经严格的消毒后才能使用。各类器械因质地不同其消毒方法也有所不同。

(1)玻璃器皿的消毒　玻璃器皿的消毒有3种方法：一是采用电热鼓风干燥箱进行高温干燥消毒，要求温度为130～150 ℃，并保持20～30 min；二是采用高压蒸汽消毒维持20 min；三是用75%的酒精棉球擦一遍，然后用镊子夹住在酒精灯上均匀加热，烧灼3 min，等降温后用生理盐水冲2次，放好待用。

(2)橡胶制品　一般采用75%的乙醇棉球擦拭消毒，最好再用95%的乙醇棉球擦拭一次，以加速挥发残留在橡胶上面的水分和乙醇，然后用生理盐水冲洗。对于猪、马用的输精胶管，可放入煮沸的开水中浸煮3～5 min，然后用生理盐水冲洗。

(3)金属器械　可用新洁尔灭等消毒溶液浸泡，然后用生理盐水等冲洗干净。也可用75%的乙醇棉球擦拭，或用乙醇火焰消毒。

(4)其他用品　除了对以上器械的消毒外，采精时所用的一些溶液如润滑剂和生理盐水等，以及药棉、纱布和毛巾等常用物品的消毒均可采用隔水煮沸消毒20～30 min，或用高压蒸汽消毒。在进行溶液的消毒时应避免玻璃瓶爆裂。

4. 公畜的准备

采精公畜的准备包括体表的清洁和诱情2方面。采精前应擦拭公畜的腹部，并挤出包皮腔内积尿和其他残留物，然后用0.1%高锰酸钾溶液消毒其包皮外并擦干。

采精前，需要以不同的诱情方法使种公畜有充分的性兴奋和性欲，一般采取让种公畜在台畜附近停留片刻，进行几次假爬跨，待阴茎充分勃起并伸出时，再让种公畜爬跨。

5. 采精人员的准备

采精人员应具有熟练的采精技术，并熟知每一头公畜的采精条件和特点，采精时动作敏捷，操作时要注意人、畜安全。在采精之前，采精人员应身着紧身利落的工作服，避免与公畜及周围物体钩挂，影响操作。同时，还应将指甲剪短磨光，手臂要清洗消毒。

二、采精方法

雄性动物的采精方法很多，主要有假阴道法、手握法、电刺激法、按摩法、海绵法等。假阴道法适用于各种家畜和部分小动物，手握法是当前公猪采精普遍应用的方法，按摩法主要用于禽类和犬类，电刺激法主要用于野生动物的采精。

(一)假阴道采精法

1. 假阴道的结构

假阴道是一筒状结构，主要由外壳、内胎、集精杯及附件组成。外壳为一圆筒，由轻质铁皮或硬塑料制成，内胎为弹性强、薄而柔软无毒的橡胶筒，装在外壳内，构成假阴道内壁；集精杯由暗色玻璃或塑料制成，装在假阴道的一端。此外，还有固定内胎的胶圈，固定集精杯用的三角固定带，充气用的活塞和双联球等一些附件。各种家畜的假阴道结构基本相同，但形状和大小不一，如图4-5所示。

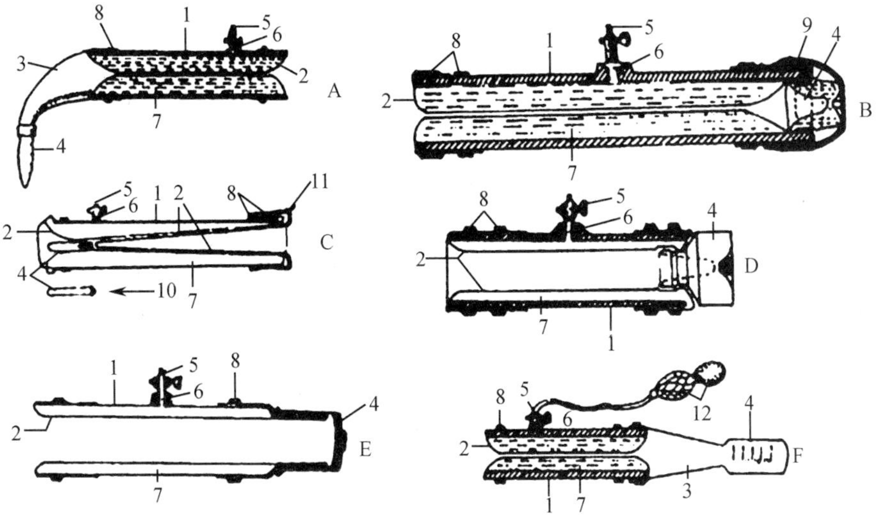

A. 欧美式牛用假阴道 B. 苏式牛用假阴道 C. 西式牛用假阴道
D. 羊用假阴道 E. 马用假阴道 F. 猪用假阴道
1. 外壳 2. 内胎 3. 橡胶漏斗 4. 集精杯 5. 气嘴 6. 注水孔 7. 温水 8. 固定胶圈
9. 集精杯固定套 10. 瓶口小管 11. 假阴道入口泡沫垫 12. 双链球

图 4-5 各种动物的假阴道

2. 假阴道的质量要求

外观要求壳体应平整、光滑，无海绵状，无断裂口及无明显的注压或模压花纹。内胎应耐热，无毒，无异味，无伤痕，壁厚均匀，要有良好的气密性，漏斗应无毒、无异味、无伤痕、无气泡。集精管(杯)应刻度精确、清晰，重量一致，护套应有良好的保温性能。牛、羊假阴道的理化性能应符合表 4-3 的规定。

表 4-3 牛、羊用假阴道的理化性能指标

项目		单位	壳体	紧固圈	内胎	漏斗
拉伸		MPa	≥16	≥15	≥14	≥5
拉断伸长度		%	≥50	≥100	≥500	≥300
永久变形		%	≤5	≤5	≤25	≤20
硬度		绍尔 A	80～100	80±5	50±5	50±5
热空气老化(70 ℃,72 h)	拉伸强度变化率	%	—	—	−10	—
	拉断伸长率				−10	
热水老化(100 ℃,72 h)	拉伸强度变化率	%	—	—	—	≥−10
	拉断伸长率变化率					≥−5
耐液体试验	凡士林、液状石蜡混合液(3∶1)	—	—	—	−1≤△W≤4	—
	95%酒精				0≤△W≤8	
透水试验(1 h,0.2 MPa)		—	—	—	不透水	—
撕裂强度		kN/m	—	—	—	≥25

3. 假阴道的安装

下面以牛为例介绍假阴道安装过程。

(1)准备假阴道所需用品　首先,检查假阴道部件是否备齐,各部件的质量有没有问题(牛假阴道采精所需用品见图 4-6),尤其要仔细检查外壳(图 4-7)、内胎(图 4-8)、集精杯有无破损漏洞或裂纹。然后,把经过干燥消毒的各部件放在消过毒的大瓷盘中。

(2)安装、调试内胎　将内胎的光滑面向里,粗糙面向外,放入外壳中。注意使内胎的两端露出部分长度相等(图 4-9)。然后,将内胎的一端用内卷法和外翻法把内胎套在外壳上,要求松紧适度,不扭曲(图 4-10 至图 4-12)。将另一端的内胎也用同样的方法翻贴在外壳上。

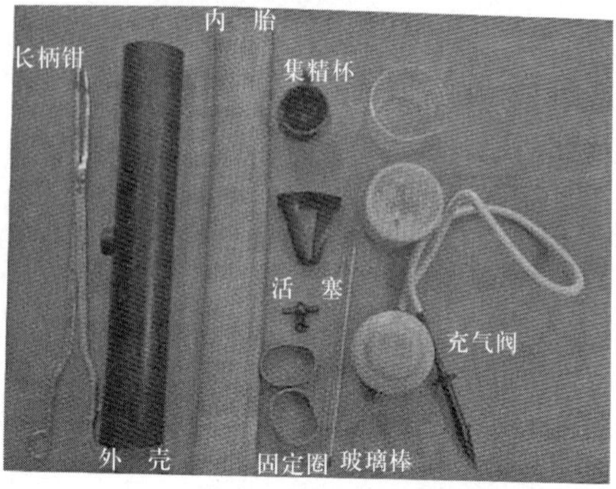

图 4-6　牛假阴道采精所需用品

(权凯. 牛羊人工授精技术图解. 2009)

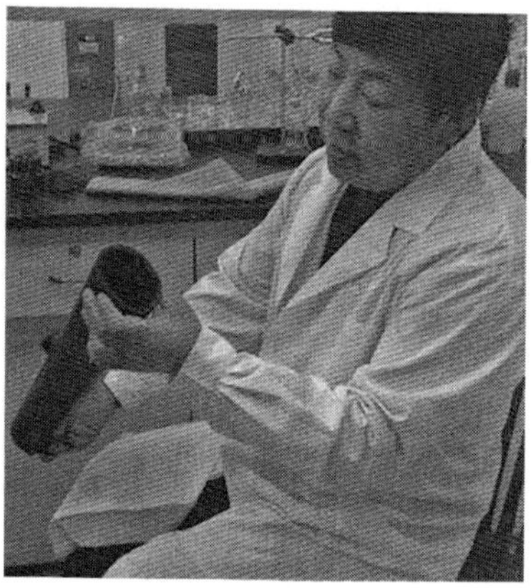

图 4-7　检查外壳

(权凯. 牛羊人工授精技术图解. 2009)

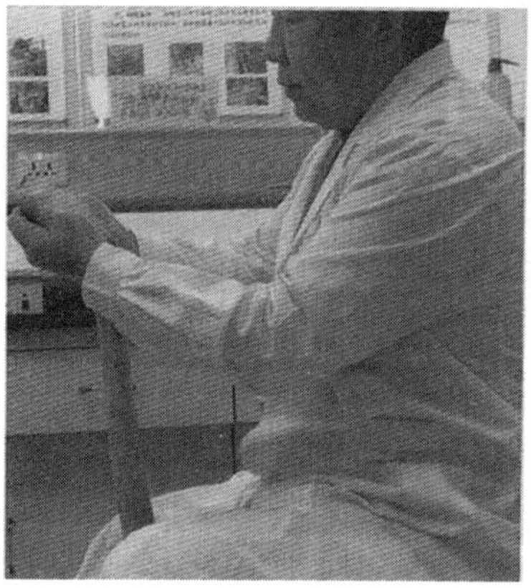

图 4-8　检查内胎

(权凯. 牛羊人工授精技术图解. 2009)

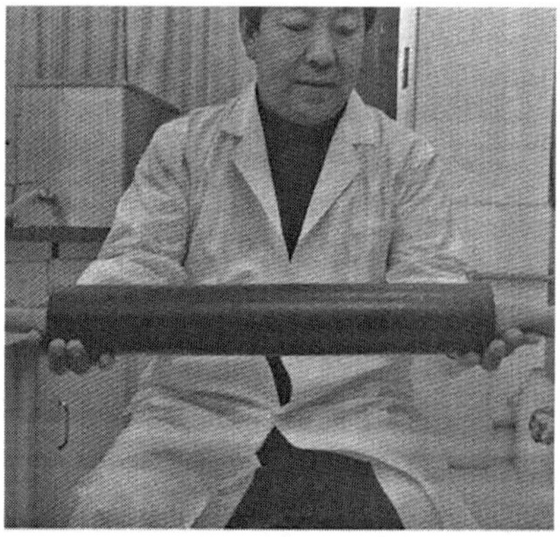

图 4-9　将内胎光滑面向里放入外壳中

(权凯. 牛羊人工授精技术图解. 2009)

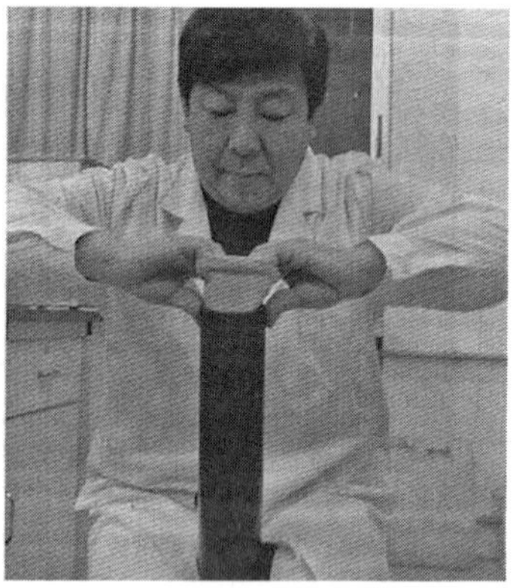

图 4-10　翻卷内胎

(权凯. 牛羊人工授精技术图解. 2009)

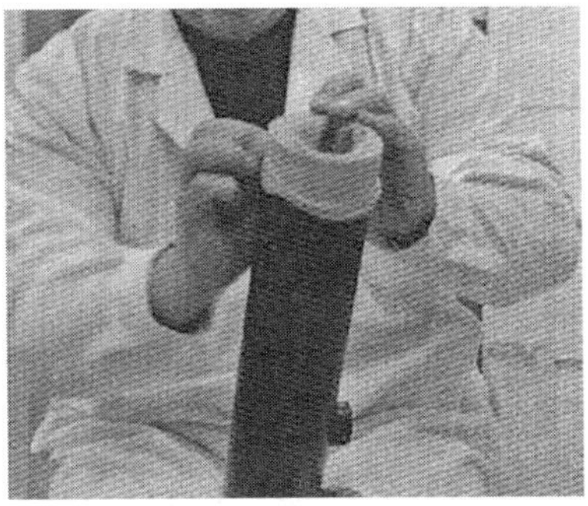

图 4-11　将内胎翻贴于外壳上

（权凯．牛羊人工授精技术图解．2009）

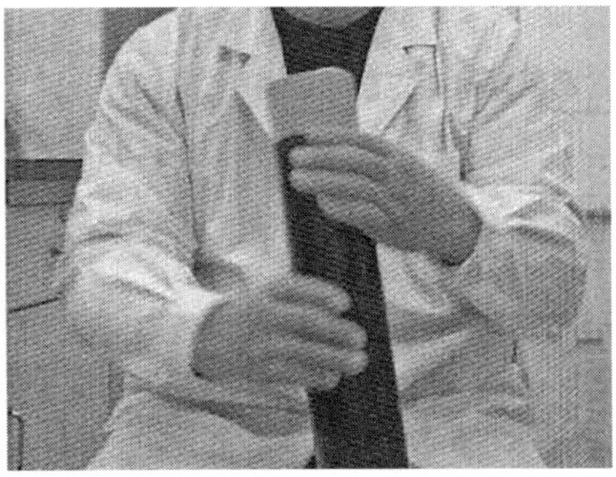

图 4-12　将内胎调整周正，不扭曲

（权凯．牛羊人工授精技术图解．2009）

安装时应尽量避免用指甲撕扯，以防撕裂或造成砂眼，安装另一端时，应防止内胎在外壳内扭转；适当使内胎在拉伸状态下安装在外壳上，这样更容易达到要求。

调试时应注意以下几点：将气阀装好，充气，检查内胎是否安装周正。安装周正的内胎充气后两端均呈内陷的"Y"形（图 4-13），如果符合要求可将气放掉。有丰富操作经验的技术人员可省去充气检查这一步骤。安装好的内胎如图 4-14 所示。

图 4-13　充气后内胎呈"Y"形

图 4-14　内胎安装、调试完毕的假阴道

（3）固定内胎　用固定皮（橡胶）圈将内胎固定在外壳上（图 4-15）。

（4）消毒内胎　用长柄钳（羊假阴道消毒用 20 cm 镊子）夹取 75%酒精棉球，从内向外消毒内胎内壁，然后用镊子夹取 75%酒精棉球消毒集精器。再用另一棉球消毒外壳上的内胎翻边，用 95%酒精棉球用同样方法进行第二次擦拭，以促进酒精迅速挥发（图 4-16）。

（5）注水　在 1 000 mL 烧杯中，将水温调至 50 ℃（夏）或 55 ℃（冬），用漏斗将温水注入内胎与外壳的夹壁内，以倾斜后水不向外流为度或相当假阴道容积的 2/3（图 4-17）。冬天为防止集精杯温度低对精液造成低温打击，可在集精杯夹壁内注入 35 ℃的温水，并用软木塞或盖子将注水孔塞紧（图 4-18）；夏天可不用向集精杯中加入温水。安装好的集精杯可放在 45 ℃恒温干燥箱中，采精前直接取出使用。

（6）涂润滑剂　用玻璃棒蘸取少量灭菌凡士林或红霉素软膏，涂抹部位是假阴道前段 1/3～1/2 处到外口周围，但涂抹段过长及润滑剂过多会导致凡士林或红霉素软膏流入精液影响精液品质（图 4-19）。

(7)充气调压　用双链球向假阴道夹壁内充气,借助注入水和空气来调节假阴道的压力,即用玻璃棒插入略有阻力(图 4-20)。压力不足不能刺激公畜射精,压力过大则使阴茎不易插入或插入后不能射精。

图 4-15　用固定皮圈固定内胎
(权凯 . 牛羊人工授精技术图解 . 2009)

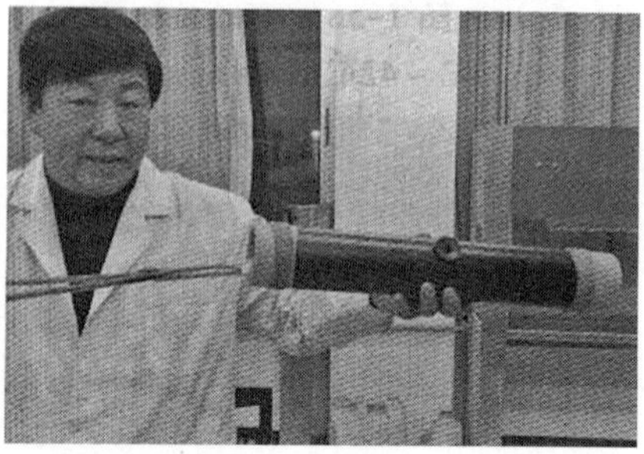

图 4-16　消毒内胎
(权凯 . 牛羊人工授精技术图解 . 2009)

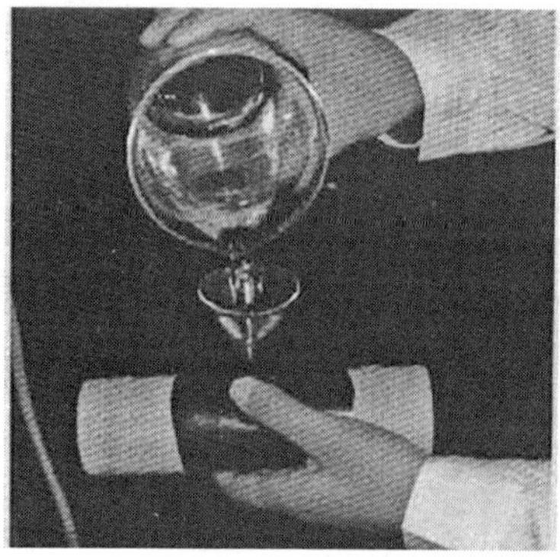

图 4-17　向内胎与外壳的夹壁中注水
(权凯 . 牛羊人工授精技术图解 . 2009)

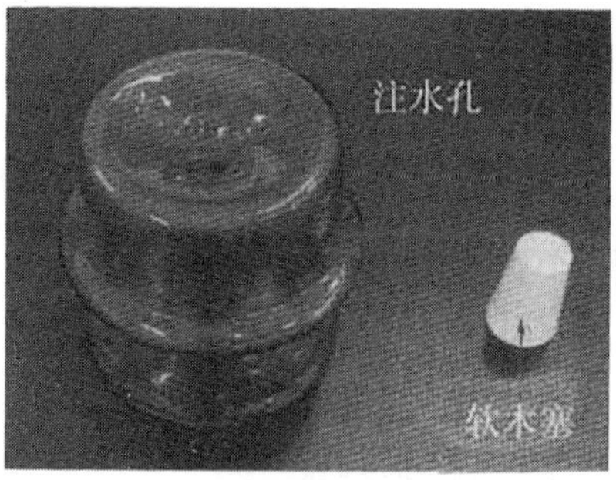

图 4-18　集精杯注水
(权凯 . 牛羊人工授精技术图解 . 2009)

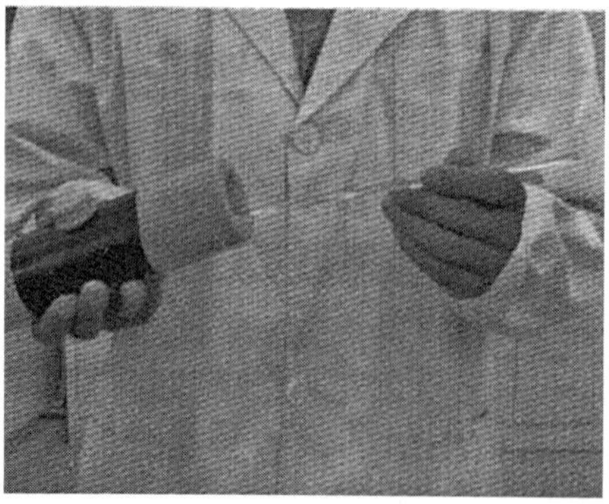

图 4-19　涂润滑剂
(权凯 . 牛羊人工授精技术图解 . 2009)

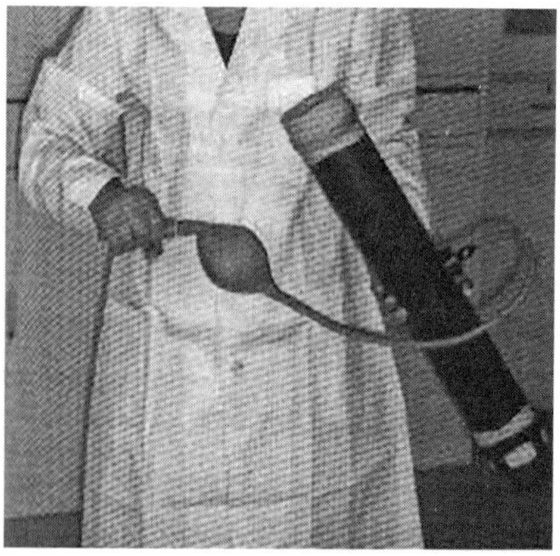

图 4-20　充气调压
(权凯 . 牛羊人工授精技术图解 . 2009)

(8)测量温度　用消毒后的酒精温度计测量假阴道内的温度,最适温度应为 40～42 ℃。如果温度不合适,应重新注水调温,可倒出部分水后,再加入少量温度更高或更低的水。调好温度的假阴道用毛巾包好备用。注意集精杯也应保持 34～35 ℃。

图 4-21　安装好的牛假阴道

(权凯. 牛羊人工授精技术图解. 2009)

安装好的牛假阴道如图 4-21 所示。

4. 使用后的假阴道的清洗

假阴道在使用之后,应立即拆开,以免弹性材料失去弹性和防止润滑剂干在内胎表面不易清洗。

(1)内胎清洗　可用软毛刷蘸取家用洗涤剂洗涤内胎正反两面,待洗去表面的润滑剂后,用清水将洗涤剂和污垢冲洗干净。再用去离子水或蒸馏水冲洗 3～5 遍。洗好后,用夹子夹住内胎一端,使光滑面向内,垂直悬挂在橱柜内晾干。不得在阳光下曝晒或在干燥箱中加热干燥,以防受热后发黏,影响其弹性和使用寿命。晾干后的内胎不宜平放在盒内或袋内,可一直悬挂在橱内,直到下次使用时取出。

(2)外壳清洗　外壳清洗没有严格要求,但应在清洗后,放入橱柜内晾干。

(3)集精杯清洗　用洗涤剂将集精杯内外壁彻底清洗干净,再用蒸馏水或去离子水冲洗 3～5 遍。然后放入 120 ℃恒温干燥箱内干燥,若是塑料的集精杯温度控制在 50 ℃以内。

5. 假阴道采精技术

采精员位于台畜右后侧,当公畜爬跨台畜时,让假阴道与公畜阴茎伸出方向一致,紧靠并固定于台畜尻部右侧,左手掌心托住包皮,迅速将阴茎导入假阴道内,经几次抽动后射精。将假阴道向集精杯端下倾,以便精液流入集精杯内。当公畜跳下时,假阴道随着阴茎后移,不要用力抽出,当阴茎软缩由假阴道中自行脱出后,立即将假阴道直立,使精液流入集精杯(管)中,最后,将假阴道放气,取下集精杯(管),盖上盖子。

(二)手握法

将计划采精公猪赶至采精栏内(采精栏的面积约 6 cm^2),采精技术人员带上一次性双层聚乙烯无任何粉剂的采精手套,挤去包皮液,清水冲洗,用 0.1%的高锰酸钾清洗,再用清水冲洗,擦干,脱掉外层手套。诱导公猪爬上假台猪,当公猪阴茎伸出时,采精员要将其握住,手呈锥形让公猪的阴茎插入手中,拳握阴茎一松一紧呈节奏性地施加压力,松紧度以不使阴茎滑脱为准。此时,公猪会将阴茎全部伸出,射精即可开始(图 4-22)。精液收集,一般只收集浓厚的部分,公猪射精分为 3 个阶段,最初与最后的精液不收集,因为,公猪最初的精液中含有精子少,副性腺分泌物和细菌微生物多。精液收集也可以根据外界温度或地域的不同,收集全份或浓厚份精液。

(三)按摩法

此法适用于牛、犬和禽类。下面以公鸡为例介绍按摩采精。

鸡的采精需要两个人配合,一人保定公鸡,一人手持刀剪剪掉泄殖腔周围的羽毛,面积大小同普通鸡蛋,然后用酒精棉球消毒,待酒精干后再进行采精。保定公鸡者一条腿略向前站定，两只手分别握住公鸡腿的同时连带握住一部分鸡翅膀，防止鸡翅煽动和遮挡采精者的视线，将鸡的颈部用小臂夹在身体的一侧，注意不要用力过度，否则，会影响其性反射和排精。采精时，采精者用右手中指和无名指夹着经消毒、清洗、烘干的采精器，使器口握在手心内，手心朝向下方，以避免按摩时公鸡排粪污染，左手沿公鸡背鞍部向尾羽方向，抚摩几次，以减轻公鸡惊恐并引起性欲。接着，采精者左手顺势翻转手掌，将尾羽翻向背侧，并以拇指与食指跨在泄殖腔两上侧，右手拇指与食指跨在泄殖腔两下侧腹部柔软部，以迅速敏捷手法，抖动触摸腹部柔软处，然后迅速轻轻地用力向上抵压泄殖腔，左手拇指和食指即可在泄殖腔上侧做微微挤压，精液即可顺利排出。与此同时，迅速将右手夹着的集精器口翻上，承接精液流入集精器中。

（四）电刺激法

本法是利用电刺激采精器，通过电流刺激公畜引起射精而采集精液的一种方法。此法适用于各种动物，尤其对那些具有较高种用价值但失去爬跨能力的个体公畜，或不适宜其他方法采精的小动物和野生动物。

电刺激采精器由电子控制器和电极探棒两部分组成(图 4-23)。电刺激采精应将公畜以站立或侧卧姿势保定，必要时可采用药物如保安宁、静松灵或氯胺铜等镇静。保定后，剪去包皮及其周围的被毛，并用生理盐水冲洗拭干，然后将电极探棒经肛门缓慢插入直肠，达到靠近输精管壶腹部的直肠底壁，大家畜插入深度 20～25 cm、羊 10 cm、犬 10～15 cm、兔 5 cm。然后调节控制器，选择好频率，开通电源。调节电压时，由低开始，按一定时间通电及间歇，逐步增高刺激强度和电压，直至公畜伸出阴茎，勃起射精，将精液收集于附有保温装置的集精瓶内。公牛电刺激采精时交流电压 15～20 V，刺激 5～10 s，间歇 5～10 s，经数次反复刺激，公牛即可射精。

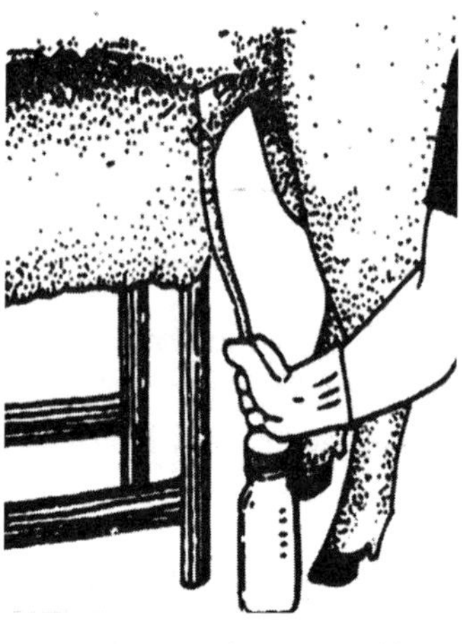

图 4-22　公猪手握法采精

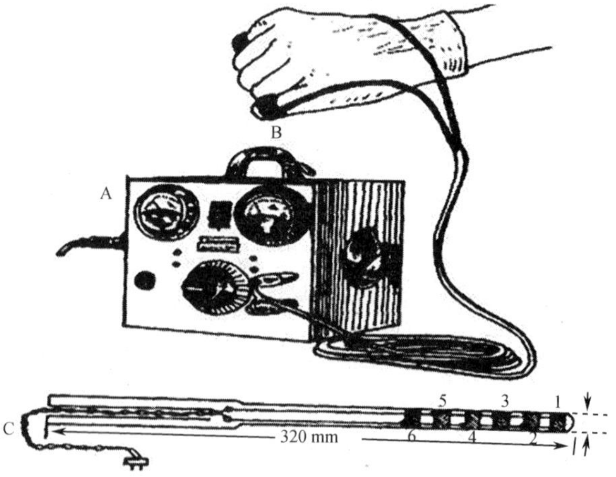

图 4-23　电刺激采精器

三、采精频率

适宜的采精频率是保障公畜生殖功能和身体健康的基本要求，也是获得优良精液的基础。采精频率应根据公畜产生精子的数量来决定，各种家畜适宜的采精频率如表 4-4 所示。

表 4-4 各种家畜的采精频率

畜别	每次射精量/mL	每次射出精子总数/亿个	每周采精次数/次	每周射出精子总数/亿个
乳牛	3～10	50～150	2～4	150～400
肉牛	4～8	50～100	2～4	100～350
绵羊	0.8～1.2	16～36	7～25	200～400
山羊	0.5～1.5	15～60	7～20	250～350
猪	150～300	300～600	2～5	1 000～1 500
马	30～100	100～150	2～6	150～400
驴	20～80	30～100	2～6	100～300
兔	0.5～2.0	3.0～7.0	2～6	6～42

在春季种公羊精液量少，品质差，而在秋季则相反，通常可每周采精 7～20 次。种公牛每周采精 2 d，每天采精 2 次。公猪采精频率要求是 12 月龄每周采精 1 次，12～18 月龄，2 周采精 3 次，18 月龄以上每周采精 2 次。鸡隔日 1 次或在配种季节里每日 1 次，连采 5～6 d 后，休息 1～2 d。犬可隔日采精 1 次。在具体生产中，各种动物采精频率应根据种公畜精液品质与性功能状况而定。

四、精液品质检查

(一)公畜禽的精液

1. 公畜的精液

牛的精液呈乳白色或乳黄色，刚采出的精液云雾状显著，公牛一次射精量平均为 5 mL，范围为 3～10 mL，牛的精液一般无味或略带膻味，pH 平均为 6.7，范围为 6.4～7.4。

绵羊和山羊的精液颜色为乳白色或浅黄色，其他颜色均为异常。公羊一次射精量较少，平均是 1 mL，一般为 0.5～1.5 mL，羊的精子浓度较大，绵羊平均为 30 亿/mL，山羊平均为 20 亿/mL，范围为 20 亿～50 亿/mL。羊的精液一般无味或略带膻味，刚采出的精液云雾状明显。绵羊精液 pH 平均为 6.5，范围为 6.0～7.0，山羊精液 pH 平均为 6.8，范围为 6.4～7.1。

猪精液颜色为乳白色或灰白色。猪的精液一般无味或含有微腥味。后备公猪的射精量一般为 150～200 mL，成年公猪为 200～300 mL，有的高达 700～800 mL，精液量的多少跟品种、年龄、采精间隔、气候、饲养管理水平和采精技术有关。正常公猪精子密度为 2.0～3.0 亿/mL，个别的高达 5.0 亿/mL。其 pH 平均为 7.5，范围为 7.3～7.9。

犬、猫的精液一般呈灰白色或乳白色，混浊不透明。气味呈腥味或汗渍味。公犬射精量平均是 10 mL，范围为 1～25 mL，pH 平均是 6.4，范围为 6.1～7.0，密度平均为 1.25 亿/mL。

2. 公禽的精液

家禽的精液正常是乳白色或乳黄色，浓稠呈乳状，不透明液体。鸡的精液 pH 范围为 7.0～7.6。公鸡采精量和精子密度见表 4-5。

表 4-5 公鸡采精量和精子密度

项目	轻型蛋鸡	中型蛋鸡	肉用型鸡
平均采精量/mL	0.3	0.5	0.55
采精量范围/mL	0.05～0.8	0.2～1.1	0.2～1.5
精子密度/(亿/mL)	40	30	35
密度范围/(亿/mL)	17～60	15～60	9～50

(二)精液品质检查

精液品质检查的目的是鉴定精液品质的优劣,以便决定配种负担能力,同时也反映出公畜饲养管理水平和生殖机能状态、技术操作水平,并依此作为检验精液稀释、保存和运输效果的依据。

精液品质检查的项目很多,在生产实践中,一般分为常规检查项目和定期检查项目两大类:①常规检查项目包括射精量、色泽、气味、pH、精子活力、精子密度等;②定期检查项目包括精子计数、精子形态、精子死活率、精子存活时间及指数、精子抗力等。

1. 直观检查项目

(1)射精量 射精量是指公畜一次采精射出的精液量(表 4-6)。以连续 3 次以上正常采集到的精液量平均值代表射精量。常用带有刻度的集精瓶(管)或量筒直接测出。

表 4-6 各种动物的射精量和精子密度

动物	一次射精量/mL	精子密度/(亿/mL)
牛	4.8(4～10)	10(2.5～20)
猪	250(150～500)	2.5(1～3)
绵(山)羊	1.2(0.7～2)	30(20～50)
鸡	0.8(0.2～1.5)	35(0.5～60)
马	70(30～300)	1.2(0.3～8)
驴	50(10～80)	4(2～6)
家兔	1(0.4～6)	7(1～20)
水牛	3(0.5～12)	9.8(2.1～20)

射精量超出或低于正常范围的均认为是射精量不正常,射精量不正常的原因见表 4-7。

表 4-7 不正常射精量及发生原因

现象	发生原因
过多	副性腺发炎、假阴道漏水、尿潴留、采精操作不熟练
过少	采精过频、性功能衰退、睾丸炎、发育不良

(2)色泽 动物精液的颜色一般为乳白色或淡灰色,其颜色因精子浓度高低而异,乳白色程度越重,表示精子浓度越高。正常牛、羊精液呈白色或乳白色,羊的精液在密度高时呈浅黄色,水牛为乳白色或灰白色,猪、马、兔为淡乳白色或灰白色。在不正常情况下,精液可能出现红色、绿色、褐色等颜色,其发生原因见表 4-8。

表 4-8　不正常精液颜色及发生原因

颜色	发生原因
鲜红色	生殖道下段出血或龟头出血
暗红色	副性腺或生殖道出血
绿色	副性腺或尿生殖道化脓
褐色	混有尿液
灰色	副性腺或尿生殖道感染，长时间没有采精

(3)气味。精液一般无味。有的带有动物本身固有的气味，如牛、羊精液略有膻味，猪精液有腥味。若有异味就不正常，不正常表现及原因参见表 4-9。

表 4-9　不正常精液气味及发生原因

气味	发生原因
膻味(腥味)过重	采精时未清洗包皮
尿骚味	混有尿液
恶臭味(臭鸡蛋味)	尿生殖道发生细菌感染

(4)pH　家畜精液 pH 一般为 7.0 左右，牛、羊精液因精清比例较小呈弱酸性，故 pH 为 6.5～6.9；猪、马精液因精清比例较大，故 pH 为 7.4～7.5。

测定 pH 最简单的方法是使用 pH 试纸比色，目测即得结果。另一种方法是取精液 0.5 mL，滴上 0.05 mL 的溴化麝香兰，充分混合均匀后置于比色计上比色，从所显示的颜色便可读出 pH。

(5)云雾状　正常牛、羊精液因精子密度大则混浊不透明，肉眼观察时，由于精子运动翻腾滚滚如云雾状。马、猪的精子少，混浊度也较小，云雾状不显著。如采取猪的浓份精液，其云雾状也与牛、羊相似。

2. 微观检查项目

(1)精子活率　是指在 37 ℃的环境下，精液中呈直线前进运动的精子数占总精子数的百分率。精子活率是评价精液品质的一个重要指标，与精子受精力密切相关。精子活率的评定一般在采精后、精液处理前、后和输精前进行检查。

评定精子活率等级，有百分制和十级制两种。百分制是用“%”表示精液的活力，生产中通常采用十级评定法，即按视野中呈直线前进运动的精子数占总精子数的百分比估计评定，100%直线前进运动者评为 1.0，90%者评为 0.9，80%者评为 0.8，以下类推。这种评定方法完全是凭检查者的主观经验评定，可以在显微镜上装置闭路电视或显微镜投影法反映在荧屏上。

检查时，取一滴精液于载玻片上制成压片标本，放在 37～38 ℃显微镜恒温载物台上或保温箱内，在 200～400 倍显微镜下观察，浓度大的精液先用生理盐水或等渗稀释液稀释后检查。

各种家畜的新鲜精液，精子活率一般为 0.7～0.8。黄牛一般比水牛高，驴比马高，猪浓稠部分精液与牛相似。用以输精的精液活率，各种动物的新鲜精液应在 0.6 以上(牛 0.7 以上)，冷冻精液在 0.3 以上(牛细管冻精解冻后在 0.4 以上)。

(2)精子密度　精子密度也称精子浓度，是指每毫升精液中含有的精子数目。目前，测定精子密度的方法常采用估测法、血细胞计计算法和光电比色测定法等。

①估测法。在显微镜下根据精子分布的稀稠程度,将精子密度粗略地分为“密”“中”“稀”。“密”表示精子数量多,精子间隔距离不到一个精子长度;“中”表示精子数量较多,精子与精子的间隔为 1～2 个精子长度;“稀”表示精子数量较少,精子与精子的间距为 2 个以上精子长度,视野中有很少的精子,如图 4-24 所示。这种方法只能大致估计精子的密度,主观性强,误差较大。

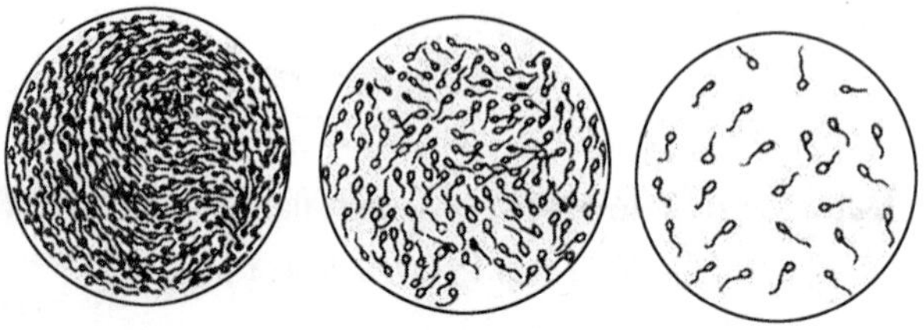

A　　B　　C

A. 评定密度为“密”　B. 评定密度为“中”　C. 评定密度为“稀”

图 4-24　估测法评定精子密度

②血细胞计算法。通过计算每毫升精液中含精子数多少来衡量精子的密度。一般采用血细胞计数板进行测定。血细胞计数板的构造:计数室长、宽各为 1 mm,面积为 mm^2,盖上盖玻片时,盖玻片和计数室之间的高度为 0.1 mm,计数室的总体积为 0.1 mm^3。计数室由双线或三线组成 25 个中方格,每个中方格内又有 16 个小方格,共计 400 个小方格(图 4-25 和图 4-26)。

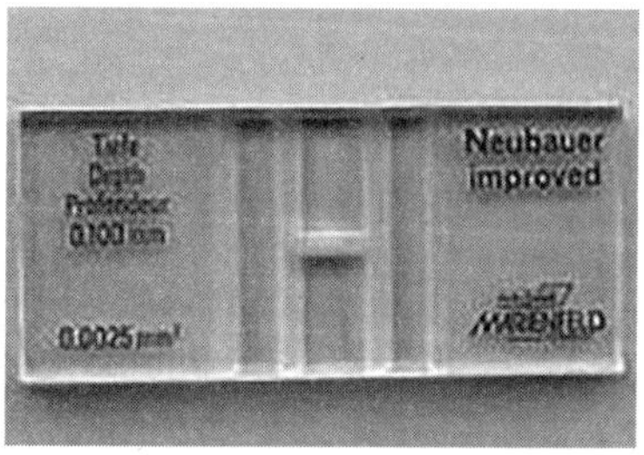

图 4-25　血细胞计数板

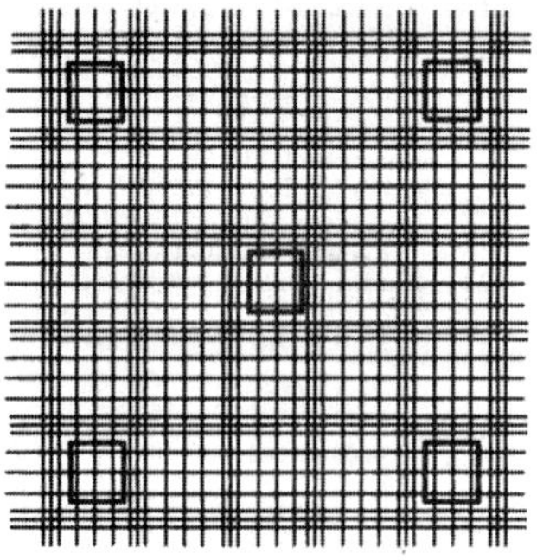

图 4-26　血细胞计数板方格结构示意图

测定方法参见实训十四精子数量计算和畸形率的测定。

③光电比色计测定法。是目前评定精子密度较准确的一种方法,适用于牛、羊精液,如果除去精液胶块,也可测定猪、马精液。此法是根据精子越多,精液越浓,其透光率越低的特性,使用光电比色计通过反射光和透光程度来测定精子的密度。

测定时,首先将原精液稀释成不同比例,并用红细胞计数器计算其精子密度,制成标准管,用光电比色计测定其透光率,根据不同精子密度标准管的遮光度,求出每相差 1%透光度的级差精子数,制成精子查数表。测定精液试样时,将原精液稀释 80～100 倍,根据其透光度查对精子查数表,从表中找出精液试样的精子密度。

在利用此法测定精子密度时,应避免精液内的细胞碎屑、红细胞和副性腺分泌的胶状物等干扰透光性而造成误差。

(3)精子形态检查　精子形态正常与否和受精率有着密切关系。如果精液中含有大量畸形精子和顶体异常精子,则受精能力就会降低。

①精子畸形率。精液中形态不正常的精子称为畸形精子,精子畸形率是指精液中畸形精子数占总精子数的百分比。畸形精子各种各样,一般可分为4类(图4-27)。

头部畸形:头部瘦小、细长、缺损、双头等。

颈部畸形:膨大、纤细、带有原生滴、双颈等。

中段畸形:膨大、纤细、弯曲、屈折、带有原生滴、双体等。

主段畸形:弯曲、短小、屈折、缺损、带有原生滴、双尾等。

在各种动物的正常精液中,精子畸形率一般不超过20%,牛不得超过18%,水牛不超过15%,羊不超过14%,猪不超过18%,否则不能用于输精。一般检查方法是做成切片进行染色,在显微镜下观察计数。

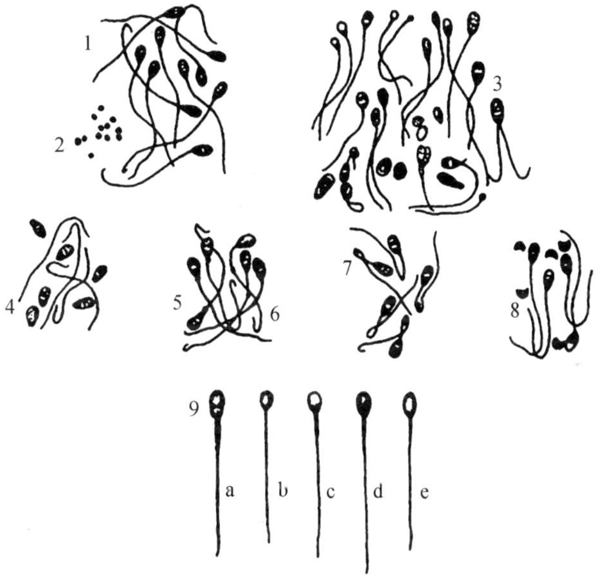

1. 正常精子　2. 脱落的原生质滴　3. 各类畸形精子　4. 头尾分离　5、6. 带原生质滴的精子
7. 尾弯曲的精子　8. 脱落顶体　9. 各种家畜的正常精子
a. 猪的精子　b. 绵羊的精子　c. 水牛的精子　d. 牛的精子　e. 马的精了

图4-27　畸形精子类型图

在正常精液内,精子头部和颈部出现畸形的较少,常见于尾部畸形。引起精子畸形的原因有:遗传和年龄的原因;精子的生成过程受到破坏;输精管道和副性腺发生病理变化;精液处理不当,精子遭受外界不良影响的刺激等。

精子畸形率检查方法见实训十四精子数量计算和畸形率的测定。

②精子顶体异常率。精子的正常顶体内含有多种与受精有关的酶类,在受精过程中起着重要的作用,因此,精子顶体正常与否和精子存活能力、受精能力有密切的关系。顶体异常有顶体膨胀、缺损、部分脱落、全部脱落等。在正常情况下,牛的顶体异常率不超过5.9%,猪不超过2.3%,如顶体异常率显著增加,牛超过14%,猪超过4.3%,会直接影响受精率。新鲜精液经过保存或低温打击,精子的顶体异常率显著增加,牛为14.1%,猪为4.3%,精液经过冷冻

后变化更大，牛 40%、猪 45%。

检查精子顶体异常率的方法是：先把精液制成抹片，干燥后用 95%的酒精固定，水洗后用吉姆萨液（Giemsa 原液∶磷酸盐缓冲液∶蒸馏水的比例为 2∶3∶5）染色 1.5～2 h，再水洗干燥，将精液染片置于显微镜下，先用低倍镜找到精子，再在 1 000 倍下进行油镜观察。精子顶体呈紫色，包围精子头前部。

根据精子顶体完整和损伤与否，将精子顶体形态分为 4 种类型：

顶体完整型：精子头部外形正常，着色均匀，顶体完整，边缘整齐，可见微隆起的顶体嵴，赤道带清晰。

顶体膨胀型：顶体轻微膨胀，边缘不整齐，顶体嵴肿胀，核前细胞膜不明显或缺损。

顶体破损型：顶体破损，精子质膜严重膨胀破损，着色浅且不均匀，头前部边缘不整齐。

顶体全脱型：精子顶体全部脱落，精子核裸露。

根据以上 4 种类型分别统计，观察 300 个精子。并计算出精子顶体完整率。

要求两张抹片精子顶体完整率差异不超过 15%。求平均值。一般精子冷冻前顶体完整率较高，如我国绵羊为 44%～45%。解冻后 1 h 为 25%。牛精液精子顶体完整率比羊高。猪比羊低。

（4）精子的其他检查

①精子生存时间和生存指数。精子的生存时间和生存指数与受精能力有关，也是鉴定精液处理效果的一种方法。精子生存时间是指精子在体外总的存活时间。检查时将精液置于一定的温度下（0 ℃或 37 ℃），每隔 8～12 h 检查精子活力，直至无活动精子为止。所有间隔时间累加后减去最后两次间隔时间的 1/2 即为精子的生存时间。生存指数是指相邻两次检查的间隔时间与平均活力的乘积之和。精子生存时间越长，生存的指数越大，说明精子活力越强，精液品质越好。

②亚甲蓝褪色试验。亚甲蓝是一种氧化还原剂，氧化时呈蓝色，还原时无色。精子在美蓝溶液中呼吸时氧化脱氢，亚甲蓝被还原而褪色。因此，根据美蓝溶液褪色时间的快慢可估测出精子的密度和活力。

牛、羊精液亚甲蓝褪色试验的方法是：取含有 0.01%美蓝的生理盐水与等量的原精液混合，置于载玻片上，然后用内径 0.8～1.0 mm、长 6～8 cm 的毛玻璃管吸取，使液柱高达 1.52～2.0 cm、然后放在白纸上，在 18～25 ℃的温度下观察并计时。牛、羊精液褪色在 10 min、7 min 品质良好；褪色时间在 10～30 min、8～12 min 为中等；30 min、12 min 以上视为品质较差。

③果糖分解测定。测定果糖的利用率，可以反映精子的密度和代谢情况。果糖分解测定通常用 1 亿个精子在 37 ℃厌氧条件下每小时消耗果糖的毫克数表示。其方法是在厌氧情况下把一定量的精液（如 0.5 mL）在 37 ℃的恒温箱中停放 3 h，每隔 1 h 取出 0.1 mL 进行果糖量测定，将结果与放入恒温箱前比较，最后计算出果糖酵解指数。一般牛、羊精液的果糖利用率为 1.4～2 mg，猪、马由于精子密度小，指数很低。由于精子还可以利用果糖以外的其他简单糖类，因此，用含葡萄糖等稀释液稀释过的精液不能进行测定。

④精子耗氧量测定。精子呼吸时，消耗氧气多少与精子活力和密度有关。精子耗氧量的测定即耗氧率的测定，通常以 1 亿个精子在 37 ℃恒温箱中孵育 1 h，所消耗氧气的微升数表示。一般家畜精液的耗氧量为 5～22 μL。可用瓦氏呼吸器测定其耗氧量，计算出精子的耗氧率。

由于精液的耗氧量不仅取决于精子细胞内氧化，而且也受精清（代谢基质和微生物）耗氧量制约。因此，用全精液测定耗氧量就可以排除其他氧化需氧，也减少了将精子进行洗涤需要定量精子数的麻烦。此外，精液的 pH 和保存温度也对精子的耗氧量有一定影响。

⑤其他检测。精液中含有多种酶类物质，它们对糖类、脂质和蛋白质的分解和代谢起着催化作用，因而它们的含量越高，表示精子活力和受精力越强。在正常状态下，酶类物质储存在精子头尾各部，在精清中的数量有限。因此，当被检精液的精清中各种酶类活力异常增高时，说明精液品质不良，精子活力和受精力下降。通常精清中酶活力检测项目包括透明质酸酶（HAE）的检测、谷氨酸转化成草氨酸的催化酶类（COT）的检测和乳酸脱氢酶的检测。

此外，精液的检查项目还包括精液渗透压、导电性、比重及黏度等物理性质的检测，从而全面反映精液的品质状况。

五、精液稀释

（一）精液稀释的目的

新采集的动物精液精子浓度高，而且温度较高，精子的代谢强度大，很快就产生大量的代谢产物，并使其自身的生命耗尽。即使在很短的时间内，都可能因精子的代谢产物对精子产生毒害，而使精子保存时间缩短。而用合理的稀释液稀释精液，则可给精子提供营养，中和代谢产物，并且允许精液降温，从而大大延长精子的存活时间，并能保持精子的受精能力。所以，对人工授精来说，精液尽快进行稀释十分重要，这也是为什么要将实验室建在采精室的隔壁的原因。因此，精液稀释的目的如下。

①增加精液容量，扩大与配雌性的数量。

②可以补充精子代谢所需的营养。

③消除副性腺分泌物对精子的影响。

④缓冲精子代谢产生的酸度。

⑤调整渗透压，给离体精子创造适宜的环境，从而延长精子在体外存活的时间。

猪精液的稀释液配方有很多种，如在恒温 17 ℃保存 5～10 d 的长效保存稀释液有田园奥瑞稀释液。

（二）稀释液的种类

根据性质和用途可分为 4 类。

（1）现用稀释液　适用于采精后立即授精，以单纯扩大精液容量，增加输精母畜头数为目的。此类型稀释液以简单的等渗的糖类和奶类为主体。

（2）常温保存稀释液　适用于在常温下作短期保存的精液，具有以糖类和弱酸盐为主体，pH 偏低的特点。

（3）低温保存稀释液　适用于精液低温保存，具有以卵黄或奶液等抗冷休克物质为主体的特点。

（4）冷冻保存稀释液　适用于精液超低温冷冻保存，具有以甘油、二甲亚砜等抗冻物质为主体的特点，此类稀释液比较复杂，有仅由一种稀释液组成的，也有由多种稀释液组成的。

(三)稀释液的成分

1. 稀释剂

稀释剂主要用以扩大精液容量。因此,此类物质在稀释液中的剂量,必须保证整个稀释液与精液具有相同或相似的渗透压。事实上,在配制稀释液时,不会单独加入某些物质作为稀释剂,而是由稀释液中营养剂或保护剂来结合承担的。

2. 营养剂

营养剂主要是提供营养,以补充精子在代谢过程中消耗的能源。由于精子代谢只是单纯的分解作用,而不能通过同化作用将外界物质转变为自身成分。因此,为了补充精子的能量消耗,只能使用最简单的能量物质,一般多采用葡萄糖、果糖、乳糖等糖类以及鲜奶及奶制品、卵黄等。

3. 保护剂

保护剂主要保护精子免受各种不良外界环境因素的危害,可以分为以下几类。

(1)缓冲物质　用以保持精液适当的 pH。储存于附睾中的精液呈弱酸性,有利于抑制精子的活动和代谢。在射精过程中精液会与碱性的副性腺分泌物相混合而变为弱碱性,从而激发精子活动和加速精子代谢。在精子代谢过程中,由于代谢产物(如乳酸和碳酸)的积累,pH 会发生偏酸性变化,影响精液品质,甚至使精子自身酸中毒而发生不可逆性的变性。因此,需要在稀释液中加入适量的缓冲剂,以保持精液相对恒定的 pH。常用作缓冲剂的物质有柠檬酸钠、酒石酸钾钠、磷酸二氢钾和磷酸氢二钠等。近年来,在各种家畜精液稀释液中常采用三羟甲基氨基甲烷(Tris),这是一种碱性缓冲剂,对精子代谢酸中毒和酶活动反应具有良好的缓冲作用。

(2)非电解质和弱电解质　具有降低精清中电解质浓度的作用。副性腺分泌物的电离度比附睾中精液的电离度高 10 倍,因此射出的精液的电离度也很高。这在生理上具有激发精子运动的作用,有利于精子和卵子受精完全;但同时也会促进精子的早衰,破坏精子脂蛋白膜,使精子失去电荷而凝聚,不利于精液的有效保存。为此,有必要在稀释液中加入适量的非电解质或弱电解质,以降低精清中电解质的浓度。一般常用的非电解质为各种糖类,弱电解质如甘氨酸等。此外,因猪、马精液的副性腺分泌物比较多,山羊精液中含有一种可引起精子凝结的酶,所以对于这几种家畜的精液,在稀释前可先离心以除去精清,然后再代之以适当的稀释液,这对保存和受胎都有良好的效果。

(3)防冷刺激物质　具有防止精子冷休克的作用。在保存精液时,常需进行降温处理,尤其是从 20 ℃以上急剧降至 0 ℃时,由于冷刺激,精子会因遭受冷休克而丧失活力。这是因为精子内的缩醛磷脂熔点较高,在低温下容易凝结,从而导致精子的代谢不能正常进行,精子因遭受不可逆的冷休克而死亡。因此,在低温保存稀释液中需要添加防冷休克的物质,其中以卵磷脂的效果最好。因为卵磷脂的熔点低,在低温下不易冻结,进入精子体内还可以替代缩醛磷脂保障代谢的正常进行,维护精子的生存。此外,脂蛋白以及含磷脂的脂蛋白复合物,也有类似卵磷脂防止冷休克的作用。以上物质在奶类和卵黄中均有存在,因此奶类和卵黄是常用的精子防冷刺激物质。

(4)抗冻物质　具有抗冷冻危害的作用。精液在冷冻保存的过程中,精子内外环境的水分将经历从液态到固态的转化过程,这会导致精子因遭受冻害而死亡。而抗冻物质有助于减轻或消除这种危害。一般常用的抗冻物质有甘油、二甲基亚砜(DMSO)、三羟甲基氨塞甲烷

(Tris)、N-三羟甲基-甲基-2-氨基乙烷磺酸(TES)等。

(5)抗菌物质　在人工授精过程中,即使努力改善环境卫生条件和严格操作规程,虽然能减少细菌微生物对精液和稀释液的污染,也很难做到无菌,而精液和稀释液都是营养丰富的物质,是细菌微生物滋生的适宜环境。这些细菌微生物的污染,不仅直接影响精子的生存,还会引起母畜生殖道感染、不孕和早期胚胎死亡。因此,在稀释液中添加一定数量的抗菌物质是有必要的。常用的有青霉素、链霉素和氨苯磺胺等。青霉素和链霉素混合使用具有广谱抑菌的效果。氨苯磺胺不仅可以抑制细菌微生物的繁殖,还可以抑制精子的代谢,有利于延长精子在体外的存活时间,但它在冷冻过程中会对精子有害,故只适用于液态精液的保存。近年国外将数种新的广谱抗生素和磺胺类药物(如卡那霉素、林肯霉素、多黏菌素、氯霉素、α-氨基-对甲苯磺酰胺盐酸盐、磺胺甲基嘧啶钠、硝胺5,6-二甲氧嘧啶等)试用于精液的稀释保存,取得较好的效果。

此外,明胶对精子也有一定的保护作用。蜂蜜不仅含有多种糖类(包括葡萄糖和果糖)和多种维生素,还含有较稳定的抑菌成分,能为精子提供能量物质和抗菌保护。

4. 其他添加剂

为了改善精子所处环境的理化特性以及母畜生殖道的生理机能,提高受精机会,促进合子发育。稀释液中还会添加以下几类物质。

(1)酶类　过氧化氢酶能分解精子代谢过程中产生的有害物质——过氧化氢,消除其危害,从而提高精子活率;β-淀粉酶则能促进精子获能、提高受胎率。

(2)激素类　催产素和PGE能促进母畜生殖道蠕动,有利于精子运行从而提高受胎率。

(3)维生素类　维生素B_1、维生素B_2、维生素B_{12}、维生素C、维生素E等具有改善精子活率,提高受胎率的作用。

(4)其他添加成分　如CO_2、己酸、植物汁液(如番茄汁、椰子汁)等可调节稀释液的pH,有利于精液的常温保存。乙二胺四乙酸(EDTA),具有保护精子抗冷休克的作用,又可通过改变细胞膜渗透力,降低果糖分解和精子活动,从而延长精子寿命并保持受精能力。鉴于有氧环境对精子的有害作用在于脂类氧化形成有毒产物,故在稀释液中添加抗氧化剂,如丁羟基甲苯、丁羟甲苯醚、二硫基丙酸醇黄酸钠等,也可提高受胎率。乙烯二醇、亚碲酸钾、聚乙烯吡咯烷酮等也具有保护精子的作用,ATP、精氨酸、咖啡因、氯丙嗪等也具有提高精子保存后活率的作用。

(四)精液稀释的倍数

精液稀释的倍数一般根据原精液的密度和活力来决定,通常决定适当稀释倍数的主要依据有以下几点。

第一,家畜种类不同,精液稀释倍数不相同。当公牛精液稀释后保证每毫升中含有500万个有活力的精子数时,稀释倍数可达百倍以上,对受胎率无大影响。不过在一般情况下,只作10～40倍稀释。公猪精液一般稀释2～4倍,或按每毫升稀释精液含1亿个有活力的精子的标准稀释。绵羊和山羊精液稀释后经保存1 d受精率即有所下降,除非再经浓缩。所以绵羊和山羊精液若在采精后数小时内使用,宜直接用原精液进行输精,如果进行稀释,倍数一般是2～4倍。马、驴精液的受精力也下降很快,故应在采精当日或次日使用完毕,稀释倍数一般为2～3倍。通常犬精液可稀释3～5倍,猫精液一般稀释3～8倍,兔精液一般稀释3～5倍。

第二，不同配方的稀释液，稀释倍数也不相同。

第三，精液的保存方法以及稀释后的保存时间要求不同，应考虑采用不同的稀释倍数。如精液冷冻保存就不能像常温、低温保存那样做较高倍数的稀释。

第四，精液稀释结果：要保证不同种类母畜的正常受胎率，满足每个输精量所需有效精子数。因此，采得精液的实际精子活率和密度，与稀释倍数密切相关。即当活力高、密度也大时，可做适当高倍稀释；当两项中有一项高和一项低时，只能做适当低倍稀释；如果两项都未达到正常标准，则不应稀释或者弃而不用。

以公牛精液稀释倍数的计算方法举例如下：

射精量＝8 mL，精子密度＝12 亿/mL，精子活率＝0.7，每毫升原精液含有有效精子数＝12 亿/mL×0.7＝8.4 亿/mL。

每毫升稀释精液中要求含有效精子 3 000 万，所以稀释倍数＝8.4 亿/0.3 亿＝28(倍)。

根据以上计算结果，8 mL 牛精液，可以稀释成 8 mL×28＝244 mL，每个输精量需稀释后的精液 1 mL，所以 8 mL 原精液稀释后可供 200 余头母牛输精之用。

（五）稀释液的配制

①先检查活力和密度，确定稀释倍数。

②将稀释精液所用的器具加温到 30～35 ℃，并用等温稀释液冲洗 2～3 次(防止温度和渗透压的损害)。

③新采集的精液及时稀释，室温低于 20 ℃时，要用精液无菌保温箱。精液放置时间过长则会降低精子活率，一般在 0.5 h 内进行稀释。

④稀释液与精液的温度必须一致，可用消毒温度计测量。采精时集精杯加保温措施，稀释液预先加温到 30 ℃左右，置于精液保温箱中。

⑤在稀释精液时，将稀释液沿杯壁缓缓加入精液中，一般将稀释液与精液置于预定温度的保温瓶中作等倍稀释处理。然后轻轻转动精液瓶或用灭菌棒搅动，使之混匀。

⑥如果进行低倍稀释(3～5 倍)可一次完成，若作高倍稀释则须分两步进行，即先低倍稀释，防止精子所处的环境突然改变，对精子造成打击。间隔 1.5～2 h 后，精液降至保存(平衡)温度时，进行二次稀释。

⑦精液稀释后，先静置片刻，再做活率检查，如果活率没有变化，则分装保存。如果活率下降，则说明稀释或操作不当，不宜使用，并检查原因。

（六）稀释液配制的注意事项

①消毒：配制好的稀释液，用高压灭菌器或隔水煮沸 30 min 即可。

②用于配制稀释液以及封装保存精液的一切用品，都必须消毒，使用前再用稀释液冲洗 2～3 次。

③稀释液应新鲜、无菌，现用现配。

④在稀释液中加入卵黄、奶类及抗生素等药物应在稀释液降温到 35 ℃以下时再加入。

⑤稀释液加入卵黄和抗生素前应过滤。0.02～0.2 μm 滤膜。加入时必须在稀释液冷却到室温后，按量准确加入。

⑥药品成分要纯净，称量需准确。

⑦配置稀释液的水要用双蒸水或去离子水，并且使用前灭菌。

六、精液保存

精液稀释后即可进行保存。通过保存，可延长精子在体外的存活时间，便于使用和运输。现行的精液保存方式有 3 种，即常温（15～25 ℃）保存、低温（0～5 ℃）保存和冷冻（－196～－79 ℃）保存。常温和低温保存是液态，故称液态保存。冷冻保存又称固态保存。

（一）精液的常温保存

常温保存的温度为 15～25 ℃，温度允许有一定变动，所以又称为变温保存或室温保存。常温保存所需设备简单，特别适合猪的精液。

1. 原理

常温保存是通过增加酸度，降低精液的 pH 来抑制精子的代谢活动，以减少其能量消耗。使精子保持在可逆的静止状态而不丧失受精能力。一般采取在稀释液中充入二氧化碳（如伊利尼变温稀释液）或在稀释液中配有酸类物质和充以氮气（如己酸稀释液及一些植物汁液）可以延长精子存活时间。酸性在一定范围内是可逆抑制，通常把 pH 调整到 6.35 左右。

2. 各种动物常温保存稀释液

（1）牛　随着牛冷冻精液应用的普及，常温保存牛精液已经不常用。主要有伊利尼变温稀释液，可在 18～27 ℃下保存 6～7 d；康奈尔大学稀释液在 8～15 ℃下保存 1～5 d，一次输精受胎率达 65%以上；己酸稀释液在 18～24 ℃下保存 2 d，一次输精受胎率达 64%。牛精液常温保存稀释液配方如表 4-10 所示。

表 4-10　牛精液常温保存稀释液配方

成分	乳糖-卵黄-甘油液	蔗糖-卵黄-甘油液	葡萄糖-卵黄-甘油液	葡萄糖-柠檬酸钠-卵黄-甘油液	
				第一液	第二液
基础液					
蔗糖/g	—	12	—	—	—
葡萄糖/g	—	—	7.5	3.0	—
乳糖/g	11	—	—	—	—
柠檬酸钠/g	—	—	—	1.4	—
蒸馏水/mL	100	100	100	100	—
稀释液					
基础液（容量）/%	75	75	75	80	86
卵黄（容量）/%	20	20	20	20	—
甘油（容量）/%	5	5	5	—	—
青霉素/（IU/mL）	1 000	1 000	1 000	1 000	0
链霉素/（μg/mL）	1 000	1 000	1 000	1 000	0

（2）猪　猪精液常温保存效果较好。可按保存时间选择稀释液，一天内输精的，可用 1 种成分稀释液；如果保存 1～2 d 的，可用 2 种成分稀释液；保存 3 d 以上的，可用综合稀释液。常见猪精液常温保存稀释液配方如表 4-11 所示。

表 4-11 猪精液常温保存稀释液配方

成分	葡萄糖液	葡萄糖-柠檬酸钠	氨基己酸-卵黄液	葡萄糖-柠檬酸钠-乙二胺四乙酸液	英国变温稀释液	葡萄糖-碳酸氢钠-卵黄液	葡萄糖-柠-乙-卵黄液
基础液							
二水柠檬酸钠/g	—	0.5	—	0.3	2.0	—	0.18
碳酸氢钠/g	—	—	—	—	0.21	0.21	0.05
氯化钾/g	—	—	—	—	0.04	—	—
葡萄糖/g	6.0	5.0	5.0	—	0.3	4.29	5.1
氨基己酸/g	—	—	30	—	—	—	—
乙二胺四乙酸/g	—	—	—	0.1	—	—	0.16
氨苯磺胺/g	—	—	—	—	0.3	—	—
蒸馏水/g	100	100	100	100	100	100	100
稀释液							
基础液/mL	100	100	70	95	100	80	97
卵黄(容量)/%	—	—	30	5	—	20	3
青霉素/(IU/mL)	1 000	1 000	1 000	1 000	1 000	1 000	—
链霉素/(μg/mL)	1 000	1 000	1 000	1 000	1 000	1 000	—

(3)马、绵羊　马、绵羊的精液采用含有明胶的稀释液，在 10～14 ℃下呈凝固状态保存效果好。保存绵羊精液可达 48 h 以上，保存马精液可达 120 h 以上，活率为原精液的 70%。采用葡萄糖、甘油、卵黄稀释液和马奶稀释液，分别在 12～17 ℃、15～20 ℃下保存马精液可达 2～3 d。马、绵羊常温保存稀释液配方如表 4-12 所示。

表 4-12 马、绵羊常温保存稀释液配方

成分	明胶液	明胶-蔗糖液（绵羊）	明胶-蔗糖液	葡萄糖-甘油-蔗糖液（马）	马奶液
基础液					
二水柠檬酸钠/g	3	—	—	—	—
蔗糖/g	—	—	8	—	—
葡萄糖/g	—	—	—	7	—
磺胺甲基咪啶/g	0.15	—	—	—	—
后莫氨磺酰/g	0.1	—	—	—	—
明胶/g	10	10	7	—	—
羊奶/g	—	—	100	—	—
马奶/g	—	—	—	—	100
蒸馏水/g	100	100	100	100	—
稀释液					
基础液(容量)/%	100	100	90	97	99.2
甘油(容量)/%	—	—	5	2.5	—
卵黄(容量)/%	—	—	5	0.5	0.8
青霉素/(IU/mL)	1 000	1 000	1 000	1 000	1 000
链霉素/(μg/mL)	1 000	1 000	1 000	1 000	1 000

(4)家禽 常温保存稀释液常用于家禽精液稀释，马上输精的稀释液有3种：0.9%氯化钠溶液；0.7%的葡萄糖溶液；卵黄-葡萄糖溶液(葡萄糖5.25 g，卵黄1.5 mg，蒸馏水98.5 mL)。

(5)其他动物 其他动物精液常温保存稀释液配方如表4-13所示。

表4-13 其他动物精液常温保存稀释液配方

成分	水牛用稀释液种类 葡萄糖-柠檬酸钠-碳酸氢钠-柠檬酸钾	驴用稀释液种类 葡萄糖液	山羊用稀释液种类 羊奶液	兔用稀释液种类 葡萄糖-柠檬酸钠
基础液				
葡萄糖/g	0.97	7	—	5
羊奶/g	—	—	100	—
二水柠檬酸钠/g	1.6	—	—	0.5
碳酸氢钠/g	0.15	—	—	—
柠檬酸钾/g	0.11	—	—	—
蒸馏水/g	100	100	—	100

3. 保存方法

先将精液与稀释液在等温条件下按一定比例混合，然后分装在贮精瓶中，密封后放入恒温箱中保存(16～18 ℃)。也可将贮精瓶放入15～25 ℃温水瓶内保存。

4. 常温保存注意事项

①尽快达到弱酸性环境，抑制精子代谢。

②装满并密闭保存，充氮或充CO_2。

③添加抗生素抑制微生物增殖。

④等温稀释及缓慢降温；保持恒温(13～18 ℃)。

⑤防止精子沉淀堆积时间过久，定时翻动。

(二)精液的低温保存

低温保存是指将精液稀释后存放于0～5 ℃的环境中，通常置于冰箱内或装有冰块的广口保温瓶中冷藏。

1. 保存原理

低温保存主要是向稀释液中添加抗冷物质，防止精子发生冷休克。在体温状态下，精子的代谢正常，当温度降低时，精子的代谢活动减慢，当温度降至0～5 ℃，精子的代谢较弱，几乎处于休眠状态。此时精子的物质代谢和能量代谢均降到较低水平，废物累积减少，且此温下不利微生物的繁殖，故可达到保存目的。造成精子冷休克死亡的原因是：精子细胞膜上的缩醛磷脂疏水并低温易固化，低温易造成细胞膜的破坏；精子发生冷休克时精子细胞膜受到破坏，渗透压升高，往往使细胞内的K^+和蛋白质渗出，严重地损害了细胞的结构。当精子受到冷休克后，能使ATP迅速破坏，而且不能再使它合成，以至严重影响酵解和呼吸。

2. 各种动物低温保存稀释液

(1)牛 公牛精液耐稀释潜力很大，在保证每毫升稀释精液含有500万有效精子时，稀释倍数可达百倍以上，而对受胎率也没有大的影响。精液稀释后在0～5 ℃下有效保存期可达7 d(表4-14)。

表 4-14 牛精液低温保存稀释液

成分	柠檬酸钠-卵黄液	葡萄糖-柠檬酸钠-卵黄液	葡萄糖-氨基己酸-卵黄液	牛奶液	葡萄糖-柠檬酸钠-奶粉-卵黄液
基础液					
二水柠檬酸钠/g	2.9	1.4	—	—	1
牛奶/g	—	—	—	100	—
奶粉/g	—	—	—	—	3
葡萄糖/g	—	3	5	—	2
氨基己酸/g	—	—	4	—	—
氨苯磺胺/g	—	—	—	0.3	—
蒸馏水/g	100	100	100	—	100
稀释液					
基础液/%	75	80	70	80	80
卵黄/%	25	20	30	20	20
青霉素/(IU/mL)	1 000	1 000	1 000	1 000	1 000
链霉素/(μg/mL)	1 000	1 000	1 000	1 000	1 000

(2)猪　猪的浓缩精液或离心后的精液，在 5～10 ℃下可保存 3 d，而在 0～5 ℃下保存，其受精能力不如在 5～10 ℃下保存的，故生产中很少采用低温保存(图 4-1)。

(3)马、绵羊　马、绵羊由于精液本身的特性以及季节配种的影响，低温保存效果不如其他动物，在生产中应用也不普遍。

(4)其他动物　其他动物精液低温保存稀释液见表 4-15。

表 4-15 水牛、驴、山羊、兔精液低温保存稀释液

成分	水牛用稀释液种类 葡萄糖-氨基己酸-卵黄液	驴用稀释液种类 葡萄糖-卵黄液	山羊用稀释液种类 葡萄糖-二水柠檬酸钠-卵黄液	兔用稀释液种类 葡萄糖-二水柠檬酸钠-卵黄液
基础液				
葡萄糖/g	5	7	0.8	5
氨基己酸/g	4	—	—	—
二水柠檬酸钠/g	—	—	2.8	0.5
蒸馏水/mL	100	100	100	100
稀释液				
基础液/mL	70	99.2	80	95
卵黄(容量)/%	30	0.8	20	5
青霉素/(IU/mL)	1 000	1 000	1 000	1 000
链霉素/(μg/mL)	1 000	1 000	1 000	1 000

3. 保存方法

精液稀释后，在室温下分装，通常按一个输精剂量分装至贮精瓶中。绵羊输精量少，分装盒用盖密封，然后用4层纱布包裹，置于0～5 ℃低温环境中。在低温保存时，应缓慢降温，从30 ℃降至5 ℃或0 ℃时，以每分钟下降0.2～0.5 ℃为宜，在1～2 h内完成降温全过程。若在稀释液中加入卵黄，其浓度一般不超过20%。保存期间温度应维持恒定，防止升温。

4. 低温保存的关键

等温稀释、缓慢降温；包被棉花或浸入等温水中；添加低温保护剂，避免精子冷休克；添加抗生素抑制微生物增殖；保持恒温(0～4 ℃)；在保质期内使用，用前进行活力检查。

(三)液态精液的运输

液态精液运输要备有专用运输箱。同时要注意下列事项。

①运输前精液应标明公畜品种、名称、采精日期、精液剂量、稀释液种类、稀释的倍数。精子活率和密度等。

②精液的包装应严密，要有防水防震衬垫。

③运输途中维持温度的恒定。

④运输中最好用隔热性能好的泡沫或塑料箱装放，避免震动和碰撞。

(四)精液的冷冻保存

1. 保存原理

精液冷冻保存的原理主要基于玻璃化理论、卵黄保护理论和甘油保护理论，其是控制降温速度，避免冷冻过程中冰晶的形成。温度变化直接影响精子的活动力和代谢能力。精子保存在超低温状态下，代谢活动完全受到抑制，生命处于相对静止的状态，一旦升温又能复苏并恢复受精能力。精子能够复苏的关键在于精液在冷冻过程中，有冷冻剂的保护，防止了精子水分冰晶化对精子的破坏，并使精子内的水分尽可能形成玻璃化。

冰晶化是在水的降温过程中，在一定温度条件下，水分子重新按照几何图形排列，形成冰晶的过程。冰晶改变了精子的溶质浓度和渗透压，造成精子脱水，发生不可逆的化学毒害而死亡。冰晶化只有当温度在－60～0 ℃的范围内缓慢降低时才形成，降温越慢冰晶越大，在－25～－15 ℃的范围形成冰晶最多。在冷冻精液的过程中，只有避开－60～0 ℃的有害温区，才有利于精子长期保存。

玻璃化的冰冻状态是水在超低温下，水分子仍然保持原来自然的无次序的排列状态，形成玻璃样的坚硬而均匀的冰结。在此状态下，精子不会发生细胞脱水，结构维持正常，解冻后可以复苏。冻精解冻是冷冻的逆过程，在解冻时也需要快速升温，才能保证防止冰晶化。

2. 剂型

目前，广泛应用的剂型为细管型，在冷冻精液早期也曾使用过颗粒型和安瓿型。

(1)细管型　用长125～133 mm、容量为0.25或0.5 mL的各种颜色的聚氯乙烯复合塑料细管，通过吸引装置将平衡后的精液进行分装、封口，置液氮蒸气上冷却，再浸入液氮中保存。

细管型精液具有许多优点，适于快速冷冻，精液细管内径小，每次冻制细管多，精液受温均匀，冷冻效果好，精液不必暴露就可直接输入母畜子宫内因而不受污染，剂量标准化，标记明显，精液不易混淆，容积小，便于大量保存，精液消耗少，输精母畜受胎率高，适用于机械化生产。

(2)颗粒型　将0.1 mL精液滴冻在经液氮冷却的聚乙烯氟板或金属板上，制成颗粒。其优点是方法简便、易于制作，成本低，体积小，便于大量储存。但缺点也较多，如剂量不标准，精液暴露在外容易受到污染，不易标记，易混淆，大多需解冻液解冻等，故许多国家已不用这种方法。

(3)安瓿型　采用硅酸盐硬质玻璃制成的安瓿，盛装精液剂量多为0.5～1 mL。优点是剂量标准，不受污染，标记明显。缺点是生产工艺复杂，成本比较高；易破碎，体积和占用的空间比较大；解冻后需要转移到输精器内方可使用。

3. 精液冷冻保存的稀释液

根据配制要求和稀释的需要，可将冷冻保存稀释液分别制成3种溶液。

(1)基础液　将糖类、盐类批量制成溶液，并密封保存。奶类经热处理。

(2)Ⅰ液　根据每次采精所需的冷冻稀释液的量，在基础液中加入一定量的卵黄和抗生素等配制而成，用作精液的第一次稀释，即基础液＋卵黄＋抗生素。

(3)Ⅱ液　取需要量的Ⅰ液，按照比例加入经灭菌的甘油，配制成含有甘油的Ⅱ液，用作精液的第二次稀释，即Ⅰ液＋甘油。

牛精液冷冻保存稀释液主要有卵黄—柠檬酸钠—甘油液、卵黄—糖类—甘油液、奶类—甘油液3种稀释液。例如，牛细管用冷冻稀释液的组成，基础液：2.9%的柠檬酸钠液；Ⅰ液：基础液80 mL＋卵黄20 mL＋青霉素10万U；Ⅱ液：含7%甘油的Ⅰ液。

4. 精液冷冻前的稀释倍数

国家标准规定，牛冷冻精液细管型容量为0.25 mL，含直线前进运动的精子不低于1 000万个；颗粒型精液容量为0.1 mL，含直线前进运动精子数不低于1 200万个。解冻后精子活力不低于0.3。

0.25 mL细管型冷冻精液稀释倍数应该为：

$$X=\text{直线前进运动精子数/mL}\times\text{预测精子活力}(\geqslant 0.3)\times 0.25\ \text{mL}/1\,000\ \text{万个}$$

5. 冻精制作方法

(1)采精及精液品质检查　用假阴道采取公牛的精液，并检查精子的活力和密度。精子活力达到0.7，密度不少于8亿/mL，即为合格的精液。

(2)稀释精液

①一次稀释法。将配置好的含有甘油、卵黄等的稀释液按一定比例加入精液中，适合于低倍稀释。常用于颗粒精液。

②两次稀释法。为避免甘油与精子长时间接触而对精子造成危害，采用两次稀释法。首先用不含甘油的稀释液对精液进行最后稀释倍数的半倍稀释；然后把第一次稀释的精液连同第二液一起降温至0～5 ℃(全程1～2 h)，并在此温下作第二次稀释。常用于细管精液的冷冻，也适用于安瓿冷冻。

(3)降温平衡　在精液冷冻的过程中，把稀释后的精液置于0～5 ℃的环境中停留2～4 h，使甘油充分渗入精子内部，起到膜内保护剂的作用，这个处理过程称为降温平衡。

(4)分装　利用细管冻精分装机对精液进行机械化分装。每支细管冻精剂量为0.25 mL。

(5)冷冻

①浸泡法。将分装好精液的细管平铺于特制的细管架上，放入盛装液氮的液氮柜中浸泡，

盖好，5 min 后取出即可；或者准备一大的液氮筒或液氮柜，每 50 支一组，排成等边三角形，装入纱布袋，沉入液氮底部。也可以利用冷冻仪制作细管冻精。

②熏蒸浸泡法。在液氮上方 2～3 cm 处放置预冷的专用细管卡托架，然后将分装好的细管排放在托架上，熏蒸 2～3 min 后，将托架沉入液氮中，盖上液氮容器的盖子，浸泡 5～8 min 取出即可。

(6)解冻及镜检　将冻好的细管冻精，随机取出 2～3 支，用 38～40 ℃的温水解冻，然后观察精子活力，如果解冻后的精子活力不低于 0.3，该细管冻精制作成功。然后将其他的细管冻精装在带有标记的纱布袋或塑料试管中，保存于液氮中即可。

6. 精液冷冻保存的注意事项

①冷冻精液的包装上须明确标明公畜品种、编号、生产日期、精子活率及数量，将冷冻精液分类装入液氮罐提筒内，浸入液氮储存。

②冷冻精液的保存原则是精液细管不能脱离液氮，因而必须定期向液氮灌内添加液氮，当液氮消耗掉 1/2 时应补充。冬季 1 次/月，夏季 2～3 次/月。

③取细管精液时，动作要快，不可将精液提筒超出液氮罐颈部下沿，精液脱离液氮的时间不得超过 10 s。

④保存中不同品种和不同个体的精液不能混杂。

⑤液氮灌要轻拿轻放，安放牢固，避免强烈震动。

七、输精

输精是人工授精的最后一个技术环节。适时而准确地把一定量的优质精液输到发情母畜生殖道内的适当部位是保证得到较高受胎率的关键。

1. 输精前的准备

①母畜要适当保定，以利于安全操作。

②输精人员的手掌和手臂、输精用的器械和用具、母畜的外阴部及其周围都必须洗涤和消毒，以防母畜生殖道感染。

③低温和冷冻保存的精液要进行升温或解冻，精液要经活力检查，符合输精要求者才能使用(液态保存精液不低于 0.6，冷冻保存精液不低于 0.3)，并装入输精器中。常温和低温保存的精液要求缓慢升温至 35 ℃左右。

2. 输精时间、输精量及输精部位

输精时间、输精量及输精部位的确定见表 4-16。

表 4-16　家畜输精时间、输精量及输精部位

品种	排卵时间	理论输精时间	实际输精时间	输精量	输精部位
牛	发情结束后 10 h 左右	排卵前 7～8 h	早上发情，下午输精，并进行二次输精(第二天早上)	1～1.5 mL，有效精子数不少于 1 000 万个	子宫颈深部
猪	发情开始后 24～36 h	排卵前 6 h	压背站立不动时，第二天再补输一次	30～40 mL，冻精 10 mL，精子数 20 亿～30 亿个	子宫内

续表 4-16

品种	排卵时间	理论输精时间	实际输精时间	输精量	输精部位
羊	绵羊：开始后20～30 h；山羊：开始后30～40 h	就在此时发情结束时	发情时输一次，隔一天再输一次。根据试情程度决定	0.05～0.2 mL，有效数目5 000万个	子宫颈内浅部
马、驴	发情停止前1～2 h	发情开始后第4 d	卵泡成熟末期，排卵后再补输一次	马15～30 mL，驴10～20 mL，有效数>2.5亿个	子宫内

3. 输精方法

(1)牛的输精方法　普遍采用直肠把握法。一只手伸入直肠握着子宫颈外口，另一手持输精管插入阴道，先斜向上再向前行，当输精管行至宫颈外口时，两只手协同操作，将输精管通过子宫颈，最后把精液注入子宫颈内口处或子宫体中。此法用具简单，操作安全，受胎率高，是目前广泛应用的一种方法。

(2)猪的输精方法　母猪的阴道与子宫颈接合处无明显界线，因此，一般都采用输精管插入法。猪的输精器种类很多，一般包括一个输精管(橡皮胶管或塑料管)和一个注入器(注射器或塑料瓶)。输精时让母猪自由站立栏圈内，将精液吸入注射器内，在输精管外部涂抹少量的灭菌润滑剂。左手拿注射器，右手持输精管先沿阴道上壁插入，避开尿道口后即以水平方向，边左右旋转边向前推进，经抽送2～3次后，直至不能继续再前进为止，此时即已插入子宫，然后向外拉出一点，接上注射器，缓缓注入精液。注完后按压母猪背腰部，以免拱背精液倒流。

(3)羊的输精方法　一般采用开膣器输精法，发情母羊多时，可利用凹坑装置，此法需要三人操作，其中一人将母羊抓到输精架内，一人用开膣器打开阴道，用输精器伸入子宫颈外口1～2 cm作输精操作，另一人处理精液及释放母羊等，每小时可输精100只以上。

(4)兔的输精方法　母兔输精时需仰卧保定，将输精管沿背线慢慢插入阴道内7～10 cm，即可达子宫颈口位置，轻缓注入精液，输精后将母兔后躯抬高片刻，以防精液倒流。

(5)犬的输精方法　将母犬放在适当高度的台上站立保定，输精管插入阴门，以水平方向前行至子宫颈口附近，经产母犬可继续伸至子宫体内，即可缓缓注入精液。输精后抬高母犬后躯，以免精液倒流。

(6)禽类的输精方法

①鸡的输精：辅助人员一只手抓着鸡的双腿，使鸡身附着笼底并抬高尾部，另一只手压迫泄殖腔，使阴道外口突翻出来；输精人员将输精管插入阴道口并轻轻伸入底部，注入精液。

②鹅、鸭的输精：一人抓住鹅(鸭)置于适当高度的台上，徒手握着两翅和两腿，或抱在怀里尾部朝向输精人员。输精人员手持输精管插入泄殖腔外口内，轻轻向左下方深插至阴道部，即可输精。输精后如看到输精管壁上沾有粪便残渣，说明插入部位不当，应重新输精。

4. 填写输精记录表

包括地址、填表日期、畜主姓名、品种、动物编号或毛色、年龄、上次分娩日期、胎次、产后输精次数、母畜发情征状、性欲等。

技能训练一　母牛输精技术

【训练目的】通过技能训练，使学生掌握母牛输精的方法。

【使用材料】发情母牛、试情公牛、牛用输精枪、细管冻精、显微镜、长臂手套、开膣器等。

【操作方法】

一、确定输精时间

从行为上看，一般认为，母牛发情开始后12～18 h输精受胎率最高；从黏液上区别，当黏液由稀薄透明转为黏稠微混浊状，且用手指蘸取黏液，当拇指和食指间的黏液可牵拉6～8次不断时即可配种；最可靠的还是通过直肠检查卵泡发育情况，当卵泡直径在1.5 cm以上，波动明显，泡壁薄，有一触即破时，为配种适期。

生产实践通常依据"早—晚"原则法(8～12 h)。即母牛早上接受爬跨，下午输精，若次日早晨仍接受爬跨应再输精1次；下午或傍晚接受爬跨，可推迟到次日早晨输精。但应注意个体差异。

二、输精前的准备

输精是人工授精的最后一个技术环节，适时而准确地把一定量的优质精液输送到发情母牛子宫体，是保证取得较高受胎率的关键。

(一)母牛的准备

母牛一般可站在颈架牛床上进行输精，对一些敏感性较强、好动的母牛也可牵入保定架内，经保定后进行。将待配母牛的尾巴拉向一侧，先用1%新洁尔灭或0.1%高锰酸钾溶液洗净外阴部，再用消毒毛巾(或纱布)每头每次一块由里向外擦干。

(二)输精器械的准备

输精所用器械，必须严格消毒。输精器若为球式或注射式，先冲洗干净，然后用纱布包好，放入消毒盒内，蒸煮半小时，再放入干燥箱进行烘干消毒，一支输精器一次只能为一头奶牛输精。细管冻精所用的凯式输精枪，通常在输精时套上塑料外套，再用酒精棉擦拭外壁消毒。

(三)输精人员的准备

输精人员的指甲需剪短磨光，洗手并消毒，用消毒毛巾擦干，然后用75%酒精消毒药棉擦手，待酒精挥发后即可进行操作。操作时应戴好长臂乳胶手套，在手套内预先放入少量滑石粉，使手能较为方便地伸入手套。同时，输精人员应穿戴好工作衣帽，穿上长筒胶鞋。

(四)精液解冻

冷冻精液解冻的温度以及操作是否得当直接影响精子的活力。最初世界各国对解冻温度的要求不同，大体可分为高温(40 ℃)、室温(15～20 ℃)和低温(10 ℃)3种。目前认为40 ℃左右解冻效果最好，随着解冻温度的降低，精子的活力有逐渐下降的趋势。

1. 颗粒精液的解冻

先配制好稀释液。常用的稀释液为2.9%的柠檬酸钠溶液，方法是先在100 mL蒸馏水中加入2.9 g柠檬酸钠，使其充分溶化，再过滤，过滤后隔水蒸煮，冷却后备用。也可用维生素B_{12}(0.5 mg/mL)作解冻稀释液。

解冻时将1～2 mL的稀释液倒入指形管内，水浴加温至(40±2)℃时投入颗粒冷冻精液，轻摇使其迅速融化。

2. 细管精液的解冻

可将细管直接投入(40±2)℃的温水中，待管内精液融化 1/2 时，立即取出备用。人工授精员也可将细管冷冻精液装入贴身的衣袋内，通过体温使其解冻。

解冻后的精液应在 15 min 内输精，以防精子的第二次冷应激。如果要到较远的输精点去输精，保存时需注意：首先，精液解冻时的温度不宜高于 10 ℃；其次，在保存过程中，需保持恒温，切忌温度升高；最后，解冻保存液中要添加卵黄，也可用低温保存稀释液作解冻稀释液。

(五)精液品质检查

每次购回的冻精均应抽样检查其活力、密度、顶体完整率、畸形率及微生物指标是否符合国家标准 GB 4143—84。国标要求解冻后的精液：精子活力≥35%(0.35)，每一剂量呈直线前进运动的精子数$\geq 10\times 10^7$，顶体完整率≥40%，精子畸形率≤20%，非病原细菌数<1 000 个/mL。

三、输精操作

牛的输精有 2 种方法，即直肠把握子宫颈输精法和阴道开膣器输精法，现分述如下。

(一)直肠把握子宫颈输精法

与直肠检查相似，先轻轻揉动肛门，使肛门括约肌松弛，然后一只手戴乳胶或塑料薄膜长臂手套，伸进直肠内把粪掏出(若直肠出现努责应保持原位不动，以免戳伤直肠壁，并避免空气进入而引进直肠膨胀)，用手指插入子宫颈的侧面，伸入子宫颈的下部，然后用食指、中指及拇指握住子宫颈的外口端，使子宫颈外口与小拇指形成的环口持平。另一只手用干净的毛巾擦净阴户上的牛粪，持输精枪自阴门以 35°～45°向上插入 5～10 cm，避开尿道口后，再改为平插或略向前下方进入阴道，当输精枪接近子宫颈外口时，握子宫颈外口处的手将子宫颈拉向阴道方向，使之接近输精枪前端，并与持输精枪的手协同配合，将输精枪缓缓穿过子宫颈内侧的螺旋皱褶(在操作过程可采用改变输精枪前进方向、回抽、摆动等技巧)，插入子宫颈深部 2/3～3/4 处，当确定注入部位无误后将精液注入(图 4-28)。

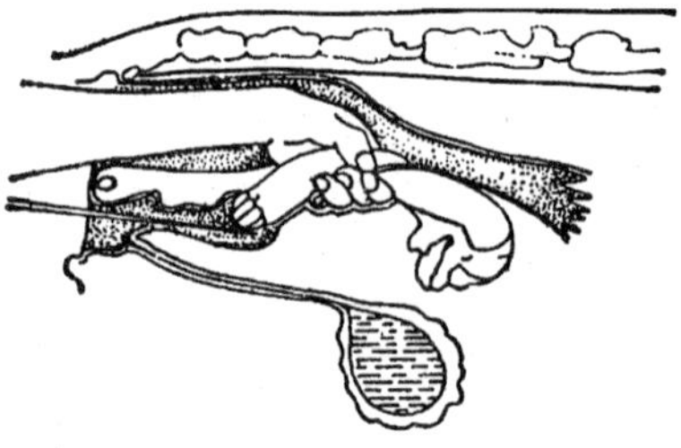

左

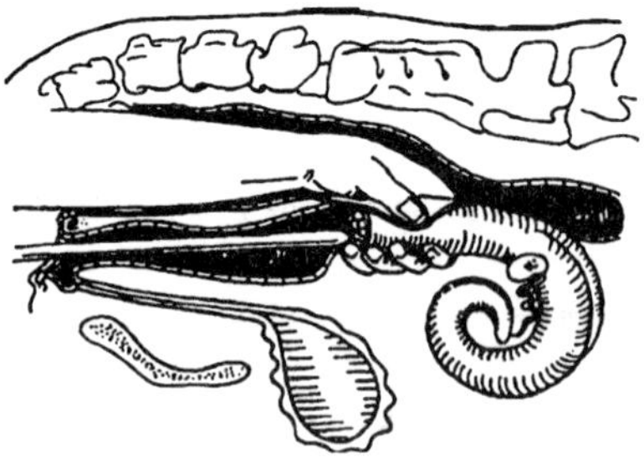

右

左：操作不正确　右：操作正确

图 4-28　牛的直肠把握输精

(左图引自陈幼春，吴克谦．实用养牛大全．2007；

右图引自 Peter Penner. 牛人工授精手册)

(二)阴道开膣器输精法

将母牛固定在配种架上，把阴门洗净擦干，用消毒好的金属或玻璃等开膣器，涂上润滑剂，插入母牛阴道，借助一定光源(手电筒、额镜、额灯等)，最好光源为开膣器照明灯，灯头可卡在开膣器后上缘内壁上，随开膣器移动，光线可直射到子宫颈口，方便实用。寻找到子宫颈口，然后用另一只手将吸有精液的输精器插入子宫颈口内 1～2 cm，将开膣器稍向后撤，即可徐徐输入精液，随后取出输精器和开膣器。将牛牵出配种架，输精完毕。这种输精方法比较直观，能看到输精器插入子宫颈口的情况，操作比较简单，容易掌握。缺点有 2 点：一是开膣器对母牛阴道刺激较大，会使母牛不适而拱背，影响输精，阴道狭窄的处女母牛易使阴道黏膜受伤；二是输精部位浅，精液常会流出，受胎率较低。因此目前全国各地已很少使用。

【技能考核标准】母牛直肠把握子宫颈输精法的技能标准。

考核内容及分数分配	操作环节与要求	评分标准		考核方法	熟练程度	时限
		分值	扣分依据			
1. 输精时间 2. 输精前的准备 3. 输精操作 (100 分)	①母牛发情检查	10	每说错一项特点扣 2 分	口试，单人操作考核	熟练掌握	10 min
	②母牛的准备	5	每少说或说错一个项扣 1 分			
	③输精器械的准备	5	每说错一项扣 2 分			
	④输精人员的准备	5	每说错一项扣 2 分			
	⑤精液解冻	20	每说错一项扣 2 分			
	⑥精液品质检查	10	每说错一项扣 2 分			
	⑦直肠把握子宫颈输精	30	每说错或少说 1 个步骤扣 3 分			
	⑧熟练程度	10	在教师指导下完成扣 5 分			
	⑨完成时间	5	每超时 1 min 扣 1 分，直至 5 分			

【思考题】结合现场对发情母牛进行适时输精。

技能训练二　母猪输精技术

【训练目的】通过技能训练，使学生掌握母猪输精的方法。

【使用材料】发情母猪、猪用输精枪、公猪精液、一次性手套、纸巾、消毒液、输精记录本等。

【操作方法】

输精是人工授精技术的最后一关，输精效果的好坏，关系到母猪情期受胎率和产仔数的高低，而输精管插入母猪生殖道部位的正确与否，则是输精的关键。

1. 发情母猪的鉴定

母猪的发情

后备母猪的发情比经产母猪难以鉴定，长白母猪的发情比大约克、杜洛克母猪难以鉴定，母猪的发情一般可通过下面的方法进行鉴定。

①发情的母猪，其外阴开始轻度充血红肿，后较为明显，若用手打开阴户，则发现阴户内表颜色由红到红紫的变化，部分母猪爬跨其他母猪，也任其他母猪爬跨，接受其他猪只的调情，当饲养员用手压猪背时，母猪会由不稳定到稳定，当赶一头公猪至母猪栏附近时，母猪会表现出强烈的交配欲。当母猪阴户呈紫红色，压背稳定时，则说明母猪已进入发情旺期。

②对于集约化养猪场来说，可采用在母猪栏两边设置挡板，让试情公猪在两挡板之间运

动，与受检母猪沟通，检查人员进入母猪栏内，逐头进行压背试验，以检查发情程度，这种方法在美国常被采用。

2. 适时输精

一般在母猪出现静立反射后12～18 h进行第1次输精配种；12 h后第二次输精。进行母猪授精时，新鲜精液和保存精液有一个时间的差别。新鲜精液因精子活力强，死精率低，故配种时母猪受胎率高；保存精液随着保存时间的延长，精子活力逐渐变弱，死精子数增多，母猪受胎率偏低。在美国，一般会因精液的性质不同而改变适时输精时间。

3. 输精的准备

(1)输精前的准备　输精前，精液要进行镜检，检查精子活力，死精率等。对于死精率超过20%的精液不能使用。

(2)输精管的选择　输精管有一次性和多次性的2种。一次性的输精管，有螺旋头型和海绵头型，长度为50～51 cm。螺旋头一般用无副作用的橡胶制成，适合于后备母猪的输精；海绵头一般用质地柔软的海绵制成，通过特制胶与输精管粘在一起，适合于经产母猪的输精。对于多次重复使用的输精管，要严格消毒、清洗，使用前最好用精液洗一次。选择海绵头输精管时，应注意海绵头粘得牢不牢，不牢固的则容易脱落到母猪子宫内，还应注意海绵头内输精管的深度，一般以0.5 cm为好，如输精管在海绵头内包含太多，则输精时会因海绵体太硬而损伤母猪阴道和子宫壁，包含太少则因海绵头太软而不易插入或难以输精。一次性的输精管使用方便，不用清洗，但成本较高，大型集约化养猪场一般采用此种方法。多次性输精管，一般为一种特制的胶管，因其成本较低、可重复使用而较受欢迎，但因头部无膨大部分或螺旋部分，输精时易倒流，现在虽已有进口的带螺旋头的多次输精管在中国市场出售，但价格较贵，并且每次使用均需清洗、消毒，若保管不好还会变形。

(3)猪体清洁　母猪阴道冲洗干净，并用毛巾擦干，预防将细菌带入阴道。

4. 输精方法

(1)外阴部消毒　用消毒纸巾将母猪的外阴部擦干净，应特别注意阴门裂内的清洁。

(2)在输精管前端涂上润滑剂　从密封袋中取出一次性输精导管，注意手不应接触输精管的前2/3部分，在其前端涂上润滑剂，注意不要将输精器前端的小孔堵塞。

(3)插入输精导管　将输精导管插入母猪的生殖道内从精液储存箱中取出品质合格的精液，确认公猪品种、耳号；缓慢颠倒摇匀精液，撕开精液袋封口将塑料管暴露出来，瓶装精液应移去封盖，与输精导管连接。双手分开母猪外阴部，使阴门保持张开状态，将输精导管呈向上45°角插入母猪生殖道内，当感到有阻力时，继续缓慢向左旋转并用力将输精导管向前送入，直到感觉输精导管前端被锁定(轻轻回拉拉不动)。

(4)输精　将精液袋后端提起，开始进行输精；在输精过程中，应不断抚摸母猪的乳房或外阴，压背、抚摸母猪的腹侧以刺激母猪，使其子宫收缩产生负压，将精液吸纳。输精时除非输精开始时精液不下，勿将精液挤入母猪的生殖道内，以防精液倒流。

(5)防止精液倒流　用控制精液袋高低的方法来调节精液流出的速度，输精持续时间一般在5～10 min。输完后，把输精导管后端一小段折起，用精液袋上的圆孔或瓶口固定，使输精导管的泡沫头滞留在生殖道内5～7 min，让输精导管慢慢滑落，输精导管取出时应较快地将输精导管向斜下方抽出，以促进子宫颈口收缩，防止精液倒流。输精结束后10 min内应防止母猪卧下，以免腹压增大和子宫位置上移后，导致精液倒流。

【技能考核标准】母猪输精技能标准。

考核内容及分数分配	操作环节与要求	评分标准		考核方法	熟练程度	时限
		分值	扣分依据			
1. 输精时间确定 2. 输精前的准备 3. 输精操作 (100 分)	①发情鉴定	10	每说错一项特点扣 2 分	口试，单人操作考核	熟练掌握	10 min
	②精液品质检查	5	每少说或说错一个项扣 1 分			
	③输精器械的准备	5	每说错一项扣 2 分			
	④输精人员的准备	5	每说错一项扣 2 分			
	⑤输精操作	20	每说错一项扣 2 分			
	⑥熟练程度	10	在教师指导下完成扣 5 分			
	⑦完成时间	30	每超时 1 min 扣 1 分，直至 5 分			

【思考题】确定母猪输精时间并完成母猪输精工作。

技能训练三　母羊输精技术

【训练目的】通过技能训练，使学生掌握母羊输精的方法。

【使用材料】发情母羊、75%的酒精、高压灭菌器、生理盐水、冷冻精液、新鲜精液、开膣器、羊用输精枪、一次性手套等。

【操作方法】

一、输精前的准备

1. 母羊准备

经过发情鉴定确定已到输精时间的母羊，由助手用两腿夹住母羊的头部，两手提起母羊后肢，即倒提羊。或者使用专用的输精架将母羊固定，将外阴清洗消毒，并擦干外阴。

2. 器械准备

首先将输精器械进行清洗消毒。金属材质的用火焰消毒后再用 75%的酒精棉球擦拭消毒；玻璃输精器用高压灭菌器煮沸或蒸汽消毒。使用前用生理盐水冲洗 2～3 次即可。

3. 精液准备

如果使用冷冻精液，应先解冻，活力在 0.3 以上方可使用。新鲜精液经检查。活力要求在 0.6 及以上，然后将精液吸入输精管中备用。

4. 人员的准备

输精人员要身着工作服，指甲剪短磨光，手清洗消毒。

二、输精操作

(一)开膣器输精法

将发情母羊固定在输精架内或由助手用两腿夹住母羊头部，两手提起母羊后肢将羊保定好。洗净并擦干其外阴部，将已消毒过的开膣器顺阴门裂方向合并插入阴道，旋转 45°角后打开开膣器，并借助一定的光源(手电筒或电灯等)找到子宫颈外口，把输精器插入子宫颈内 0.5～

1 cm，将精液缓慢注入，随后撤出输精器并取出阴道开膣器。然后输精员用手轻拍母羊的腰背部，防止精液发生倒流。最后将母羊放下，输精结束。

(二)输精器阴道插入法

对于初配阴道比较狭小的母羊及使用阴道开膣器插入阴道困难的母羊，可模拟自然交配的方法，将精液用输精管输入阴道的底部。具体操作方法是把母羊两后腿提起倒立进行保定。操作人员用手拨开母羊阴户，将输精管插入阴道底部输精。如果出现精液流入较缓慢，可轻轻转动输精器，略微改变其角度或来回拉动几下，以便让精液流入。输精完毕后，输精员用手轻拍母羊的腰背部，防止精液倒流。

【技能考核标准】母羊输精技能标准。

<table>
<tr><th rowspan="2">考核内容及分数分配</th><th rowspan="2">操作环节与要求</th><th colspan="2">评分标准</th><th rowspan="2">考核方法</th><th rowspan="2">熟练程度</th><th rowspan="2">时限</th></tr>
<tr><th>分值</th><th>扣分依据</th></tr>
<tr><td rowspan="7">1. 输精时间确定
2. 输精前的准备
3. 输精操作
(100 分)</td><td>①发情鉴定</td><td>10</td><td>每说错一项特点扣 2 分</td><td rowspan="7">口试，单人操作考核</td><td rowspan="7">熟练掌握</td><td rowspan="7">10 min</td></tr>
<tr><td>②精液品质检查</td><td>5</td><td>每少说或说错一个项扣 1 分</td></tr>
<tr><td>③输精器械的准备</td><td>5</td><td>每说错一项扣 2 分</td></tr>
<tr><td>④输精人员的准备</td><td>5</td><td>每说错一项扣 2 分</td></tr>
<tr><td>⑤输精操作</td><td>20</td><td>每说错一项扣 2 分</td></tr>
<tr><td>⑥熟练程度</td><td>10</td><td>在教师指导下完成扣 5 分</td></tr>
<tr><td>⑦完成时间</td><td>30</td><td>每超时 1 min 扣 1 分，直至 5 分</td></tr>
</table>

【思考题】利用开膣器法为母羊适时输精。

技能训练四　母犬输精技术

【训练目的】通过技能训练，使学生掌握母犬发情鉴定的方法。

【使用材料】输精器、脸盆、毛巾、肥皂、消毒棉签、载玻片、盖玻片、75%酒精、温水、口笼、牵引绳、一次性塑料手套、发情记录本等。

【操作方法】

一、输精前的准备

1. 输精场地的准备

包括精液处理室和输精室，要求屋顶、墙壁清洁，地面平整，光线充足，方便操作。

2. 输精器的消毒

输精所用的器械在使用前必须彻底消毒，临用前用灭菌稀释液冲洗；输精器以每只雌犬一支为宜；如需重复使用时，必须先用湿棉球由输精器尖端向后擦拭外壁使其干净，再用酒精棉球涂擦消毒其管腔内壁，再用灭菌生理盐水冲洗净，然后用灭菌稀释液冲洗两次后方可使用，切忌用酒精棉球涂擦后立即使用。在输精过程中只有严格遵守消毒卫生规则，才能避免雌犬生殖道感染而引起的繁殖力下降。

3. 精液的准备

用于输精的精液必须经检查合格的才能使用。

4. 雌犬的准备

经发情鉴定确定可以输精的雌犬，在输精前将阴门洗净擦干，但不可用消毒剂，以免伤害精子，应尽量实行站立保定，尾巴拉向一侧，后腿抬高 60 ℃。

5. 输精人员的准备

输精人员身着工作服，双手清洗消毒后，可戴上输精专用手套进行操作。

二、输精操作(图 4-29)

将雌犬放在适当高度的台上。站立保定或做后肢举起保定，输精人员将输精器与雌犬背腰水平线大约呈 45°角向上。插入 5 cm 左右，随后以水平方向向前插入。当输精器到达子宫颈口时，输精人员会感到明显的阻力，此时，可将输精器适当退后再行插入，输精器通过子宫颈口后，输精人员会有明显的感觉。这时，可将输精器尽量向子宫内缓慢推送，凭手感确认输精器已被送到子宫内后，即可将装有精液的注射器连接到输精器上(事先可先向注射器内吸入 1 mL 空气，然后再吸入精液，这样可保证把吸入的精液全部排出输精管)，然后稍加压力缓慢注入精液。输精完毕后，雌犬的后腿仍应抬高 3～6 min，以防精液倒流；然后，应令雌犬放散或牵引散步 15～20 min，防止其趴卧或坐地而导致精液外流。

图 4-29　母犬的输精

(杨万郊．宠物繁殖与育种．2010)

三、输精标准

每次输入精液的标准一般为：精子活力不低于 0.35，每次输精量为 1.5～10 mL。因雌犬个体大小不同而异；有效精子数不低于 2 000 万个。对于冷冻精液，解冻后应立即输精；有效精子数应不低于 1 500 万个。由于犬的冷冻精液目前仍在试验阶段，因此建议每天输精 1 次，连续输精 3 d。

【技能考核标准】母犬输精技能标准。

考核内容及分数分配	操作环节与要求	评分标准		考核方法	熟练程度	时限
		分值	扣分依据			
1. 输精时间确定 2. 输精前的准备 3. 输精操作 (100 分)	①发情鉴定	10	每说错一项特点扣 2 分	口试，单人操作考核	熟练掌握	10 min
	②精液品质检查	10	每少说或说错一个项扣 1 分			
	③输精器械的准备	10	每说错一项扣 2 分			
	④输精人员的准备	10	每说错一项扣 2 分			
	⑤输精操作	20	每说错一项扣 2 分			
	⑥熟练程度	10	在教师指导下完成扣 5 分			
	⑦完成时间	30	每超时 1 min 扣 1 分，直至 5 分			

【思考题】采用人工授精为母犬输精。

项目五

动物妊娠诊断技术

任务一　妊娠母体的变化

【能力标准】

1. 掌握妊娠母畜生殖器官的变化。
2. 掌握妊娠母畜全身的变化。
3. 掌握妊娠母畜内分泌的变化。

【相关知识链接】

母畜在妊娠期间，由于胎儿和胎盘的存在，内分泌系统出现明显的变化，生殖器官和整个机体都出现特殊的变化。胎儿在子宫内的进一步发育，是靠母子之间建立的联系——胎盘进行营养物质和代谢产物的交换。

一、生殖器官的变化

1. 卵巢

受精后的妊娠黄体持续存在，其体积与周期黄体相比，略有增大，并产生较多孕酮，以维持妊娠。除马属动物外，妊娠黄体持续存在于整个妊娠期，到妊娠临结束时才退化。马的妊娠黄体一般在妊娠 160 d 左右开始退化，7 个月后仅剩遗迹，此时靠胎盘产生的孕酮维持妊娠。妊娠期间，有时有卵泡发育，但一般不能成熟排卵。卵巢位置随着胎儿增大往腹腔下沉，并且两侧卵巢距离靠近。

2. 子宫

受胎后的子宫发生显著的变化，主要表现在子宫的体积、子宫颈和血管上。除了分娩期以外，子宫的收缩能力降低。

随着妊娠的发展，子宫逐渐伸展扩大。子宫的扩大是从孕角和子宫体开始的。在整个妊娠期，孕角的增长扩大比空角大得多，因此，怀单胎时孕角和空角始终不对称。在妊娠的前半期，子宫体积的增长主要是因为子宫肌纤维增长，至妊娠后半期，则是由于胎儿使子宫壁扩张，导致子宫壁变薄。妊娠末期，牛、羊扩大的子宫占据腹腔的右半部，并超过中线达到左侧，瘤胃被挤向前。马扩大的子宫位于腹腔中部，多偏于左侧。猪扩大的子宫角最长可达 1.5～3 m，曲折的位于腹底，并向前抵达横膈膜。

妊娠时，子宫颈收缩很紧，质地较硬，牛的子宫颈往往变扁，马的细圆；子宫黏膜增厚，同时分泌浓稠的黏液，填充于子宫颈管内，称为子宫颈塞。因此，子宫颈管就被完全封闭起来，以防外物进入，保护胎儿安全生长发育。随着黏液量的增多，黏液流入阴道内，使阴道黏膜变得涩黏。如果子宫颈塞受到破坏，动物可能发生流产。随着子宫往腹腔下沉，子宫颈前移，妊娠后期由于子宫扩张很大，子宫颈又回到骨盆腔。

3. 子宫动脉

当胎儿发育所需营养增多时，血液的供给增加，血管分支增多，而且变粗。在妊娠末期，牛、马的子宫动脉粗如食指或拇指。子宫动脉在加粗的同时，动脉内膜的皱襞变高，而且因为和肌肉层的联系疏松，所以血液流过子宫动脉所造成的脉搏从原来清楚的搏动，变为间隔不明显的流水样颤动，称为怀孕脉搏。此脉搏在妊娠后一定时期(3 个月后)出现。孕角子宫中动脉的变化比空角子宫中动脉的变化显著得多。

4. 阴门及阴道

怀孕初期，阴唇收缩，阴门裂紧闭，随着妊娠期的推进，阴唇的水肿程度增加，牛的这种变化比马的明显，处女牛在妊娠 5 个月时，成年母牛在妊娠 7 个月时出现。怀孕后阴道黏膜的颜色变为苍白色，黏膜上覆盖有从子宫颈分泌出来的浓稠黏液。因此，阴道黏膜并不滑润而比较涩滞，插入开膣器时较为困难。在怀孕末期，阴唇、阴道变得水肿而柔软。

二、全身的变化

母畜妊娠后，身体的新陈代谢旺盛，食欲增进，消化能力提高。因此，孕畜营养状况改善，表现为体重增加，毛色光润。青年母畜本身在妊娠期仍能进行正常的生长，除因交配过早及饲养水平很低外，妊娠并不影响其继续生长，在适当营养条件下尚能促进生长，若以同龄及同样发育的母畜试验，日粮营养丰富，母畜体重必显著增加。营养不足，则体重减轻，甚至于流产，特别是妊娠后 1/3 期的饲养水平更能影响胎儿的发育。因为胎儿出生重量的一大半是在后期增长的，母畜尽管食欲增加也不能消化足够的营养物质以供给迅速发育的胎儿的需要，所以，母畜在分娩前常常消瘦。母体积蓄的营养也要受到消耗。如果矿物质(尤其钙、磷)补充不足，后肢易发生跛行，牙齿也易受到缺钙的影响而磨损较快。要使孕畜本身正常生长，而且又要保证胎儿的发育良好，妊娠期的营养应是首要的问题。

妊娠母畜的血液容量增加，但是血液的组织形态不变，致使血液的凝固性增加，细胞的沉降速度加快，胆固醇、钾的含量增加，碱度降低。糖消化提高，所以肝内肝糖增加。血液量增加，还加重了心脏的负担，并出现生理性肥大(主要是左心室)。

妊娠母畜出现水分分布的巨大变化，其机制是和扩张了的子宫静脉压的增加有关。在牛、马妊娠的后期，常可以发现由乳房到脐部的水肿扩展及后肢发生水肿。

随着胎儿逐渐增大，腹压增高，母体内脏器官容积缩小，这就使排粪、排尿次数增多，而每次的排量减少。由于膈肌受到压迫和胎儿需氧量增加，所以呼吸次数增加，呼吸方式由胸腹式变为胸式。腹部膨大，轮廓发生改变。妊娠后期，孕畜的行动变得比较稳重，谨慎，容易疲劳和出汗。

三、内分泌的变化

母畜在妊娠期间，内分泌系统发生明显的变化，以维持妊娠，为胎儿创造有利于生长、发育的环境。各种激素的协调平衡是维持妊娠的基本条件，如果失去平衡，妊娠就会中止。

1. 促性腺激素

哺乳动物在妊娠期(除猪以外)垂体分泌促性腺激素的机能因孕酮的作用而逐渐降低。孕马的孕角产生 PMSG 的地方是“子宫内膜杯”。PMSG 主要起 FSH 的作用，可作血清学诊断母马妊娠的理论根据。母猪在妊娠期的垂体促性腺激素的活性，比在发情周期内的稍高。

2. 雌激素

尿液中雌激素的含量，不同畜种之间有差别。猪尿液中的总雌激素比率，在妊娠的第 2～5 周上升，第 8～10 周时下降，分娩时又很快上升到高峰。母牛尿液中的 17-β-雌二醇和雌酮含量，在妊娠早期比在性周期中的低。

3. 孕酮

母畜妊娠期间不仅黄体能产生孕酮，肾上腺和胎盘组织也能分泌孕酮和 17-α-羟孕酮，血液中孕酮和 17-α-羟孕酮的含量足以制止妊娠期再发情，并有助于妊娠生殖系统的生理机能，直到分娩前的数天，孕酮才急剧减少或完全消失。

任务二 胚胎的早期发育、附植、胎膜和胎盘

【能力标准】

1. 了解胚胎附植过程。
2. 掌握胚胎早期发育的 3 个时期。
3. 掌握胎膜、胎盘结构特点。

【相关知识链接】

受精卵只进行有丝分裂而不生长的过程称为卵裂。由卵裂形成的单个细胞称为卵裂球。卵裂是在透明带内进行的。哺乳类的受精卵一般是细胞质连同其中分散的卵黄粒一起均等地分裂，最初，分裂所得的卵裂球大小一般相等。每个卵裂球含有和合子相同的细胞核及内容物。理论上卵裂球虽呈加倍数(2—4—8—16)的增多，但分裂过程中往往各有其快慢，并非同时分裂，其中以较大的卵裂球较先继续分裂，因而有在同一时间内形成奇数。卵裂属于有丝分裂，从受精卵至胚胎的每个细胞都含有两倍的染色体。

一、胚胎的早期发育

1. 桑葚期

受精卵细胞不断地分裂，卵裂球逐渐变小，但整个胚胎的大小未变，最后形成 32 个细胞，这些细胞在透明带内形成致密的细胞团，其形状像桑葚，故称桑葚胚。桑葚期主要在输卵管中度过，部分在子宫中度过。据报道，早期胚胎(8 细胞前的胚胎)的卵裂球，每个都具有发育成完整个体的潜力。有实验报道，绵羊和猪 4～6 细胞期的卵裂球被分离后，植入牛的空的卵子透明带内(卵子的细胞质和细胞核已被移去)，能发育成正常胚胎。小鼠和家兔各于 2 细胞期和 8 细胞期分开的卵裂球能发育成成年动物。

2. 囊胚期

囊胚也称为胚泡(图 5-1)。在形成桑葚胚后,透明带破裂而逐渐消失,胚胎在生殖道(子宫)即直接摄取母体分泌的养分,从此,更加速地进行细胞分裂和生长。在细胞团中形成一个充满液体的小腔——即囊胚腔,此时的胚胎称囊胚。囊胚细胞分裂的结果,较小的细胞位于囊胚的周围,以后成为滋养层,滋养层以后发育为胎膜和胎盘。较大的细胞聚集在囊胚腔的一极,称为内细胞团(胚结),是以后发育为胎儿的主要部分。

囊胚形成初期,外面仍有透明带,进入子宫角后,囊胚腔内液体增多,很快增大,并突破透明带。此后,囊胚就变成透明的泡状称为胚泡。

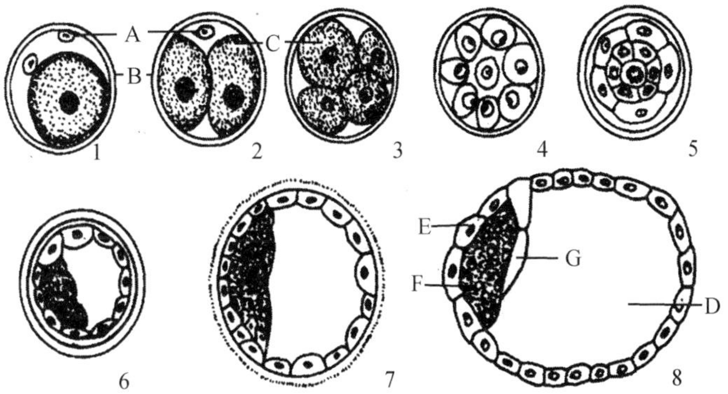

1. 受精卵单细胞期　2. 二细胞期　3. 四细胞期　4. 八细胞期　5. 桑葚胚　6～8. 囊胚期
A. 极体　B. 透明带　C. 卵裂球　D. 囊胚腔　E. 滋养层　F. 内细胞团　G. 内胚层

图 5-1　卵裂及胚泡形成

3. 原肠期

胚泡进一步发育,出现内胚层,此时称为原肠期。随着胚泡的发育,胚结上面的滋养层细胞溶解退化,胚结裸露出来,称为胚盘,随后,胚盘向着囊胚腔的部分以分层的方式逐渐形成一个新的细胞层,向胚泡的内壁扩展,成为完整的一层——内胚层。其外面的细胞层成为外胚层。以后在内胚层和滋养层之间出现中胚层。

卵裂的速度:小动物比大家畜卵裂的速度快。如牛在发情后 46 h,或排卵后 32 h 出现卵裂球(2 细胞期),再经过 10 h 进行第 2 次卵裂,在排卵后 72 h 才有 8 个卵裂球,绵羊的卵裂球最初见于受精后 36 h,8 个卵裂球见于受精后 60 h,16 个卵裂球见于受精后 72 h。

影响卵裂速度的因素有以下方面。

①配种次数多可促进卵裂进行。实验证明,双重交配有利于促进胚胎早期的发育。

②精液保存时间的长短,注入精子数的多少也能影响卵裂的速度。一般来说,保存时间短,精子数多可以促进卵裂。

③孕酮有促进卵裂的作用,雌激素可抑制卵裂。

二、胚胎的附植

1. 附植的概念

胚泡在子宫腔内游离一段时间以后,由于泡腔内液体增多,胚泡变大,在子宫内的活动受到限制,位置逐渐固定下来,开始与子宫建立密切的联系,这一过程称为附植或着床。

2. 附植的时间

牛受精后60 d左右，猪受精后22 d左右，绵羊受精后10～20 d，马受精后3～3.5个月，兔受精后7～7.5 d。

3. 附植部位

胚泡附着之处是子宫中最有利于其发育的地方。牛、羊、猪的胚泡常定位在子宫角的子宫系膜对侧。那里子宫血管稠密，营养供给丰富，而且有2个及以上的胚泡同时附植时，附植部位距离均等，避免拥挤。

牛、羊：当排一个卵受精时，胚泡常在一侧子宫角的下1/3处附植，而当排2个卵都受精时，则平均分布于2个子宫角中。

马：胚泡多附植于子宫角基部。产后第一次发情配种受孕后，胚泡多在上次妊娠时的空角处附植。

猪：两子宫角内有均等的胚胎附植。如果用外科手术将大鼠子宫的子宫系膜侧和对侧倒转，囊胚仍旧附植在无子宫系膜侧。所以附植的位置取决于囊胚和子宫壁的关系，而不受任何外界因素的影响。子宫本身起决定作用，因为如将玻璃珠肌肉块或瘤在适当时候放入子宫，其定位和囊胚一样，位于无子宫系膜的一侧。

三、胎膜和胎盘

1. 胎膜

胎膜是胎儿的附属膜(图5-2)，是卵黄囊、羊膜、尿膜、绒毛膜和脐带的总称。其作用是与子宫黏膜交换气体、养分及代谢产物。其中，卵黄囊在胎儿发育过程中逐渐退化，羊膜是直接包被胎儿的第一层，尿膜是包被胎儿的第二层，绒毛膜则在最外的一层。胎膜在胎儿出生后即被摒弃，所以是一个暂时性器官。它源于3个基础胚层，即外胚层、中胚层和内胚层。通常按其结构部位及功能而分为羊膜、尿膜、绒毛膜和卵黄囊。猪的胎膜如图5-3所示。

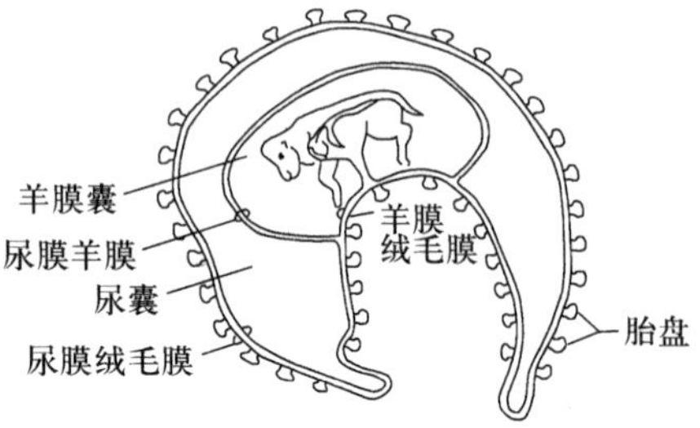

图5-2 牛的胎膜、胎盘示意图

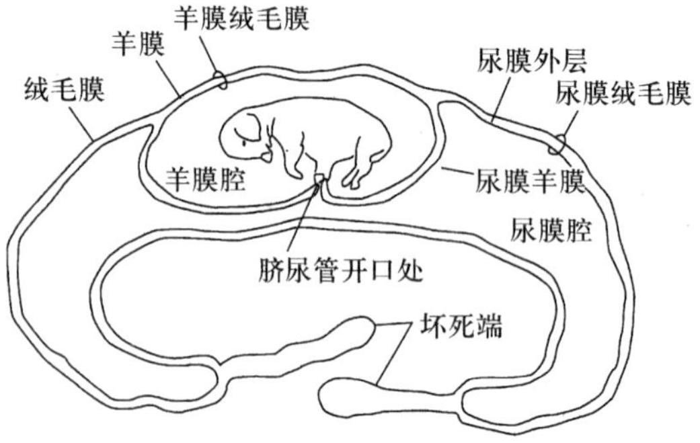

图5-3 猪的胎膜

(1)卵黄囊　在哺乳动物，卵黄囊由胚胎发育早期的囊胚腔形成。是胚胎发育初期从子宫中吸收养分和排出废物的原始胎盘，随着尿膜的发育而逐渐萎缩，最后埋藏在脐带里，成为无机能的残留组织，称为脐囊，这在马较为明显。

(2)羊膜　羊膜是包裹在胎儿外的最内一层膜，由胎儿脐孔处与胎儿皮肤相连。在胚胎和羊膜之间有一充满液体的腔，称为羊膜囊。羊膜囊内充满羊水，能保护胚胎免受震荡和压力的损伤，同时，还为胚胎提供了向各方面自由生长的条件。

(3)尿膜 尿膜是构成尿囊的薄膜。尿囊通过脐带中的脐尿管与胎儿膀胱相连。尿囊中存有尿水，其功能相当于胚体外临时膀胱，并对胎儿的发育起缓冲保护作用。

在奇蹄类，尿膜分为内外两层。内层与羊膜黏合在一起，称为尿膜羊膜；外层与绒毛膜黏合在一起，称为尿膜绒毛膜。牛、羊、猪的尿囊在胎儿的腹侧和两侧包围羊膜囊；马、驴、兔的尿囊则包围整个羊膜囊。

(4)绒毛膜 绒毛膜是胚胎最外层膜，它包围尿囊、羊膜囊和胎儿。绒毛膜表面分布有大量弥散型(马、驴、猪)或子叶型(牛、羊)的绒毛，富含血管网，并与母体子宫内膜相结合，构成胎儿胎盘。

(5)脐带 脐带是胎儿和胎盘联系的纽带，被覆羊膜和尿膜。脐带内有脐尿管、脐动脉、脐静脉、肉冻状组织和卵黄囊遗迹。脐带的长度：猪的为 20～25 cm，牛的为 30～40 cm，羊的为 7～12 cm，马的为 70～100 cm。

2. 胎盘

胎盘通常指由尿膜绒毛膜和子宫黏膜发生联系形成的组织。其中尿膜绒毛膜部分称为胎儿胎盘，而子宫黏膜部分称为母体胎盘(图 5-4)。哺乳动物发育的早期特点是胚胎通过胎盘从母体器官吸取营养。因此，对胎儿来说，胎盘是一个具有很多功能活动并和母体有联系但又相对独立的暂时性器官。

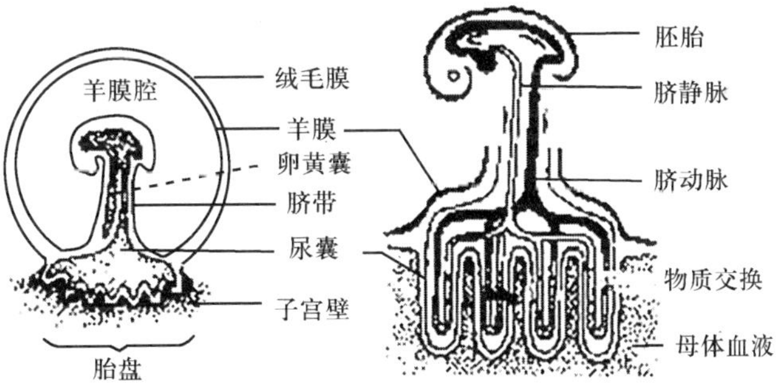

图 5-4 哺乳动物胎盘结构模式图

(1)胎盘的类型 胎盘的类型根据绒毛膜表面绒毛的分布一般分为 4 种类型，即弥散型胎盘、子叶型胎盘、带状胎盘和盘状胎盘(图 5-5)。也有按照母体和胎儿真正接触的细胞层次将胎盘分为上皮绒毛型胎盘、结缔组织型胎盘、内皮绒毛型胎盘和血绒毛型胎盘。

①弥散型胎盘：胎盘绒毛膜上的绒毛分布较分散而均匀，与绒毛相对应的子宫黏膜上形成陷窝，绒毛即插在陷窝中。这种胎盘结构简单，绒毛容易从陷窝中脱出。因此，分娩时胎儿胎盘和母体胎盘分离较快，很少出现胎衣不下。马、驴、猪、骆驼为此类胎盘。

特点：绒毛和腺窝联系虽是紧密的，但不牢固，绒毛在分离时，不牵连子宫黏膜，故：较易发生流产，尤在怀孕早期；分娩时，出血较少，绒毛膜易脱离，如果胎儿排出缓慢，易发生窒息；胎儿排出快，很少发生胎衣不下。

②子叶型胎盘：绒毛集中在绒毛膜表面的某些部位，形成许多绒毛丛，呈盘状或杯状凸起，称胎儿子叶；母体子宫内膜上对应分布有子宫阜(母体子叶)。牛的子宫阜是凸出的，而绵羊和

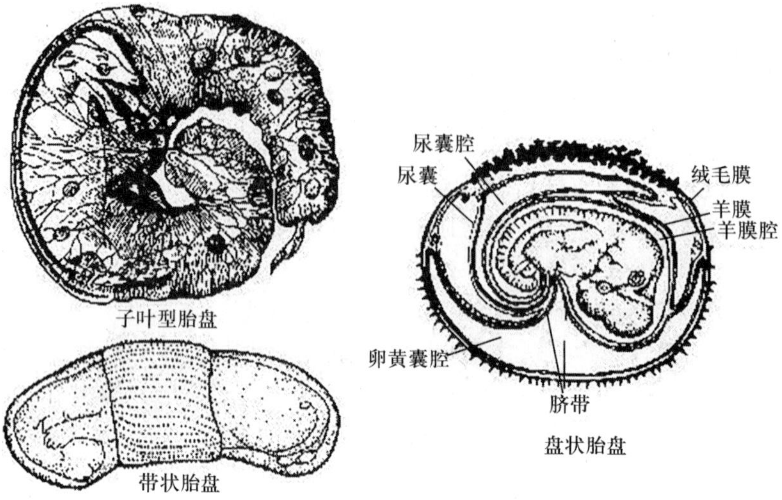

图 5-5 各种类型的胎盘

山羊则是凹陷的。胎儿子叶上的许多绒毛,嵌入母体子叶的许多凹下的腺窝中,称子叶型胎盘。这种胎盘结构复杂,绒毛不容易从陷窝中脱出。因此,分娩时胎儿胎盘和母体胎盘分离较慢,多出现胎衣不下。

牛、羊为此种胎盘,其中绵羊的子宫阜数目为 90～100 个,平均分布在妊娠和未妊娠子宫角内,为母包子;牛为 70～120 个,环绕着胎儿发育,为子包母。

其特点是:流产要比弥散型胎盘发生少;联系紧密,产程长也不会造成缺氧而发生窒息;胎衣排出较慢,胎衣不下的比率较高。

③带状胎盘:以肉食类动物为代表,其绒毛膜上的绒毛聚集在绒毛囊中央,形成环带状,故称带状胎盘。绒毛膜在此区域与母体子宫内膜接触附着,而其余部分光滑。由于绒毛膜上的绒毛直接与母体胎盘的结缔组织相接触,所以此类胎盘又称为上皮绒毛膜与结缔组织混合型胎盘。特点是分娩时母体胎盘组织脱落,子宫血管破裂,故有出血现象。

④盘状胎盘。胎盘呈圆形或椭圆形。绒毛膜上的绒毛在发育过程中逐渐集中,局限于一圆形区域,绒毛直接侵入子宫黏膜下方血窦内。因此,又称血绒毛型胎盘。啮齿类和灵长类(包括人)的胎盘属于盘状胎盘。特点是分娩会造成子宫黏膜脱落、出血。

(2)胎盘的功能

①运输功能:单纯弥散、加速弥散、主动运输、胞饮作用。

②屏障功能:有害物质不能通过胎盘,保护了胎儿的生长发育环境;胎盘抗体的运输也具有明显的屏障作用。

③代谢功能:胎盘中的酶类有 800 多种,大体可分为氧化还原酶、转移酶、水解酶、溶解酶、异构化酶 5 类。

④内分泌功能:胎盘为一暂时性的内分泌器官,它几乎可以产生卵巢和垂体分泌的所有性腺激素和促性腺激素。

⑤免疫功能:胎盘分泌某些激素,可调节和维持妊娠。

任务三　早期妊娠诊断技术

【能力标准】

1. 了解早期妊娠诊断意义。
2. 掌握各种母畜的妊娠期。
3. 掌握早期妊娠诊断的方法。

【相关知识链接】

一、早期妊娠诊断意义

母畜配种或输精后，经过一定时间，及早进行妊娠诊断，对保胎防流、减少空怀、提高母畜繁殖率等具有重要意义。通过妊娠诊断，对确诊为妊娠的母畜，可以按照孕畜所需要的条件，加强饲养管理，确保母畜和胎儿的健康，防止流产；对确诊未妊娠的母畜，可查明原因，及时改进措施，查情补配，提高母畜的繁殖率。

二、母畜的妊娠期

妊娠期是指母畜妊娠全过程所经历的时间，其长短因畜种、品种、年龄、胎儿因素、环境条件等不同而异。

预产期的推算如下：

牛：配种月份减 3，配种日数加 6。

马：配种月份减 1，配种日数加 1。

羊：配种月份加 5，配种日数减 2。

猪：配种月份加 4，配种日数减 6，或者是 3 月＋3 周＋3 天（3、3、3 法）。

各种家畜的妊娠期及范围如表 5-1 所示。

表 5-1　家畜妊娠期及范围

品种	妊娠期/d	范围	品种	妊娠期/d	范围
牛	282(267～290)	约 9.5 个月	猪	114(102～140)	约 4 个月
马	337(317～319)	约 11 个月	驴	360(340～380)	约 12 个月
绵羊	150(146～157)	约 5 个月	水牛	307(295～315)	约 10 个月
山羊	152(146～161)	约 5 个月	兔	30(27～33)	约 1 个月

三、早期妊娠诊断方法

早期妊娠诊断是指母畜配种后 1～5 个月的怀孕检查，方法主要有外部观察法、腹部触诊法、阴道检查法、直肠检查法和超声波探测法 5 种。

1. 外部观察法

通过观察母畜的外部征状进行妊娠诊断的方法。此法适用各种母畜。其缺点是，不易做出早期妊娠诊断，对少数生理异常的母畜易出现误诊，因此常作为妊娠诊断的辅助方法。

母畜妊娠后，发情周期停止，食欲增加，膘情好转，被毛光亮，行动谨慎，怕拥挤，易离群。妊娠初期，外阴部干燥收缩、紧闭、有皱纹，至后期变为水肿状态。妊娠后一定时期（牛、马 5 个月左右、羊 3～4 个月、猪 2 个月左右），可见腹围增大，且向一侧伸展（牛、羊向右腹部突出，猪腹部下垂，马通常左腹部突出）。在饱食或饮水后，可见胎动，能听到胎儿心音。妊娠后期，乳房发育膨大，有时四肢下部及下腹出现浮肿，排粪尿次数增多。在产前 1 周左右，能从乳房中挤出清亮的乳汁。

2. 腹部触诊法

腹部触诊法是用手触摸母畜的腹部，感觉腹内有无胎硬块或胎动来进行妊娠诊断的方法。此法多用于猪和羊。腹部触诊法只适于妊娠中后期。

（1）猪的触诊　先用抓痒法使猪侧卧，然后用一只手在最后两对乳头的上腹壁下压，并前后滑动，如能触摸到若干个大小相似的硬块（胎儿），即确诊为妊娠（图 5-6）。

（2）羊的触诊　检查者面向羊的尾部，用双腿夹持母羊颈部进行保定，然后将两手从左右两侧兜住羊的下腹部并前后滑动触摸，如能摸到胎儿硬块或黄豆粒大小的胎盘子叶，即为妊娠（图 5-7）。

图 5-6　猪腹部触诊法

图 5-7　羊腹部触诊法

3. 阴道检查法

用开膣器打开母畜的阴道，根据阴道黏膜和子宫颈口的状况进行妊娠诊断的方法。

母畜妊娠后，阴道黏膜苍白，表面干燥、无光泽、干涩，插入开膣器时阻力较大。子宫颈口关闭，有子宫栓存在。随着胎儿的发育，子宫重量的增加，子宫颈往往向一侧偏斜。

此法的不足点是当母畜患有持久黄体或子宫颈及阴道有炎症时，易造成误诊。阴道检查往往不能做出早期妊娠诊断，如果操作不慎还会导致孕畜流产，故应作为一种妊娠诊断的辅助方法。

4. 直肠检查法

直肠检查法是用手隔着直肠壁触摸卵巢、子宫、子宫动脉的状况及子宫内有无胎儿存在等来进行妊娠诊断的方法，适合于大家畜。其优点是诊断的准确率高，在整个妊娠期均可应用。但在触诊胎泡或胎儿时，动作要轻缓，以免造成流产。

（1）妊娠母牛的直肠检查

妊娠 18～25 d，子宫角变化不明显，一侧卵巢上有黄体存在。

妊娠 30 d，两侧子宫角不对称，孕角比空角略粗大、松软，有波动感，收缩反应不敏感，空角较有弹性。

妊娠 45～60 d，子宫角和卵巢垂入腹腔，孕角比空角约大 2 倍，孕角有波动感。用指肚从角尖向角基滑动时，可感到有胎囊由指间掠过，角间沟稍变平坦。

妊娠 90 d，孕角大如婴儿头，波动明显，空角比平时增大 1 倍，角间沟已不清楚。

妊娠 120 d，子宫沉入腹底，只能触摸到子宫后部及子宫壁上的子叶，子叶直径 2～5 cm。子宫颈沉移耻骨前缘下方，不易摸到胎儿。子宫动脉逐渐变粗如手指，并出现明显的妊娠脉搏。

(2)妊娠母马的直肠检查

妊娠 14～16 d，少数马的子宫角收缩呈火腿肠状，角壁肥厚，内有实心感，略有弹性。一侧卵巢中有黄体存在，体积增大。

妊娠 17～24 d，子宫角收缩变硬更明显，轻捏子宫角尖端捏不扁，呈里硬外软。非孕角多出现弯曲，孕角基部有如乒乓球大的胚泡，子宫底部形成凹沟，子宫收缩性不敏感。卵巢上黄体稍增大。

妊娠 25～35 d，孕角变粗缩短，空角稍细而弯曲，子宫角坚实，如猪尾巴，胚泡大如鸡蛋，柔软有波动。

妊娠 36～45 d，子宫位置开始下沉前移，胚泡大如拳头，直径 8 cm 左右，壁软，有明显波动感。

妊娠 46～55 d，胚泡大如充满尿液的膀胱，并逐渐伸至空角基部，变为椭圆形，横径达 10～12 cm，触之壁薄，波动明显。孕角和空角分叉处的凹沟变浅，卵巢位置稍下降。

5. 超声波探测法

利用 A 型超声波诊断仪探测胎水、胎儿运动、胎心搏动及心脏和血管中血液的流动等情况来进行妊娠诊断。

此法适用于马、牛、羊、猪，操作方法简单，准确率高，还可以测定胎儿的死活，能比较早地做出妊娠诊断。此法很有推广意义。

技能训练　母畜早期妊娠诊断

【训练目的】通过技能训练，使学生掌握常见家畜早期妊娠诊断的方法。

【使用材料】配种后母牛、配种后母猪、配种后母羊、开膣器、手电筒、长臂手套、盆、肥皂、毛巾、药匙、试管夹、小试管、酒精灯、75%酒精、蒸馏水、温水、多普勒妊娠诊断仪、耦合剂、听诊器等。

【操作方法】

一、母牛的早期妊娠诊断

(一)直肠检查技术

直肠检查法是判断是否妊娠和妊娠时间的最常用，且最可靠的方法。检查人员戴好长臂手套，将手臂伸入母牛直肠内，隔着直肠壁检查母牛卵巢、子宫及孕体状况，从而诊断出母牛是否妊娠和妊娠所处的阶段。

1. 准备工作

(1)母牛站立保定，将尾巴拉向一侧，排出宿粪，清洗外阴。

(2)检查人员将指甲剪短磨光，穿好工作服，戴上长臂手套，清洗并涂抹润滑剂。

2. 检查方法

(1)检查人员站于母牛正后方，五指并拢呈锥形，旋转深入直肠。

(2)手伸入直肠后，如有宿粪可用手轻轻堵住，使粪便蓄积，刺激直肠收缩。当粪便达到一定量时，手臂在直肠内向上抬起，使空气进入直肠，促进宿粪排出。

(3)手臂伸入母牛直肠内，达骨盆腔中部，手掌展平，掌心向下压肠壁，触摸生殖器官或孕体状况。母牛妊娠子宫变化见图 5-8，胎儿在腹腔的位置见图 5-9。

1. 妊娠 30 d 2. 妊娠 60 d 3. 妊娠 90 d
4. 妊娠 120 d(侧面) 5. 妊娠 180 d(侧面)

图 5-8 母牛妊娠子宫变化示意图

(引自：许怀让．家畜繁殖学．1992)

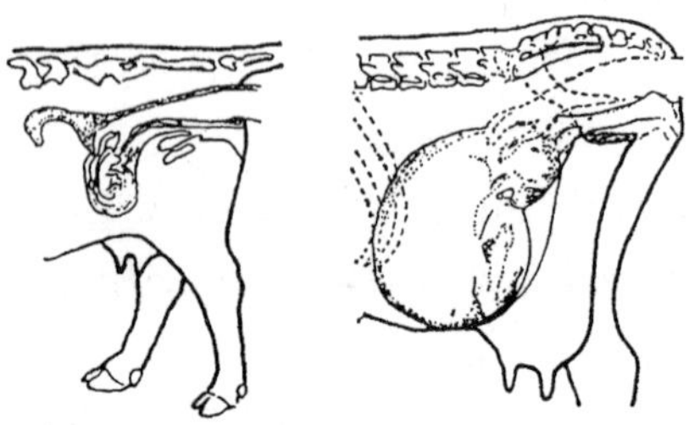

图 5-9 妊娠前期和后期胎儿在腹腔的位置示意图

(引自：许怀让．家畜繁殖学．1992)

3. 结果

(1)奶牛妊娠 21～24 d 在排卵侧卵巢上，存在有发育良好，直径为 2.5～3 cm 的黄体，90%的可能性是怀孕了。配种后没有怀孕的母牛，通常在第 18 天黄体就消退，因此，不会有发育完整的黄体。但配种早期死亡或子宫内有异物也会出现黄体，应注意鉴别。

(2)妊娠 30 d 两侧子宫大小不对称，子宫角略微变粗，质地松软，有波动感，子宫角的子宫壁变薄；而空角仍维持原有状态。用手握子宫角，从一端滑向另一端，有胎膜囊从指间滑过的感觉，若用拇指与食指轻轻捏起子宫角，然后放松，可感觉到子宫壁内有一层薄膜滑过。

(3)妊娠 60 d 子宫角明显增粗，相当于空角的 2 倍左右，波动感明显，角间沟变得宽平，子宫开始向腹腔下垂，但仍然能摸到整个子宫。

(4)妊娠 90 d 子宫角的直径为 12～16 cm，波动极明显；空角也增大了 1 倍，角间沟消失，子宫开始沉向腹腔，初产牛下沉要晚一些。子宫颈前移，有时能摸到胎儿。孕侧的子宫中动脉根部有微弱的震颤感，为妊娠特异脉搏。

(5)妊娠 120 d 子宫完全沉入腹腔，子宫颈已越过耻骨前缘，一般只能摸到子宫的背侧及该处的子叶(如蚕豆大小)，孕侧子宫动脉的妊娠脉搏明显。

再往后直至分娩，子宫进一步增大，沉入腹腔，甚至抵达胸骨区；子叶逐渐长大，如胡桃、鸡蛋般大小；子宫动脉越发变粗，粗如拇指；空怀侧子宫动脉也相继变粗，出现妊娠特异脉搏。寻找子宫动脉的方法：将手伸入直肠，手心向上，贴着骨盆顶部向前滑动。在岬部的前方可以摸到腹主动脉的最后一个分支，即髂内动脉，在左右髂内动脉的根部各分出一支动脉即子宫动脉。用双指轻轻捏住子宫中动脉，压紧一半就可感觉到典型的颤动。

4. 妊娠诊断中的常见错误

(1)胎膜滑落感判断错误 当子宫角连同宽韧带一起被抓住时就会误判为胎膜滑落；当直肠从手指间滑落时同样会发生误判。

(2)误认膀胱为空怀子宫角 应注意膀胱为一圆形器官，而不是管状器官，没有子宫颈也没有分叉。分叉是子宫分为两个角的地方。正常时在膀胱顶部中右侧可摸到子宫，膀胱不会有滑落感。

(3)误认瘤胃为怀孕子宫 因为有时候瘤胃压着骨盆，这样非怀孕子宫完全在右侧盆腔的上部。如摸到瘤胃，其内容物像面团，容易区别。同时也没有胎膜滑落感。

(4)误认肾脏为怀孕子宫角　如仔细触诊就可识别出叶状结构。此时应找到子宫颈，看所触诊的器官是否与此相连。若摸到肾叶，那就既无波动感，也无滑落感。

(5)阴道积气　由于阴道内积气，阴道就膨胀，犹如一个气球，不细心检查可误认为是子宫。按压这个“气球”，并将其后推，就会从阴户中放出空气。排气可以听得见，并同时感觉到气球在缩小。

(6)子宫积脓　检查时可触摸到膨大的子宫，且有波动感，有时也不对称，可摸到黄体。仔细检查会发现子宫紧而肿大，无胎膜滑落感，并且子宫内容物可从一个角移动到另一角。阴道往往有黏液流出。

(二)孕酮水平测定法

根据妊娠后血中及奶中孕酮含量明显增高的现象，用放射免疫和酶免疫法测定孕酮的含量判断母牛是否妊娠。由于收集奶样比较方便，目前测定奶中孕酮含量的较多。实验表明，在配种后 23～24 d 取的牛奶样品，若孕酮含量高于 5 ng/mL 为妊娠，而低于此值则为未孕。本测定法表示没有怀孕的隐性诊断的可靠性为 100%，而阳性诊断的可靠性只有 85%，因此，建议再进行直肠检查予以证实。

(三)超声波诊断法

超声波诊断法是向动物器官内部发射超声波并接收其回声信号，再根据信号进行判断的一种诊断方法。它把超声波的物理特性和不同组织结构的声学特性相结合。国内外研制的超声波诊断仪有多种，是简单而有效的检测仪器。目前，国内生产的有 2 种：一种是用探头通过直肠探测母牛子宫动脉的妊娠脉搏，由信号显示装置发出的不同的声音信号，来判断母牛妊娠与否；另一种是探头自母牛阴道伸入，显示的方法有声音、符号、文字等形式。重复测定的结果表明，妊娠 30 d 内探测子宫动脉反应，40 d 以上探测胎心音可达到较高的准确率。但有时也会因子宫炎、发情引起的类似反应干扰测定结果而出现误诊。

在有条件的大型奶牛场也可采用较精密的 B 型超声波诊断仪。其探头放置在右侧乳房上方的腹壁上，探头方向应朝向妊娠子宫角。通过显示屏可清楚地观察胎泡的位置和大小，并且可以定位照相。通过探头的方向和位置的移动，可见到胎儿各部的轮廓，心脏的位置及跳动情况，单胎或双胎等。

在具体操作时，探头接触的部位应剪毛，并在探头上涂以凡士林或液状石蜡作为接触剂。

二、母羊的早期妊娠诊断

(一)准备工作

①母羊在腹部触诊前一夜进行停食。

②母羊仰卧保定。

③肥皂水灌肠，排出宿便。

④探诊棒的准备。直径 15 cm、长 50 cm 前端弹头形的光滑木棒或塑料棒，用 75% 的酒精棉球消毒探诊棒，然后用消毒液浸泡消毒，最后用 40 ℃的温水冲去药液并涂抹润滑剂使用。

(二)诊断方法

1. 外部观察法

母羊配种后如果一个发情周期不发情,1 个月后阴户干燥紧缩,颜色发紫,有时从阴道向外流出略带黄色的黏液便可初步认为妊娠。结合检查母羊的阴道,刚打开时可见黏膜为白色,几秒钟后变为粉红色,而未孕的母羊阴道黏膜为粉红或苍白。妊娠 60 d 可见腹部明显增大。

2. 直肠腹部触诊法

待查母羊用肥皂灌洗直肠排出粪便,使其仰卧,然后用涂抹上润滑剂的触诊棒插入肛门,贴近脊柱,向直肠内插入 30 cm 左右。然后一只手用触诊棒轻轻把直肠挑起来,以便托起胎儿,另一只手则在腹壁上触摸,直肠腹部触诊时,如摸到胞块状物体即表明已妊娠;如果摸到触诊棒,将棒稍微移动位置,反复挑起触摸 2～3 次,仍摸到触诊棒即表明未孕。使用该方法时,动作要小心,轻缓,以防损伤直肠及胎儿,引起流产。

3. 腹壁触诊法

母羊的腹壁触诊妊娠诊断有 2 种方法:一种方法是检查者面向羊的后驱,两腿夹住颈部或前驱,两手掌贴在左右腹壁上,然后两手同时向里平稳地压迫或一侧用力大些,另一侧轻压,或双手滑动触摸,检查子宫有无硬块,有时可以摸到黄豆粒大小的子叶;另一种方法是检查者半跪在羊的左侧,一手挽住羊颈,用右膝顶住左腹壁,同时用右手在右腹壁触摸检查子宫内是否有胎儿的存在。

羊的个体小,不便进行直肠检查,主要采用外部观察结合阴道检查法、直肠腹部触诊及腹壁触诊法等方法进行妊娠诊断。此外,还有超声波诊断法,血清酸滴定法和免疫学方法等对母羊实行早期妊娠诊断。

三、母猪的早期妊娠诊断

妊娠诊断的方法有多种,但几乎没有一种妊娠诊断技术能达到 100%的准确率,有些方法准确率相对较高,但设备昂贵,体积大,需要一定的操作环境和操作技术,在猪场中的实用性不是很强。但多种方法同时使用,相互印证,即使是几种比较简易的方法,也能达到很高的准确率。当然,妊娠诊断过程中,技术人员的技术水平和经验也十分重要。

(一)外部检查(包括视诊、触诊)

视诊是根据母猪配种后的外观和行为的变化来进行妊娠诊断的。但这种方法只能作为其他诊断方法的辅助手段,以便验证其他方法诊断的结果;而且外部观察法诊断一般只能在配种后 4 周以上才能进行。

在妊娠后半期母猪腹部显著增大下垂,但在胎儿数量少时不明显,乳房皮肤发红,逐渐增大,乳头随之增大。

1. 食欲与膘情

母猪妊娠后,处于为胎儿后期快速发育阶段储备营养的需要,往往食欲会明显增加。

2. 外观

妊娠母猪被毛顺滑,皮肤滋润,外阴苍白、皱缩,阴门裂线变短且弯曲。随着胎儿的增大,母猪的腹围会增大,通常在妊娠 60 d 左右时,腹部隆起已经较为明显,75 d 以后,部分母猪可看到胎动,随着临产期的接近,胎动会越来越明显。

3. 行为

母猪妊娠后，性情会变得温和，行动小心，在与其他母猪群养时，会小心避开其他母猪。

用外部观察法进行早期妊娠诊断的可靠性显然不高，但日常观察经验的积累会提高判断的准确性。因此，在生产过程中对母猪外观行为变化的观察，有助于及时发现未孕母猪，减少母猪非繁殖期的长度。

触诊时在母猪体抓挠使之卧下后，细心触摸妊娠 3 个月的母猪腹壁，可在乳房的上方与最后两乳头平行处触摸到胎儿。消瘦的母猪在妊娠后期比较容易触摸。

(二)返情检查法

用试情公猪在母猪输精后 21 d、42 d、63 d 查情，观察母猪的表现，如果母猪没有任何发情症状，表明母猪已妊娠。在配种后 17～24 d 进行返情检查是猪场中较为实用的方法之一。

(三)超声检查法

其原理是根据超声波回声来检查妊娠，是一种早期妊娠检查的普遍且实用的方法，一般可与返情检查结合使用。目前，有几款较为实用的 B 型超声波诊断仪，可进行腹部探查或直肠探查，如果设备图像质量较好，一般能得到准确的诊断。

(1)检查方法

①不需保定待查母猪，令其安静侧卧、爬卧或站立均可。

②常规诊断在母猪输精后 35 d、55 d 检查，将诊断仪的探头上涂上耦合剂，放置于倒数第 2 个乳头斜上方，若仪器发出短而间隔短的声音表明没有妊娠，若声音长而间隔长则可以确定母猪妊娠了。如果一头母猪在右边测试的结果是空怀的话，在左边重复同样的测试程序以保证测试的准确性。

(2)注意事项

①每测试一头母猪前必须涂上耦合剂，以保证探头和猪体接触良好。

②初次测试未孕应隔 7～10 d 复测进行确定。

③最早可在配种 18 d 进行初测，30 d 后复测以保证精确的测试结果。

【技能考核标准】母畜妊娠早期检查技能考核标准。

考核内容及分数分配	操作环节与要求	评分标准		考核方法	熟练程度	时限
		分值	扣分依据			
1. 母牛妊娠检查 2. 母羊妊娠检查 3. 母猪妊娠检查 (100 分)	①正确进行检查前准备	20	每少一项扣 5 分	两人操作考核	熟练掌握	30 min
	②熟练进行检查步骤	15	每错一步扣 5 分			
	③正确掌握各种检查方法	15	每错一项扣 5 分			
	④正确进行结果判定	30	每错一处扣 5 分			
	⑤熟练程度	10	在教师指导下完成扣 5 分			
	⑥完成时间	10	每超时 1 min 扣 2 分，直至 10 分			

【思考题】熟记妊娠早期检查的各个步骤，并根据体会写出妊娠早期检查的操作方法及应注意的问题。

项目六

动物接产技术

任务一　动物分娩

【能力要求】

1. 了解分娩预测的方法。
2. 熟悉家畜分娩征兆。
3. 掌握分娩过程及影响因素。

【相关知识链接】

一、分娩预测与分娩征兆

分娩是指母畜怀孕期末，胎儿发育成熟，母体将胎儿及附属物质从子宫内排出体外的生理过程。

1. 分娩预测

分娩预测即指根据配种记录和母畜怀孕期推测分娩预期，推测方法如下。

(1)牛的预产期　配种月份减 3，配种日数加 10。

(2)马的预产期　配种月份减 1，配种日数加 1。

(3)羊的预产期　配种月份加 5，配种日数减 2。

(4)猪的预产期　配种月份加 4，配种日数减 6。

2. 分娩征兆

分娩征兆即预兆，包括乳房、外阴部、子宫颈、骨盆韧带和行为变化等。

(1)乳房变化　乳腺发育膨大；质地充实变硬，可从乳头挤出初乳。

(2)外阴部变化　阴唇柔软、肿胀，皮肤皱褶变平，有充血现象。

(3)子宫颈变化　由细变粗、松弛变软，子宫颈栓软化成黏液从阴道流出，垂于阴门外呈“线”状。

(4)骨盆韧带变化　柔软松弛、塌胯，荐椎活动性增强。

(5)行为变化　食欲下降、行动小心谨慎、喜静不喜动、群牧离群、叼草做窝、时起时卧等。

3. 不同动物分娩征兆特点

(1)猪　临产前腹部饱满下垂，卧地时可见胎动。分娩前 3～5 d，阴唇出现肿胀、松弛。

尾根两侧下陷。产前 3 d 母猪中部乳头可挤出清亮液体。产前 1 d 可挤出初乳或出现漏乳现象。

(2)牛 初产母牛妊娠 4 个月后，乳房开始增大，后期发育加快。经产牛到分娩前，乳房的变化才明显。分娩前数天，乳头可挤出清亮胶样的液体。产前 2 d 可挤出初乳。产前 1 个月到产前 7～8 d，体温逐渐上升，可达 39 ℃。分娩前 12 d 体温下降 0.4～0.8 ℃.

(3)羊 分娩前，子宫颈和骨盆韧带松弛。胎儿活动和子宫的敏感性增强。分娩前 12 h，子宫内压力增高，子宫颈逐步扩张，分娩前数小时精神不安，出现刨地、转动或起卧等现象。

(4)马和驴 产前 1～2 个月，乳房迅速发育、胀大，有时乳房基部出现水肿，产前数天乳头变粗，产前有漏乳现象，产前数小时表现不安，常有起卧、回顾腹部、刨地、食欲减退等表现。

(5)兔 产前数天，乳房肿胀，可挤出乳汁，外阴部肿胀充血，黏膜湿润潮红、食欲减退或绝食。产前 2～3 d 或数小时开始衔草做窝。母兔常衔下胸前、肋下和乳房周围的毛铺入产仔箱。

(6)犬 分娩前两周，乳房开始膨大，分娩前几天乳房分泌乳汁，阴道流出黏液，临产前母犬不安、喘息，并寻找僻静处筑窝分娩。

二、分娩发动机理

1. 母体激素变化

母畜临近分娩时，体内孕激素分泌降低或停止，雌激素、PGF、催产素分泌增加，同时卵巢及胎盘分泌的松弛素能使产道松弛，母体内这些激素的变化，是导致分娩的内分泌因素。

2. 机械刺激和神经反射作用

母畜妊娠末期，由于胎儿生长很快，胎水增多，胎儿运动加强，使子宫不断扩张，承受的压力逐渐升高，从而引起神经反射性子宫收缩和子宫颈的舒张。

3. 胎儿因素作用

胎儿发育成熟后，其下丘脑-垂体-肾上腺轴的内分泌功能建立，进而引起母体内分泌变化而发动分娩。

4. 免疫学机理

妊娠后期，胎盘发生脂肪变性，胎盘屏障受到破坏，胎儿被母体免疫系统识别为“异物”而加以排出。

三、分娩过程

母畜正常分娩的过程可分为开口期、胎儿产出期和胎膜排出期 3 个阶段。

1. 开口期(第一产程)

从子宫出现阵缩开始，至子宫颈完全开张为止，此阶段，称为开口期。在本期内母畜表现阵痛，如神态不安，食欲减退，回头顾腹，徘徊运动，时起时卧，鸣叫、频频举尾，常作排尿姿势，有时可见胎水排出。

2. 胎儿产出期(第二产程)

从子宫颈口完全开张至胎儿产出体外的阶段称胎儿产出期。此期内母畜表现为时起时卧，前肢刨地，最后卧下。呼吸和脉搏加快，侧卧后，四肢伸直，强烈努责，使胎儿各部分从产道中顺次产出体外(图 6-1)。

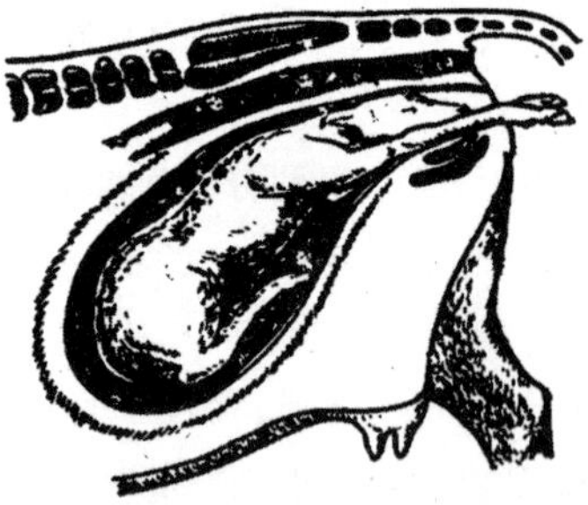

图 6-1　牛产出期

3. 胎膜排出期(第三产程)

从胎儿产出到胎膜完全排出体外的阶段,称胎膜排出期。本期内,当母畜产出胎儿后,表现较为安静,在子宫继续阵缩及轻度努责作用下,使胎膜逐渐从子宫内排出体外。

四、影响分娩的因素

1. 产力

将胎儿从子宫排出体外的力量称为产力,包括子宫阵缩力和努责力。由子宫肌收缩产生的力量称为阵缩力,是推动胎儿娩出的主要动力。在分娩时,由于催产素的作用,使子宫肌出现不随意的收缩,母体同时伴有痛觉,称为阵缩。阵缩具有以下特点。

(1)节律性　这种节律性一般都是由子宫角尖端开始向子宫颈方向发展的,起初收缩的时间短、力量弱,两次收缩之间的间隔时间长,以后发展为收缩持续时间变长,力量增强,而间隔的时间会缩短。

(2)不可逆性　每次阵缩子宫肌纤维缩短 1 次,在阵缩间歇期中,子宫肌并不恢复到原有伸展状态。随着阵缩次数的增加,使子宫肌纤维持续变短,从而使子宫壁变厚,子宫腔缩小。

(3)使子宫颈扩张　阵缩作用压迫胎膜及胎儿向阻力相对较小的宫颈方向移动,使已经处于松软的宫颈逐渐扩张。

(4)使胎儿活动增强　阵缩时,子宫肌纤维间的血管被挤压,血液循环暂时受阻,使胎儿体内血液中的 CO_2 浓度升高,从而刺激胎儿活动增强,并向子宫颈方向移动和伸展。当阵缩暂停时,血液循环恢复,继续供应胎儿氧气。如果没有间歇,胎儿就可能因缺氧而致死。因此间歇性阵缩具有重要的生理意义。

(5)贯穿于整个分娩过程　子宫阔韧带收缩时,子宫阔韧带的平滑肌也随之收缩,二者力量相结合,将胎儿向后方移动。阵缩发生于分娩开口期,经过产出期至胎衣排出期结束,即贯穿于整个分娩过程。

由腹肌和膈肌收缩产生的力量称为努责力,是胎儿产出的辅助动力。当子宫颈口完全开张,胎儿通过子宫颈而进入阴道时,刺激骨盆神经,引起腹肌和膈肌的收缩,是随意性的收缩,而且是伴随阵缩同时进行的,迫使胎儿向后移动。努责比阵缩出现晚,停止早,主要出现在胎儿产出期。

2. 产道

产道是分娩时,胎儿由子宫排出体外时的必经通道,包括软产道和硬产道。

软产道包括子宫颈、阴道、阴道前庭、阴门。妊娠末期到临产前,在松弛素和雌激素的作用下,软产道各部变成松软。分娩时阵缩将胎儿向后方挤压,子宫颈、阴道、前庭及阴门也随之都被撑开扩大。

硬产道主要是骨盆腔,由荐骨、前 3 个尾椎、髂骨及荐坐韧带构成。骨盆可分为 4 部分。

(1)骨盆入口　即骨盆的腹腔面,由上方荐骨基部、两侧的髂骨、下方由耻骨前缘围成。骨盆入口斜向下方,髂骨和骨盆底所构成的角度称为入口的倾斜度。骨盆入口的形状大小和倾斜度对分娩时胎儿通过的难易有很大关系。

(2)骨盆出口　即骨盆腔向臀部的开口。上方为第 1～3 尾椎,两侧荐坐韧带后缘,下方坐骨弓所围成。

（3）骨盆腔　界于骨盆入口和出口之间的空腔。

（4）骨盆轴　为通过骨盆腔中心的一条假设轴线，代表胎儿通过骨盆腔的路线。骨盆轴越短越直，胎儿通过越容易。牛骨盆的特点：骨盆入口呈竖椭圆形，倾斜度小，骨盆底下凹，荐骨突出于骨盆腔内，骨盆侧壁的坐骨上棘很高且斜向骨盆腔。因此，横径小、荐坐韧带窄、坐骨粗隆很大，妨碍胎儿通过。

3. 胎儿与母体的关系

在分娩时，胎儿和母体产道的相互关系，对胎儿的产出有很大影响。此外，胎儿的大小和是否畸形也影响胎儿能否顺利产出。

（1）胎向　指胎儿的纵轴和母体纵轴的关系，胎向包括 3 种情况。

纵向：胎儿纵轴和母体纵轴相互平行。

竖向：胎儿纵轴和母体纵轴上下垂直。

横向：胎儿纵轴和母体纵轴水平垂直。

纵向是正常的胎向，竖向和横向是异常胎向。

（2）胎位　是胎儿的背部与母体的背部之间的关系，分娩过程中胎位变化如图 6-2 所示。胎位包括 3 种情况。

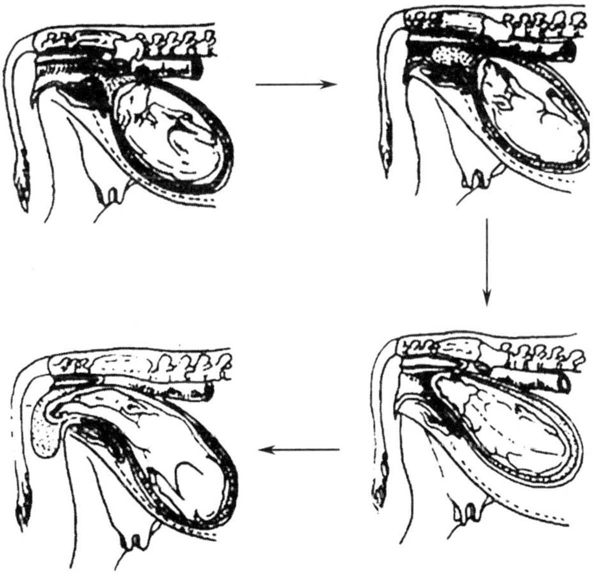

图 6-2　分娩过程胎位变化示意图

上位：胎儿背部朝向母体背部。胎儿俯卧在子宫内，上位是正常的胎位（图 6-3）。

下位：胎儿的腹部朝向母体的背部，胎儿仰卧在子宫内，下位是异常的胎位（图 6-4）。

侧位：胎儿的背部朝向母体的腹侧壁（图 6-5）。轻度侧位可看成是正常分娩的胎位。

（3）胎势　指胎儿各部分之间的关系，即各部分是伸直的还是屈曲的。正常分娩时，应该是纵向、上位、头前置或臀前置。头前置为正生，此时两前肢和头伸展，头部的口鼻端和两前蹄先进入产道。臀前置为倒生，后肢伸展，两后蹄先进入产道。任何一种不符合以上两种（即使是部分的或局部）胎势的都属异常，如一条腿未伸展，或头侧扭等，必须予以校正，方可任其自然生产或继续助产。牛分娩时异常胎势如图 6-6 所示。

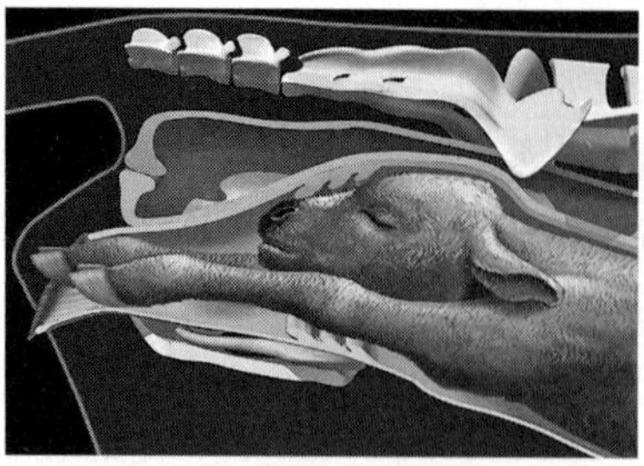

图 6-3 牛胎儿正常的胎位

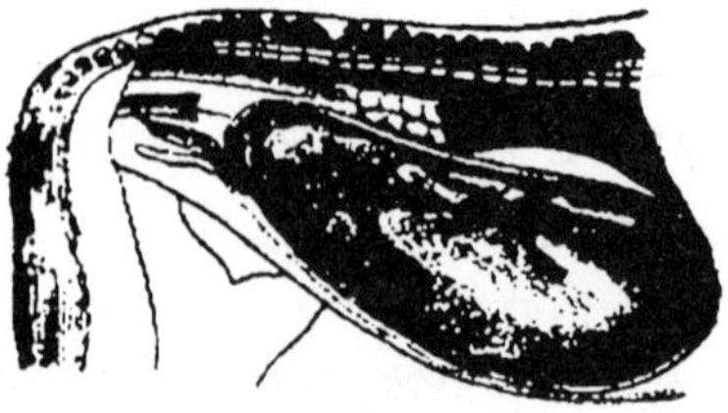

图 6-4 马胎儿下位

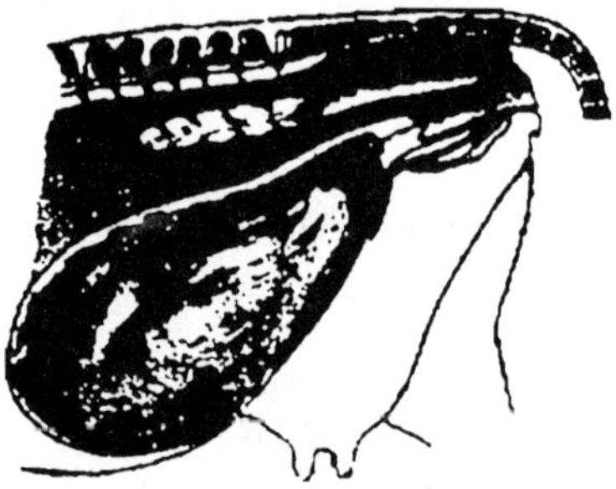

图 6-5 牛胎儿侧位

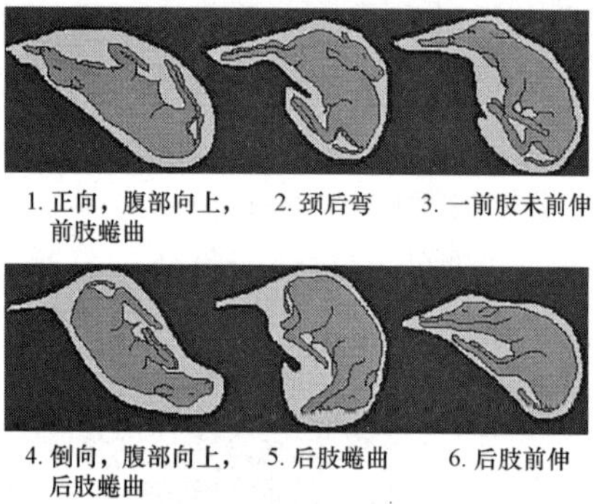

图 6-6 牛胎儿异常胎势

任务二 助产技术及仔畜护理

【能力标准】

1. 熟悉母畜产前的准备工作。
2. 掌握动物的助产技术。
3. 掌握难产的种类、救助原则。
4. 掌握产后母子护理方法。

【相关知识链接】

一、助产

1. 母畜产前的准备工作

根据配种记录和产前预兆，一般在预产期前1～2周，将母畜转入产房。产房要预先消毒，准备好常用的药品和有关器械，有条件时，还应备有常用的诊疗及手术助产器械。对临产母畜要做好外阴部消毒、缠尾，换上清洁柔软的垫草。在助产时要注意自身消毒和防御，防止人身伤害和人畜共患病的感染。助产人员应熟悉助产的常识和方法，做好自身防护工作，建立昼夜值班制度。

2. 正常分娩的接产与助产

原则上，对正常分娩的母畜无需助产。助产人员的主要职责是监视母畜的分娩情况，发现问题时给母畜必要的辅助。对仔畜的及时护理是助产人员的重要职责。

①当母畜临近分娩时，应清洗消毒外阴部及周围，牛、马的尾根部用纱布缠好。

②分娩开始时，可将手臂伸入产道内，探明胎向、胎位、胎势是否正常，如有异常，可进行矫正处理。

③当胎儿头部已露出阴门外，胎膜尚未破裂时，应及时撕破使胎儿鼻端露出，以防胎儿窒息。

④羊水流尽，但胎儿尚不能产出，母畜产力又不足时，可拉住胎儿两前肢及头部，随着母畜努责，沿骨盆轴方向拉出胎儿，倒生时更应如此。

⑤在大家畜，当胎儿体宽部分通过阴门时，应用手保护阴门，防止会阴破裂。

⑥母畜站立分娩时，应去接住胎儿。

⑦牛、羊胎儿腹部通过阴门时，应用手握住脐带根部随胎儿一同拉出，以免脐带断在脐孔内。

⑧将仔畜放置于护仔栏内。

⑨当母畜分娩出胎儿后，要注意胎膜的排出，并及时移走，防止母畜吃掉。

⑩注意给初生仔畜断脐和脐带消毒，防止感染化脓。

3. 难产的种类、救助原则和预防

(1)难产的种类　根据引起难产的原因，可分为产力性难产、产道性难产和胎儿性难产3类。

①产力性难产：子宫阵缩及努责微弱，破水过早及子宫疝气引起产力不足导致的难产。阵缩及努责微弱母畜表现分娩时子宫及腹壁的收缩次数减少，收缩时间短强度小，以至于排不出胎儿。分原发性和继发性两种，一开始即发生的为原发；开始正常而后变弱的为继发。引起的原因主要是内分泌调节紊乱，同时与营养不良、衰老体弱、运动不足及低血钙有关。

判断方法：预产期已到且有分娩征兆，但努责次数少、时间短、力量弱，长久排不出胎儿；或排出部分胎儿后，间隔时间延长，排不出后续胎儿。产道检查宫颈松软但开张不全，一般胎囊未入骨盆。有以上现象即可判断是产力性难产。

努责过强及破水过早的难产则表现努责过度频繁而强烈，在宫颈开张不全且胎势尚未转正时即胎囊破裂，流失羊水。

②产道性难产：包括子宫不正、子宫颈、阴道、骨盆狭窄，以及产道肿瘤等引起的难产。当临产母畜发生子宫捻转时，整个怀孕子宫或一侧孕角或部分子宫角围绕自身的纵轴扭转。捻转处发生在阴道前端的称为颈后捻转，较多见；发生在子宫颈前端的称为颈前捻转。牛多发，羊、马、驴等也有，多发生在临产或分娩开始时。原因是母畜体位绕纵轴急变是直接原因，开口期子宫收缩过强胎儿转位时也可发生，另与胎水过多、运动不足等有关。

诊断方法是外部有腹痛表现，有努责阵缩但排不出胎儿。阴道检查可见阴道壁及阴门裂发生一侧性塌陷，阴道狭窄并出现皱襞，捻转小于270°时阴道呈螺旋状，超过270°时阴道闭锁，阴道检查是判断捻转方向的重要指标，术者手心朝下伸入产道，顺阴道前进时如手背逐渐向右向上，手心向左呈顺时针转动则为右方捻转，反之则为左方捻转。

③胎儿性难产：包括胎儿过大、胎位、胎向、胎势不正等引起的难产。胎儿过大或双胎难产时尽量用牵引术助产，不得已才用剖宫产。双胎难产是指两个胎儿同时进入盆腔，多为一正一倒，助产原则是先推回一个后逐一牵引拉出。先拉胎位正常者或处于侧卧上位者。对胎位、胎向、胎势等引起的难产，应先加以矫正，然后拉出胎儿，例如，当发生头颈扭转时，弯曲程度很大

且颈部堵住骨盆口则需先推后拉，推入子宫腔后再矫正头颈并拴绳外拉。弯曲程度不大可直接手握矫正；胎儿已死则可截除。拴绳牵并同时矫正。矫正困难时，可实行剖宫产或截胎术。头向后仰及头向下弯包括额部前置、枕部前置和颈部前置 3 种。助产方法可矫正后用绳牵引拉出，一般需先推后拉，并在母体仰卧时操作更方便。头颈捻转通常是错误助产所致。可用手插入宫腔内将头扭正。

(2)难产救助原则　遇到有母畜难产时，应立即请兽医助产。并遵守一定的助产原则。助产时除注意挽救母畜和胎儿外，要尽量保持母畜的繁殖力。防止产道的损伤、破裂和感染。

①助产时，尽量避免产道的感染和损伤，注意器械的使用和消毒。

②母畜横卧保定时，尽量将胎儿的异常部分向上，以利于操作。

③为了便于推回或拉出胎儿，尤其是产道干燥，应向产道内灌注润滑剂，如肥皂水或油类。

④矫正胎儿反常姿势，应尽量将胎儿推回到子宫内，否则产道容积有限不易操作，推回的时机应在阵缩的间歇期。前置部分最好拴上产科绳。

⑤拉出胎儿时，应随母畜的努责而用力，对大家畜人数也不宜过多，并在术者统一指挥下试探进行。注意保护会阴，特别是初产母牛胎头通过阴门时，会阴容易撕裂。

(3)难产的预防　难产极易引起仔畜的死亡，并严重危害母畜的生命和以后的繁殖能力。因此，难产的预防是十分重要的。

①切忌母畜过早配种。由于青年母畜仍处在发育中，分娩时常因骨盆狭窄导致难产。

②妊娠期间，对母畜进行合理饲养，给予完善营养，防止母畜过肥，胎儿过大。

③安排适当的使役和运动，提高母畜对营养物质的利用。这对胎儿在子宫内位置的调整，减少难产和胎衣不下等，都有积极的作用。

④做好临产检查，对分娩正常与否作出早期诊断。检查时间：牛从开始努责到胎膜露出或排出胎水这一段时间；马、驴是尿膜囊破裂，尿水排出之后，胎儿的前置部分进入骨盆腔的时间。检查方法：将手臂及母畜的外阴消毒后，手伸入阴门，隔着羊膜（不要过早撕破，以免胎水流失，影响胎儿的排出）或伸入羊膜（羊膜已破时）触诊胎儿。如果摸到胎儿是正生，前置部分（头及两前肢）正常，可任其自然排出。如有异常应及时矫正。

4. 常见动物的助产技术

(1)母猪的助产

①产前准备。在母猪产前两周左右，用 2%敌百虫液喷雾，以灭除母猪体外的寄生虫。产前 3～5 d，将母猪引入产房。产前 1 d，打扫干净圈舍，将母猪暂时隔离后，用 2%氢氧化钠溶液喷洒消毒。干燥后垫上干净、柔软的垫草。将母猪赶入圈内，同时做好保温工作。备齐接产用品。在母猪“破水”以后，对母猪的臀部、乳房进行清洗、消毒，然后用干净的布擦干。

②正常分娩的助产。当母猪的产道中流出大量的溶液时，接产人员就要立刻进入接产状态。发现有仔猪的鼻嘴露出产道时，立刻将仔猪鼻嘴上的黏膜抠破。并将鼻腔中的黏液掏出。然后用柔软的垫草将其鼻和全身黏液擦拭干净。再将脐带内的血液向仔猪腹部方向挤压，距离仔猪腹壁 3～4 cm 处，掐断脐带。捏住断端直至不出血后，涂上 5%的碘酒消毒。将仔猪上、下各 2 对犬牙剪除。用耳号钳打好耳号，注射生血素。

③假死猪的急救。一是迅速用清洁布片，将仔猪口鼻部的黏液擦干净。用吹气法进行人工呼吸。二是倒提仔猪后腿，促使黏液从气管内排出。并用手连续轻拍其胸部，直至发出叫声为止。三是把假死的仔猪仰卧在垫草上。用手拉住前肢，令其前后身躯，一紧一松地压迫胸

部，实行人工呼吸。

④难产的救助。母猪羊水破裂后，0.5 h 仍不能产出仔猪，即可确定为难产。子宫收缩无力，可用催产素或垂体后叶激素 0～30 IU，肌内注射。胎位、胎向、胎势异常，应根据具体情况进行不同的处理。采取将胎儿往子宫内推送后，将胎儿矫正成正生或倒生，再引出胎儿。骨盆腔狭窄或胎儿过大，骨盆骨折等，胎儿无法通过产道产出，只能采用剖宫取胎术。

(2)牛的助产

①牛体消毒。用 0.1%高锰酸钾溶液洗净牛的外阴部、肛门、尾根及后臀部并擦干。牛床要铺上柔软的垫草。

②正常分娩的助产。母牛临产时注意要让牛向左侧卧。当母牛镇痛，努责加剧，胎儿的两前肢伸出，随后是头、躯干和后肢产出，这是正常的顺产。助产者只要稍加帮助即可。如果胎儿头部已露出阴门外，羊膜却没有破裂，此时应立即撕破羊膜而使胎儿鼻子露出来，以防止胎儿窒息，如果羊膜还在阴门内，不要过早撕破，否则羊水流出过早，不利于胎儿的产出。

当羊水流出，而胎儿仍未产出，母牛阵缩及努责又减弱时，应进行助产，方法是用助产绳系住胎儿两前肢部，由助手拉住绳子，助产者将手臂消毒，并涂上润滑剂后，伸入产道，大拇指插入胎儿的口角，捏住下颌，趁母牛努责时同助手一起向外拉，用力方向应与荐椎平行。当胎儿头部通过阴门时，要用双手按压阴唇及会阴部，以防撑破，拉出要配合母畜阵缩和努责，用力要缓。上下左右反复活动胎儿，术者保护胎儿及产道，助手按照骨盆轴方向强行拉出胎儿。当胎儿腹部通过阴门时，要用手捂住胎儿脐带根部，防止脐带断在脐孔内，如果是倒生，当两后肢产出时，应迅速拉出胎儿，以防胎儿憋死。

母牛产后 4～6 h 会将胎衣排出，胎衣排出后检查是否完整，以免部分滞留，如果胎衣滞留 24 h(夏季 12 h)以上应进行手术剥离。

③难产救助，包括胎儿矫正、截胎术和剖宫产术，分述如下：

胎儿矫正适用于胎势、胎向、胎位异常引起的难产。矫正时要将胎儿推入子宫内进行矫正。用手将胎儿姿势扭正，在扭的过程中配合牵拉，把屈曲部位拉直，然后用牵引术拉出胎儿。

截胎术适用于死胎，当胎头侧转、胎儿过大、产道狭窄及胎儿前肢姿势不正等造成难产时，可采用截头、截肢术。

剖宫产术适用于产力不足以外的各种原因引起的难产。切开难产母畜的腹壁后，不切开子宫壁，术者手伸入母畜的腹腔，助产者手臂通过母畜产道伸入子宫内，二者协同配合，矫正异常胎势、胎向、胎位，然后通过产道拉出难产胎儿。

(3)羊的助产

①人工助产。剪净母羊乳房周围和后肢内侧羊毛，用温水洗净乳房，挤出几滴初乳，将尾根部、外阴部、肛门洗净，用 1%来苏尔消毒，正常情况下，羔羊一般是两前肢先出，头部伏压在两前肢上，随母羊努责自行产出。当产双羔时，(间隔 10～30 min 或更长时间)，母羊仍有努责阵痛表现，接产人员必须检查是否还有第二只羔羊。以手掌在母羊腹部前侧适力颠举，如有双羔，可感到光滑的羔体。

若产道狭小或分娩疲乏无力，可在母羊体后侧，膝盖轻压肷部，待羊羔嘴露出后，以一手向前推母羊会阴部，羔羊头露出后，再用一手托住头部，一手握前肢，随母羊的努责向后下方拉出胎儿。将羔羊口、鼻、耳内的黏液掏出，擦干擦净，羔羊身上的黏液最好让母羊舔干，如母羊不舔干或天气寒冷，接羔人员可用柔软的干草迅速将羔体擦干，一般情况下，羔羊会自行扯断脐带。人工助产的羔羊，助产者应将其血向羔羊脐部推挤几下，再在距腹部 4～6 cm 处剪断，用 5%碘酊消毒。

②假死羔羊的处理。羔羊出生后如不呼吸，但发育正常，有心脏跳动，称为假死，处理方法是提起羔羊两后肢悬空，并不时拍击其背部和胸部。或让羔羊平卧，用两手有节奏地推压胸部两侧，如此反复，羔羊就会复活。

二、产后母子护理

（一）产后母畜的护理

指胎盘排出、母体生殖器官恢复到正常不孕的阶段。此阶段是子宫内膜的再生、子宫复原和重新开始发情周期的关键时期。

1. 子宫内膜的再生

分娩后子宫黏膜表层发生变性、脱落，由新生的黏膜代替曾作为母体胎盘的黏膜。在再生过程中，变性的母体胎盘、白细胞、部分血液及残留胎水、子宫腺分泌物等被排出，最初为红褐色，以后变为黄褐色，最后为无色透明，这种液体称为恶露。恶露排出的时间：马为 2～3 d，牛 10～12 d，绵羊 5～6 d，山羊 14 d 左右，猪 2～3 d。恶露持续时间过长，说明子宫内有病理变化。

牛子宫阜表面上皮，在产后 12～14 d 通过周围组织的增殖开始再生，一般在产后 30 d 内才全部完成；马产后第一次发情时，子宫内膜高度瓦解并含有大量白细胞，一般产后 13～25 d 子宫内膜完成再生；猪子宫上皮的再生在产后第一周开始，第三周完成。

2. 子宫复原

指胎儿、胎盘排出后，子宫恢复到未孕时的大小。子宫复原时间：牛需 30～45 d，马产驹 1 个月之后，绵羊 24 d，猪 28 d。

3. 发情周期的恢复

（1）牛　卵巢黄体在分娩后才被吸收，因此产后第一次发情较晚。若产后哺乳或增加挤奶次数，发情周期的恢复就更长。一般产犊后卵泡发育及排卵常发生于前次未孕角一侧的卵巢。

（2）马　卵巢黄体在妊娠后半期开始萎缩；分娩时黄体消失。因此分娩后很快就有卵泡发育，且产后发情出现的早。一般产后十几天便发生第一次排卵。

（3）猪　分娩后黄体很快退化，产后 3～5 d 便可出现发情，但因此时正值哺乳期，卵泡发育受到抑制，所以不排卵。

（二）新生仔畜的护理

1. 注意观察脐带

脐带断端一般于生后 1 周左右干缩脱落，仔猪生后 24 h 即干燥。此期注意观察，勿使仔畜间互相舔吮，防止感染发炎。如脐血管闭缩不全，有血液滴出，或脐尿管闭缩不全，有尿液流出，应进行节扎。

2. 保温

新生仔畜体温调节能力差，体内能源物资储备少，对极端温度反应敏感。尤其在冬季，应密切注意防寒保温，如采用红外线保姆箱（伞）、火炕（墙、炉）、暖气片或空调等，确保产房适宜温度。

3. 早吃、吃足初乳

初乳不仅含有丰富的营养（大量的维生素 A 有利于防止下痢；大量的蛋白质无须经过消化，

可直接被吸收)及较多的镁盐(软化和促进胎粪排出),而且含有大量抗体,可增加仔畜抵抗力。

4. 预防疾病

由于遗传、免疫、营养、环境等因素,以及分娩的影响,仔畜常在生后不久,多发疾病,如脐带闭合不全、胎粪阻塞、白肌病、溶血病、仔猪低血糖、先天性震颤等。因此,应积极采取预防措施:一是做好配种时的种畜选择;二是加强妊娠期间的饲养管理;三是注意环境卫生。对于发病者针对其特征及时进行抢救。

技能训练　正常分娩的助产技术

【训练目的】观察分娩预兆及分娩过程,掌握助产的一般方法及要领。

【使用材料】临产母畜、毛巾、剪刀、产科绳、肥皂、缠尾绷带、酒精、碘酒、来苏尔、液体石蜡等。

【操作方法】

一、分娩预兆的观察

主要注意观察以下几点。

①乳房胀大,乳头肿胀变粗,可挤出初乳,某些经产母牛和母马产前常有漏奶现象。

②荐坐韧带松弛,触诊尾根两旁即可感觉到荐坐韧带的后缘极为松软。牛、羊表现较明显,荐骨后端的活动性增大。

③阴唇肿胀,前庭黏膜潮红、滑润,阴道检查可发现子宫颈口开张、松弛。

④母牛产前几小时体温下降 0.4～1.2 ℃。

⑤临产母畜表现不安、常起卧、徘徊、前肢刨地、回顾腹部、拱腰举尾、频频排便。母马常出汗,母猪常有衔草做窝的表现。

二、产前的准备工作

①对母马和母牛应用缠尾绷带缠尾系于一侧。

②用温洗衣粉水彻底清洗母畜的外阴部及肛门周围,最后用来苏尔溶液消毒并擦干。

③助产者要将手臂清洗并以酒精消毒。

三、分娩过程的观察及助产

①当母畜开始分娩时,要密切注意其努责的频率、强度、时间及母畜的姿态。其次,要检查母畜的脉搏,注意记录分娩开始的时间。

②母马和母牛的胎囊露出阴门或排出胎水后,可将手臂消毒后伸入产道,检查胎向、胎位和胎势是否正常,对不正常者应根据情况采取适当的矫正措施,防止难产的发生。当发现倒生时,应及早撕破胎膜拉出胎儿。

③马的尿囊先露出阴门,破水后流出棕黄色的尿囊液。随后出现的是羊膜囊,胎儿的先露部位随之排出,羊膜囊破后流出白色浓稠的羊水。牛和羊在分娩时,一般先露出羊膜囊,也有时先露出尿囊。

④当胎儿的嘴露出阴门后,要注意胎儿头部和前肢的关系。若发现前肢仍未伸出或屈曲应及时矫正。

⑤胎儿通过阴门时，应注意阴门的紧张度。如过度紧张，应以两手顶住阴门的上角及两侧加以保护，防止撕裂。发现胎头较大，难以通过阴门时，应将胎膜撕破，用产科绳系住胎儿的两前肢球节，由术者按住下颌，一两名助手牵引产科绳，配合母畜的努责，顺势拉出胎儿。牵引方向应与母畜骨盆轴的方向一致，用力不可过猛，以防止子宫外翻。

⑥当牛、羊胎儿腹部通过阴门时，要注意保护脐带的根部，防止脐血管断于脐孔内，引起炎症。

⑦胎儿排出后，应将胎膜除掉。个别情况下，马的尿膜羊膜与胎儿完整排出，应立即撕破，取出胎儿，并防止胎儿吸入羊水造成窒息或感染。当胎儿排出，但脐带未断时，可将脐带内的血液尽量捋向胎儿，待脐动脉搏动停止后，用碘酒消毒，结扎后断脐，对自动断脐的幼畜脐带也应用碘酒消毒。

猪的胎儿排出常在母猪强烈努责数次之后，但应注意排出胎儿的间隔时间。羊产双羔或三羔时也应注意其间隔的时间，以便采取相应的助产措施。

四、新生仔畜的护理

①擦去仔畜鼻口中的黏液，并注意有无呼吸。若无呼吸可有节律地轻按腹部，进行人工呼吸。对新生仔猪和羔羊还可将其倒提起来轻抖，以促进其恢复呼吸。

②用干布擦去（马、猪）或令母畜舔干（牛、羊）仔畜身上的羊水。

③注意仔畜保温。

④尽早给仔畜吃到初乳。对仔猪和羔羊要防止走失和被母畜压死。

五、母畜的护理

①擦净外阴部、臀部和后腿上黏附的血液、胎水及黏液。

②更换褥草。

③及时饮水并给予疏松易消化的饲料。

④注意胎衣排出的时间和排出的胎衣是否完整，如发现胎衣不下或部分胎衣滞留的情况，应及早剥离或请兽医处理。

【技能考核标准】正常分娩的助产技术技能考核标准。

考核内容及分数分配	操作环节与要求	评分标准		考核方法	熟练程度	时限
		分值	扣分依据			
1. 母猪正常分娩的助产 2. 母牛正常分娩的助产 （100分）	①分娩预兆的观察	20	判断错误每一项扣5分	两人操作考核	熟练掌握	50 min
	②正确进行产前准备	15	每少准备一项扣5分			
	③正确进行助产操作	15	每错一步扣5分			
	④产后母子护理	30	每错一步扣5分			
	⑤熟练程度	10	在教师指导下完成扣5分			
	⑥完成时间	10	每超时1 min扣2分，直至10分			

【思考题】怎样判断分娩预兆和正确进行分娩的助产？

项目七

动物繁殖新技术

任务　繁殖新技术概述

【能力标准】

1. 了解胚胎移植的概念。
2. 熟悉胚胎移植的生物学基础。
3. 掌握胚胎移植基本原则。
4. 掌握胚胎移植的程序。
5. 了解体外受精的环节。
6. 了解性别鉴定的方法。
7. 了解克隆和转基因技术的方法。

【相关知识链接】

一、胚胎移植

(一)胚胎移植的概念

胚胎移植又称受精卵移植,是将体内、外生产的哺乳动物早期胚胎,移植到另一头同种的生理状态相同的雌性动物生殖道内,使之继续发育为新个体,也称借腹怀胎。提供胚胎的个体称为供体,接受胚胎的个体称为受体。供体决定其遗传特性,受体只影响其体质发育。随着相关生物技术的发展,移植的胚胎还可以通过体外受精在体外进行生产。

为了使供体母畜多排卵,通常要用促性腺激素处理,使十几个、几十个甚至更多的卵泡发育并排卵,这项技术称为超数排卵。在畜牧生产中,超数排卵和胚胎移植通常同时应用,合称为超数排卵和胚胎移植技术,简称超排胚移(MOET)技术。

(二)胚胎移植的发展历史

动物胚胎移植技术首次获得成功距今已有 100 多年,但在当今畜牧业生产中应用仍较少,只是作为提高种母畜受胎率的一种技术和家畜育种、胚胎工程的手段。

1890 年英国剑桥大学 Walter Heape 从一只纯种安哥拉母兔体内取出 2 枚 4 细胞胚胎，移植到一只比利时种母兔输卵管上端(用同种公兔交配后 3 h)，结果生出 4 只比利时仔兔和 2 只纯种的安哥拉仔兔。这个实验第一次证实了同种动物的受精卵在不同个体母畜体内发育的可能性。

胚胎移植在家畜上的实验最早开展于 20 世纪 30 年代。从此，胚胎移植在家畜上的研究不再局限于理论研究的范围，此后，胚胎移植在牛、羊和猪等动物上相继获得成功。50 年代有关于绵羊、山羊和猪移植成功的报道，但在生产中未能得到充分应用。60 年代由于超数排卵、胚胎采集、胚胎移植和同期发情等技术方法的不断改进，由 Sugie 设计的一种带有气囊装置的非手术采卵的实验取得成功，并逐渐推广到畜牧生产中。1948 年，美籍华人张名觉等在英国成功进行了兔胚胎在 10 ℃保存后再移植的实验，为后来胚胎移植技术的发展和应用奠定了基础。

20 世纪 60 年代以后，胚胎移植技术已发展到应用阶段。发达国家如北美、欧洲、大洋洲的许多国家相续建立起牛、羊胚胎移植公司。13 个国家先后成立了数百家商业化胚胎移植公司。

20 世纪 70 年代我国开始将胚胎移植技术应用到畜牧业上，1974 年在绵山羊上得到了很好的验证，1976 年牛的非手术胚胎移植技术推广，1977 年可做商业化应用。1978 年我国在牛的胚胎移植方面获得成功。20 世纪 80 年代在欧洲已将超数排卵和胚胎移植技术——超排胚移(MOET)应用到奶牛育种工作上。20 世纪 90 年代，美国荷斯坦奶牛核心群种母牛的 27.5%和优秀种公牛的 44%来自胚胎移植产生的后代。2020 年美国、法国等发达国家参加后裔测定的青年公牛中，80%以上为胚胎移植的后代。

与国外相比，我国家畜胚胎移植技术的研究和应用起步较晚，但近年来发展较快，从 20 世纪 70 年代开始，通过胚胎移植已先后成功获得家兔(1972 年)、绵羊(1974 年)、奶牛(1978 年)、山羊(1980 年)和马(1982 年)的后代。1991—1995 年，胚胎移植技术逐渐成熟，全国年平均超排供体牛 300～500 头次，移植 1 000 余头次，但仍处于由实验向生产过渡的阶段。从 70 年代后期到 90 年代中期的推广应用，我国以高产荷斯坦奶牛作为供体，本地牛或杂交牛作为受体，用黄牛生产牛奶，用低生产牛产高产牛后代。目前，我国奶牛、绵羊和山羊的胚胎移植技术已接近或达到发达国家的水平，部分地区已进入产业化应用阶段。

(三)胚胎移植的意义

胚胎移植和人工授精分别从种母畜和种公畜两个方面提高家畜繁殖力，是育种工作的有效手段。人工授精是提高优良种公畜配种效率的方法，胚胎移植是提高种母畜繁殖力的新技术途径。目前，胚胎移植的意义主要体现在以下几个方面。

1. 充分发挥良种母畜的繁殖潜力

在自然条件下，优良母畜一生的大部分时间需要用来承担繁重的妊娠任务，为此后代的繁殖数量较少。如果采用超数排卵技术，其排卵数将大幅度增加，经体外受精处理，一次可获得多枚胚胎，通过胚胎移植技术，将一头良种母畜的胚胎移植到其他母畜体内，而不需要在自己体内完成发育阶段，这使得优良母畜省去了很长的妊娠期，供体母畜只产生具有优良遗传性状的胚胎，缩短了繁殖周期。以牛为例，一般情况下，1 头良种母牛一年只能产下 1 头犊牛，目前应用胚胎移植技术，1 头良种母牛一年最多可得到 20 余头良种母牛的后代。

2. 加速育种进程

MOET 育种技术可使母畜在短期内获得大量的后代，扩大良种母畜在群体中的影响，既增加了后代的选择强度，加速品种改良，又缩短了世代间隔，使牛的繁殖力增加 7～10 倍。特别是世代间隔的缩短对加速育种进程尤为重要。据报道，应用 MOET 育种方案，牛、羊生长性状的年遗传进展可比常规繁殖法分别提高 80%和 70%，比自然繁殖提高 5～10 倍，胴体瘦肉率的年遗传进展分别提高 100%和 80%。如果采用更为合理的方案，胚胎移植的成功率将进一步提高，则牛、羊的遗传进展速度将比常规方法快 1 倍，甚至与猪、鸡的进展速度相近。国外利用重复超数排卵技术在一年内成功地获得了一头母牛的 60 多个后代。

3. 诱发肉用双胎，提高生产效率

在肉牛业和肉羊业中，可以向已配种的母畜（排卵的对侧子宫角）移植一个胚胎，而本来已受精的那些母畜由于增加了一个外来胚胎，可能怀双胎，俗称"诱发双胎"。由于供体母畜可在年轻时采集胚胎后屠宰，这样既提供了优质的肉品，同时又留下了一定数量的后代。目前，双胎率达 30%～70%，这样，肉牛业和肉羊业可适当减少繁殖母畜的数量。肉畜饲养业中的繁殖用母畜可以不按常规方式保留更多的数量，而仍能维持畜群的正常率和更新率，因而，生产效率得到了很大的提高，减少了饲养费用。

4. 代替种畜的引进

胚胎的冷冻保存技术可以使胚胎移植不受时间和地点的限制，利用引进冷冻胚胎进行移植，大大降低了因购买活畜和运输活畜的费用，省去了活畜引进时的检疫和隔离程序。胚胎经特殊处理，完全不携带病原微生物，胚胎的交流完全可以免除活畜进出口检疫工作。此外，将冷冻胚胎移植给本地母牛，在当地产生后代，增强了后代对引种地生态环境的适应性和抗病力。

5. 保存品种资源

胚胎冷冻技术可以长期冷冻保存胚胎，通过这项技术可以建立动物品种的胚胎优良性状基因库，延续某些特有品种和野生动物的存在时间，而且其费用远远低于对活畜的保存。胚胎冷冻技术可以使价值高的品种免于自然灾害、遗传漂变、传染病等潜在的威胁。

6. 克服不孕

针对易发生流产或难产的优良母畜，可采用胚胎移植技术，将处于早期发育的胚胎取出，移植给其他雌性动物，使良种雌性动物能够正常繁殖后代。

7. 有利于防疫的需要

在养猪业中，为了建立 SPF 猪群（无特定病原猪群），向封闭猪群引进新个体，作为控制疾病的一种措施，为了控制疫病，往往采取胚胎移植技术代替剖腹取仔的方法。

8. 提供研究的手段

胚胎移植是研究受精作用、胚胎学和遗传学等基础理论的一种很好的手段。利用种间的胚胎移植可以揭示它们在系统发育上的关系。通过种间胚胎移植，可以探讨动物个体在生物学上的亲缘关系。此外，体外受精、克隆、性别控制、胚胎分割、胚胎嵌合和转基因等胚胎生物技术的开展也离不开胚胎移植技术。

（四）胚胎移植的生物学基础

1. 母畜发情后生殖器官的孕向发育

大多数自发排卵的动物，发情后不论是否配种，或配种后是否受精，生殖器官都会发生一系列的变化，如卵巢上黄体的形成与孕酮的分泌，子宫内膜组织的增生和分泌机能的增强，这些变化都为胚胎的着床、发育创造条件，一直到妊娠识别后，受孕和未受孕的雌性动物生殖生理朝不同方向发生变化。发情后最初数日，生殖系统的变化是相同的。进行胚胎移植时，不配种的受体母畜可以接受胚胎，为胚胎发育提供所需的环境。妊娠雌性个体朝着妊娠方向发展，黄体持续存在于卵巢上，转为妊娠黄体；未妊娠的雌性个体，卵巢上黄体则被子宫产生的前列腺素溶解，进而开始新的发情周期。这种发情后母畜生殖器官相同的变化使供体胚胎向受体移植并被接受成为可能。因此，发情后供体和受体母畜的生殖器官在最初数天或十多天的孕向发育是胚胎移植、受体接受胚胎并代之完成妊娠、分娩过程的主要生理学基础，只有移植时受体的生理状态与胚胎的发育阶段相适应，胚胎才可继续发育。

2. 早期胚胎的游离状态

早期胚胎在受精后从输卵管移行到子宫角并与母体建立起实质性联系之前，胚胎均为游离状态，独立存在的，营养主要来自胚胎内的卵黄物质。此时将胚胎从母体内冲出，在短时间内胚胎不至于死亡，而当将胚胎置入与母体相同的环境中，胚胎可以进一步发育并最终分娩生成新的个体，这是胚胎移植得以成功实施的基础。胚胎的游离存在和能在体外短时间生存使收集和体外胚胎处理成为一种可能。

3. 胚胎遗传物质的稳定性

在胚胎移植中，胚胎的遗传物质实际上来源于供体以及与之交配的雄性个体，因此其遗传信息在受精时就已确定。受体对胚胎并不产生遗传上的影响。尽管其后期发育在受体内来完成，但发育环境只是影响其遗传潜力的发挥，而不会改变新生个体的遗传特性。

4. 母体子宫对胚胎的免疫耐受性

在自然繁殖条件下，在同一物种内，受孕母体对遗传物质不完全一致的胚胎具有免疫耐受特性。实际上，胚胎经过附植与母体子宫建立起实质性联系，母体局部免疫会逐渐发生变化，加之胚胎表面特殊免疫保护物质的存在，母体的免疫耐受性确保了胚胎的正常发育和存活。在胚胎移植中，胚胎在供体和受体之间具有相同的生理特性。然而，在生产实际中，一些移植的胚胎有时不能存活，除了其他因素外，是否有免疫学上的原因仍然值得研究。

(五)胚胎移植的基本原则

1. 胚胎移植前后环境的同一性，要求胚胎发育阶段与移植后的生理环境相适应

(1)供体与受体的种属一致性　即二者属于同一物种。一般来说，在分类学上亲缘关系较远的物种，胚胎的组织结构、发育所需要的外界物质条件以及胎儿发育进程差异较大，在绝大多数情况下，胚胎在异种母体中不能存活或存活时间很短，因此供体和受体在分类学上必须保持种属一致，但这并不意味着在生物进化史上，血缘关系较近、生理和解剖特点相似的不同种属个体之间，胚胎移植没有成功的可能性。

(2)供体和受体在生理上的一致性　即供体和受体在发情时间上具有同期性。

(3)供体和受体解剖部位的一致性　从输卵管或子宫内回收的胚胎应移植到受体具有黄体一侧相同解剖部位的输卵管或子宫内，才能最大限度地保证移植胚胎的发育和附植。

在胚胎移植中，之所以要遵循上述统一性的原则，这是因为发育中的胚胎对于母体子宫环境的变化十分敏感，母体生殖道内环境在卵巢类固醇激素的作用下，处于时刻的动态变化之中。生殖道的不同部位(输卵管和子宫)具有不同的生理生化特点，环境要与胚胎发育需求一

致。如果胚胎发育阶段与生殖道提供的生理环境不同，则易导致胚胎的死亡或流产。在胚胎移植实践中，供体与受体生理上的同步时间一般不能超过±1 d，同步时间相差越大，受胎率越低。

2. 胚胎的发育期限

排卵后形成的黄体分泌孕酮，是胚胎附植、维持妊娠的必要保证。从生理学上胚胎采集和移植的期限不应超过周期黄体的寿命，其理想时间应在妊娠识别发生之前，最迟要在黄体退化之前数日进行。因此，通常胚胎采集多在发情配种后的 3～8 d 内进行，受体在相同的时间内接受胚胎的移植。如果晚于这个时期，那么受体本身也必须是已受胎，并且自身也处于相同的发育阶段。如果此时将胚胎从母体内取出，将会打乱胚胎与母体的相互作用关系，导致移植后不易成活。

3. 胚胎的质量

由于胚胎在早期发育阶段，其生命力相对比较脆弱，容易受外界环境的影响。通常，从供体生殖道回收的胚胎由于各种原因不一定都适合移植，只有受精后形态、色泽正常的胚胎，才能与受体子宫顺利进行妊娠识别和胚胎附植；而未受精卵和质量低劣的胚胎则无法完成发育或在发育中途退化，导致妊娠识别和附植失败、胚胎丢失或流产。因此，用于移植的胚胎在移植之前需要进行严格的质量评定。

4. 经济效益或科学价值的考量

胚胎移植技术应用时，经济效益和科学价值是必须考虑的。一般胚胎移植成本投入较高，因此胚胎应具有独特经济价值或科学研究价值，如生产性能优异等。

（六）胚胎移植的程序

1. 供、受体母畜的选择

（1）供体的选择

①具备遗传优势，在育种上有价值：应选择生产性能高，经济价值大的母畜作为供体。

②具有良好的繁殖能力：既往繁殖史正常，易配易孕，没有遗传缺陷，分娩顺利正常无难产。

③健康无病，特别是无繁殖疾病和传染性疾病。

④营养良好，体质健壮。

（2）受体的选择

受体母畜可选用非优良品种的个体，但应具有良好的繁殖性能和健康体况，可选择与供体同期发情的母畜为受体，一般二者发情同步差不超过±24 h。

2. 供体和受体的发情同期化

供、受体发情的同期化是胚胎移植的关键，只有当供、受体的生殖器官处于相同的生理状态，移植的胚胎才能正常发育。若不同期，胚胎处于不同生理环境，受体母畜不能产生促黄体作用，不能分泌足量的孕酮，胚胎就不能附植。一般供受体同期化发情时间不得超过 1 d，同期化越近成功率越高。

当前比较理想的同期发情药物是前列腺素及其类似物，其用量根据药物的种类和用法而有不同，如子宫灌注的剂量要低于肌内注射的剂量。在注射 $PGF_{2\alpha}$ 后 24 h，配合注射促进卵泡发育的 PMSG 或 FSH，可明显提高同期发情效果。

3. 供体母畜的超数排卵

(1)超数排卵的概念

在母畜发情的适当时间内利用外源性激素，促进卵巢机能，激发卵巢一次有较多卵泡发育成熟并排卵。

(2)超数排卵方法

①牛的超数排卵方法。

a. PMSG+$PGF_{2\alpha}$法：在母牛性周期的第8～12天中的任一天肌内注射PMSG 2 000～3 000 U(初产牛2 000，经产牛2 500～3 000，老年牛剂量更大些)，48 h后肌内注射$PGF_{2\alpha}$ 15～25 mg或子宫灌注$PGF_{2\alpha}$ 2～3 mg，在处理$PGF_{2\alpha}$ 36～48 h后多数母牛发情，发情后12 h进行第一次输精。

b. FSH+$PGF_{2\alpha}$法　此法常需加LH，比例为FSH∶LH=5∶1。在母牛发情期的10～13 d肌内注射FSH(+LH)，每天2次，以递减的剂量连续肌内注射4 d，总计量为360 U，每天的用量(单位：U)为：

时间	第1天	第2天	第3天	第4天
上午	60	50	40	30
下午	60	50	40	30

在第3天也即第5次肌内注射FSH时，同时肌内注射$PGF_{2\alpha}$4 mg或子宫灌注2 mg，注射$PGF_{2\alpha}$后36～48 h母牛发情，发情后12 h第1次输精，输精同时肌内注射0.5 mg LRH-A2 200～300 mg，以提早排卵。牛一般输精2次，间隔时间为12 h。

②羊的超数排卵方法。

a. 用FSH超排。在发情周期第12天或第13天开始肌内注射，以递减剂量连续注射3～6 d，每次间隔12 h，总剂量为200～350 U，在第5次注射时同时肌内注射$PGF_{2\alpha}$ 2 mg，发情后立即注射LH 100～150 U。

b. 用PMSG超排。在发情周期的第12～13天，一次肌内注射PMSG 700～1 500 U，出现发情或配种当天再hCG 500～750 U，在PMSG注射后，隔日注射$PGF_{2\alpha}$或其类似物。

4. 胚胎采集

采胚是指借助工具利用冲胚液将胚胎由生殖道(输卵管或子宫角)中冲出，并收集在器皿中。胚胎采集方法有手术法和非手术法2种，手术法适用于各种动物，非手术法仅适用于牛、马等大动物，且只能在胚胎进入子宫后进行。

(1)胚胎采集前的准备

①冲胚液、培养液的配制。为了保证胚胎在离体条件下不受损伤，冲胚液必须符合一定的渗透压和pH。现在多采用杜氏磷酸缓冲液(PBS)、布林斯特氏液、合成输卵管液(SOF)以及199培养液(TCM199)等，它们除含各种盐类外，还含有多种有机成分，不但可用于冲洗、采胚，还可用于体外培养、冷冻保存和解冻胚胎等。

冲胚液和培养液在使用前都要加入血清白蛋白，含量一般为0.3%～1%，也可用犊牛血清代替，犊牛血清需加热(56 ℃水浴30 min)灭活，使血清中的补体失去活性，以利胚胎存活。冲胚液血清含量一般为3%(1%～5%)，培养液血清含量为20%(1%～50%)。

②采胚时间的确定。采胚时间的确定应根据配种时间、发生排卵的大致时间、胚胎的运行

速度、胚胎的发育阶段、畜种、胚胎所处部位、采胚方法等因素来确定。

(2)采胚方法

①手术法采胚。在沿腹部中线做一切口，找出输卵管和子宫角，引出切口外，用注射器吸取冲洗液注入输卵管或子宫角内。从另一方向插入塑料细管或针头，用表面皿接取冲洗液，胚胎即随冲洗液一起流出。两侧应分别冲洗。由于子宫角与输卵管峡部接合处结构上的不同，一般牛、羊是将冲洗液从子宫角注入，由输卵管伞接取。猪、马相反。

②非手术法采胚。非手术法是利用三路导管的采胚器将冲洗液通过中管注入子宫角内，然后通过内管导出冲洗液，外管前端连接一气囊，当将采胚器插入子宫角后，充气使气囊胀大，堵住子宫颈内口，以免冲洗液经子宫颈流出。也可用二路导管采胚器，冲洗液的注入和导出是通过同一导管。非手术法采胚每侧子宫角用冲洗液 100～500 mL。

5. 胚胎的检查和鉴定

检查胚胎应在 20～25 ℃的无菌操作室内进行，可采用以下 2 种方法：一是静置法。把盛冲胚液的容器静置 20～30 min，因胚胎比重大，会下沉到容器底部，然后将上面的液体弃去，将下面的几十毫升冲胎液倒入平皿，在立体显微镜下进行检查。二是用带有网格(直径小于胚胎直径)的过滤器放入冲胚液中，由上而下吸出冲胚液，最后只检查下面的几十毫升冲胚液即可。检出的胚胎用吸胚器移入含有 20%犊头血清的 PBS 培养液中进行鉴定。

目前，鉴定胚胎质量和活力的方法主要有形态学法，体外培养法，荧光(活体染色)法和测定代谢活性法等。

(1)形态学法　这是目前鉴定哺乳动物胚胎最广泛，最适用的方法。一般是在 30～60 倍的立体显微镜下或 120～160 倍生物显微镜下对胚胎进行综合评定，评定的主要内容是：①卵子是否受精。未受精卵的特点是透明带内分布匀质的颗粒，无卵裂球。②透明带形状，厚度，有无破损等。③卵裂球的致密程度，卵黄间隙是否有游离细胞或细胞碎片，细胞大小是否有差异等。④胚胎本身的发育阶段与胚胎日龄是否一致，胚胎的透明度，胚胎的可见结构如胚结(内细胞团)，滋养层细胞，囊胚腔是否明显可见等。

根据胚胎形态特征将胚胎分为 A(优)、B(良)、C(中)、D(劣)4 个等级。A、B、C 3 个等级为可用胚胎，D 级胚胎不能用于移植。

(2)体外培养法　将被鉴定的胚胎经体外培养观察，进一步判断其死活。

(3)荧光(活体染色)法　将二醋荧光素(FDA)放入待鉴定的胚胎中，培养 3～6 min，活胚胎显示有荧光，死胚胎无荧光。这种方法比较简单而且能确切验证胚胎的形态观察的结果，尤其对可疑胚胎有效。

(4)测定代谢活性法　将胚胎放入含有葡萄糖的培养液中，培养 1 h 后，测定培养液中葡萄糖的消耗量，每培养 1 h 消耗葡萄糖 2～5 μg 以上者为活胚胎。

6. 胚胎的培养和保存

培养与保存是两个并不完全相同的概念。培养是在体温条件下，于培养液中使胚胎继续发育。胚胎在体外发育的同时，也延长了体外存活的时间，间接地达到了保存的目的，但时间一般只能持续数日。保存是使胚胎在一定条件下(降温)停止发育，延长其在体外的生存时间，当需要时升温后进行移植。胚胎的保存方法目前有 3 种：常温保存、低温保存和冷冻保存。

(1)常温保存　是指胚胎在常温(15～25 ℃)下保存。通常采用含20%犊牛血清的PBS缓冲液,胚胎可保存4～8 h。

(2)低温保存　是指在0～10 ℃的较低温度下保存胚胎的方法。在此温度下,胚胎细胞分裂暂停,新陈代谢速度减慢。但细胞的一些成分特别是酶处于不稳定状态,因此在此温度下保存胚胎只能维持有限的时间。各种哺乳动物胚胎的低温保存适宜温度是:小鼠5～10 ℃,兔10 ℃,山羊5～10 ℃,牛0～6 ℃。

(3)冷冻保存　一般是指在干冰和液氮中保存胚胎。其最大的优点是胚胎可以长期保存,胚胎活力不受影响。胚胎冷冻的方法很多,可以归纳为缓慢降温法、快速冷冻法和一步冷冻法(直接冷冻法)3种。

①缓慢降温法是最早采用的方法。加入保护剂后,以0.2～0.8 ℃/min的速率把胚胎降温至－196 ℃后投入液氮。同样,解冻也需要缓慢升温。此法冷冻解冻过程耗时太长,现已淘汰。

②快速冷冻法是目前最成熟的方法。与一步法相比,虽然操作比较繁杂,需要专门的冷冻仪,但胚胎解冻后的存活率及移植成功率较高,为目前生产中最常用的方法。其具体操作步骤为:

A. 胚胎采集和洗涤。用手术法或非手术法采集胚胎后,选择形态正常的桑葚胚或囊胚在含20%犊牛血清的PBS中洗涤2次。

B. 加入冷冻液。将洗涤过的胚胎在室温条件下放入含1.4 mol/L甘油的冷冻液中平衡20 min。

C. 装管和标记。将胚胎和冷冻液装入0.25 mL细管中,封口,并在细管上标记供体号、胚胎数量、等级、冷冻日期等。

D. 冷冻和诱发结晶(植冰)。将装入细管中的胚胎放入冷冻仪中,在0 ℃平衡10 min,以1 ℃/分的速度降至－7～－6 ℃,在此温度下诱发结晶,并平衡10 min。然后以0.3 ℃/分的速度降温至－38～－35 ℃,投入液氮中保存。

E. 解冻和脱除保护剂。从液氮中取出装胚胎的细管,立即投入37 ℃水浴中,并轻轻摆动,1 min后取出即完成解冻过程。然后用含0.2～0.5 mol/L蔗糖的PBS液分两步或用一步法脱除冷冻保护剂使胚胎复水,最后移入PBS培养液中准备移植。

③一步冷冻法　采用25%的甘油、丙二醇和乙二醇中的任何两种保护剂组成高浓度的玻璃化液。胚胎分两步移入低、高浓度的保护剂中,装入细管并在4 ℃平衡10 min,然后直接投入液氮。解冻后可分两步脱去保护剂。此法操作简单,不需要专门的冷冻仪,为将来发展的方向,但成功率还有待提高。

7. 胚胎的移植

为防止胚胎输入输卵管或子宫角时被粘到吸管内而丢失,用吸管吸取胚胎的程序应为:先吸入一段保存液,一段空气,然后再吸一段含有胚胎的保存液,一段空气,最后吸少量保存液,吸管的尖端再留一段空隙。

(1)手术法移植　在进行采胚和检查的同时或之后,在受体腹部做一切口,找到排卵一侧的卵巢,用注射器或移植器将胚胎注入同侧的子宫角或输卵管内。

(2)非手术法移植　适用于牛马等大动物。移植前将可移植的胚胎吸入0.25 mL塑料细管内,隔着细管在实体显微镜下检查,确定胚胎已吸入细管内,然后将细管装入移植器中移植。如果向一头受体移植两个或两个以上胚胎时,应按胚胎数均等地分别注入两个子宫角或输卵管内。

二、体外受精技术

(一)概述

体外受精是指哺乳动物的精子和卵子在体外人工控制的环境中完成受精过程的技术,也称体外受精联合胚胎移植技术。体外受精技术是继人工授精技术、胚胎移植技术之后动物繁殖领域的第三次革命,是胚胎生物技术的重要研究内容之一。它不仅有助于受精本质和机理的研究,而且也是研究胚胎分化和发育机制的重要手段。近几十年来,包括动物克隆技术在内的一系列生物技术的发展与体外受精技术的发展起到了相互促进的作用。

(二)体外受精的技术环节

1. 卵母细胞的采集和成熟培养

(1)卵母细胞的采集

①超数排卵。雌性动物注射促黄体素和促卵泡素后,可以一次排出比自然情况下多几倍到几十倍的卵子,从输卵管中取出成熟卵子,直接与获能精子受精。整个试验关键是掌握卵子进入输卵管和在输卵管中维持受精能力的时间。这种方法多用于小鼠、大鼠和兔等实验动物,也可用于山羊和绵羊等小型多胎家畜。大家畜体型较大,费用较高,程序复杂,很少使用。

②活体卵巢取卵母细胞。这种方法主要借助超声波探测仪、内窥镜或腹腔镜直接从活体动物的卵巢中取卵母细胞。按照目前技术水平,一头健康母牛每周可获 5～10 枚卵子。在家畜中,活体采集的卵母细胞一般要经培养后才能与精子完成受精。

③从屠宰母畜体内取卵母细胞。此种方法是从刚屠宰的母畜体内取出卵巢,经洗涤、保温(30～37 ℃)后,在无菌条件下用注射器或真空泵抽吸卵巢表面一定直径卵泡中的卵母细胞(牛卵细胞直径要求 3～10 mm,绵羊要求 3～5 mm,猪为 3～6 mm)。获得的卵母细胞多数处于生发泡期(GV 期),需在体外培养成熟后才能与精子受精,关键是注意防止卵巢感染。取样时,卵母细胞要保存在装有生理盐水或磷酸缓冲液(PBS)的保温瓶中,溶液要添加抗生素。

(2)卵母细胞的成熟培养

由超数排卵采集的卵母细胞已在体内发育成熟,不需培养可直接与精子受精,对未成熟卵母细胞需要在体外培养成熟。从家畜体内采集的卵母细胞绝大部分与卵丘形成卵丘—卵母细胞复合体(cumulus-oocyte complex,COC)。

依据卵丘—卵母细胞复合体的外形选出正常的卵母细胞并进行分类:A 级卵母细胞的细胞质均匀,卵丘细胞 4 层以上而且致密。B 级卵母细胞的细胞质均匀,卵丘细胞 3～4 层。C 级卵母细胞有 1～2 层卵丘细胞,而且卵母细胞的细胞质均匀度较差或者是半裸卵。D 级卵母细胞是卵丘细胞全部脱落的裸卵。在体外试验中,一般只有 A 级和 B 级卵母细胞能用于体外成熟培养。

从卵巢上采集的卵母细胞仍处于生发泡阶段,需要进行成熟培养。

培养液:目前卵母细胞体外成熟的基础培养液应用最广泛的是 TCM-199,在使用过程中需要添加一定浓度的血清(5%～10%的牛胎儿血清或发情牛血清)、促性腺激素(如 0.1～1.0 μg/mL 的 FSH 和 5～10 μg/mL 的 LH)和雌激素(如 1.0～2.0 μg/mL)等。

温度和环境气候:一般家畜卵母细胞的体外成熟温度为 38～39 ℃,人的为 37 ℃,环境要求为含有 5%CO_2 和适宜湿度的环境。

培养时间：牛和羊卵母细胞的成熟时间一般为 22～24 h，马为 30～36 h，猪为 40～44 h。

培养方法：卵母细胞体外成熟培养方法主要分以下 3 种：

①微滴法。先将成熟培养液在组织培养皿中做成 50～100 μL 的微滴并覆盖液体石蜡。取 5～10 枚卵母细胞放入其中培养。此法适合进行多组对比试验。

②封闭法。将卵母细胞放入装有 2～3 mL 成熟培养液的 15 mL 试管中，在封口胶塞处插入一个注射针头，从针头处冲入含有 5%CO_2 的空气，完毕后拔出针头，再置于恒温培养箱或水浴中培养。此种方法的优点是不需要 CO_2 培养箱，节省了 CO_2，但整体操作较麻烦。

③开放法。将 1～2 mL 成熟培养液放入玻璃小平皿内，放入 50～100 枚卵母细胞，不用覆盖液体石蜡，将平皿置于含有 5%CO_2 的培养箱中培养，此种方法适合于培养大量的卵母细胞，适合于工厂化生产。

2. 体外受精

体外受精是指在体外将获能的精子与成熟的卵子共同培养，完成受精的过程。精子的制备、获能和受精一般在 Tyrode's 液（TALP）或 BO 液中进行。

（1）精子的准备　在体外完成受精，首要条件是准备成熟的精子和卵子，其次是模拟体内生理环境。用于完成受精的精液一般为冷冻精液，所以，在准备时要保证精子的成活率。精子准备一般用以下几种方法。

①悬浮液法：取 1～2 支细管冷冻精液解冻，放入已加入 3～5 mL 获能液或者受精液的试管底部，培养箱中孵育 30 min，用细管吸取上半部分液体离心洗涤 1～2 次，可获取 90%以上活力强的精子。本种方法适用于精子活力较差、精液总体浪费较大的情况。

②直接离心提取：取 5～10 mL 精液直接放入已加入获能液或者受精液的离心管中，而后离心 2 次即可。此法操作简单，精子利用率高。但需要在受精前大概计算出精子的活力，提取过程中不包括精子的筛选，活精子和死精子比例约为 1∶1。

③帕克尔（Percoll）密度梯度离心法：常用密度梯度有 2 种，即 90%和 45%。具体操作过程是先制备各种不同浓度的 Percoll 液，将高浓度的液体置于底部，低浓度的置于上面，将精液置于上面，并放于 2 000 r/min 离心机中离心 20 min，去掉上层大部分 Percoll 液体，只保留最底部精液，取 1～2 mL 于离心管中，再以 500～700 r/min 的速度离心 5～7 min，去掉上清液，只保留最底层 0.1 mL 精液。此种方法程序较为复杂，但精子的利用率非常高，可以得到大部分活力好的精子。

（2）精子的获能处理　哺乳动物精子的获能处理有培养和化学诱导两种方法。牛、羊的精子常用化学药物诱导获能，诱导获能的常用药物是肝素和钙离子载体。精子获能过程是：母畜生殖道内的获能因子中和精子表面的去能因子，并促使精子质膜的胆固醇外流，导致膜的通透性增加，而后 Ca^{2+} 进入精子内部，激活腺苷酸环化酶，抑制磷酸二酯酶，诱发 cAMP 的浓度升高，进而导致膜蛋白重新分布，膜的稳定性下降，精子完成获能。

（3）受精　即获能精子与成熟卵子的共培养，除 Ca^{2+} 载体诱导获能外，精子和卵子一般在获能液中完成受精过程。最初试验中，曾把排除极体和卵裂程度作为受精标准，这在实际应用中是不可靠的。因为哺乳动物的卵母细胞在体外的培养环境下，即使不受精也能排除极体甚至卵裂。因此，衡量受精是否成功，主要参考以下几个方面：第一，受精初级阶段，卵母细胞中应存有膨大的精子头部及与其相符的尾部，排除第二极体；第二，受精发生后应当形成大小相等的卵裂球，每个卵裂球应具备相应的细胞核；第三，将受精卵移植给受体后应当能发育为正常的个体，这是判断受精的最重要的依据。

(4)精卵共同培养条件。受精后，卵母细胞最好立即放入 38.5 ℃，含 5%CO_2 和最大湿度的培养箱中培养 24～44 h。

3. 胚胎培养

精子和卵子受精后，受精卵需移入发育培养液中继续培养以检查受精状况和受精卵的发育潜力，质量较好的胚胎可移入受体母畜的生殖道内继续发育成新个体或进行冷冻保存。利用化学成分明确的基础培养液，如合成输卵管液，添加血清、牛血清白蛋白、氨基酸、维生素和生长因子(如表皮生长因子和胰岛素样生长因子)等物质。培养液基本成分包括无机盐、碳水化合物、氨基酸、蛋白质及其他生长因子等，目前常用 SOF 液，其主要成分和输卵管成分相同。受精卵的培养主要采用微滴法，胚胎与培养液的比例为一枚胚胎用 3～10 μL 培养液，一般 5～10 枚胚胎放在一个小滴中培养，以利用胚胎在生长过程中分泌的因子。与体细胞共培养可以有效地解决体外受精胚胎的发育停滞问题，此系统常用的培养液是 TCM199＋5%～10%的血清，常用的体细胞是输卵管上皮细胞、颗粒(卵丘)细胞、成纤维细胞、巴弗洛大鼠肝细胞和子宫内膜细胞。胚胎培养条件与卵母细胞成熟培养条件大致相同。小鼠和家兔等试验动物的胚胎可以早期移植，也可以冷冻保存。

三、性别控制技术

(一)概述

动物性别控制是指通过人为地干预或操作，使母畜按人们的愿望繁殖所需性别后代的技术。这是一项能显著提高畜牧业经济效益的生物工程技术。通过性别控制，可以从受性别限制或影响的性状获益。例如，在奶牛上，公犊一出生往往就被淘汰，而母犊的价值为公犊的数十倍乃至近百倍，母牛如能按照人们的愿望多产母犊，其经济效益将大大提高。很早以前人们就开始进行性别控制的研究，到现在已经取得了很多成果。目前，动物性别控制主要采用两条途径，分别是对精子进行处理和对胚胎进行早期性别鉴定。

(二)性别控制发展情况

早在 2 500 年前，古希腊的德谟克利特提出通过抑制一侧睾丸控制后代性别比例的设想，这在现在看来是比较荒谬的，他缺乏对性别控制技术与性别决定理论的了解。20 世纪，随着孟德尔理论的逐渐建立，人们提出性别由染色体决定的理论。1923 年，Painter 证实人类 X 染色体和 Y 染色体的存在。1959 年 Welshons 和 Jacobs 等提出 Y 染色体决定雄性的理论。1989 年 Palmer 等找到了 Y 染色体上的性别决定区。尽管性别决定区 SRY 序列诱导性别分化的具体机理有待深入研究，但是 SRY 的发现对性别控制技术的发展有里程碑的意义。目前，用分子生物学方法确定胚胎细胞中是否存在 SRY 基因来鉴定早期胚胎性别的技术已进入实际应用阶段，成为目前最有效的早期胚胎性别鉴定方法。

(三)哺乳动物性别控制技术

哺乳动物精子可分为 2 类：一类携带 X 染色体(X 精子)，另一类携带 Y 染色体(Y 精子)。这两类精子在体积、比重、DNA 含量、表面抗原和表面电荷等方面存在着一些差异，人们根据这些差异设计了很多方法将X、Y精子分离，这些方法主要有流式细胞仪分类法、沉降法、离心沉降法、密度梯度离心法、过滤法、电泳法、H-Y抗原法等。其中较准确的分类方法是流式细胞仪分类法，流式细胞仪法是目前比较科学、可靠、准确性高的精子分离方法。其理论基础是X精子和Y精子的常染色体相同，而性染色体的DNA含量有差异。发出的信号利用仪器和计算机系统进行扩增，并分辨出X精子、Y精子及分辨模糊的精子。当这些充电的液滴通过两块各自带正电或负电的偏斜板时，正电荷收集管为X精子，负电荷收集管为Y精子，分辨模糊的精子收集到另一个管中。

(四)性别鉴定方法

性别鉴定是指在胚胎移植之前对早期胚胎进行性别鉴定，选择特定性别的胚胎进行移植，即可获得期望性别的后代，达到控制下一代性别的目的。运用细胞学、分子生物学或免疫学方法可对哺乳动物附植前的胚胎进行性别鉴定，通过移植已知性别的胚胎可控制后代性别比例。目前胚胎性别鉴定的方法主要有核型分析法、免疫学方法和SRY基因PCR扩增法。

1. 核型分析法

该方法是通过分析部分胚胎细胞的染色体组成来判断胚胎性别，有XX染色体的胚胎通常发育为雌性，而具有XY染色体的发育为雄性。因此通过核型分析能鉴定胚胎性别。这种方法的准确率可达100%，但是取样时对胚胎损伤大，操作时间长，并且获得高质量的染色体中期分裂相很困难，因此难以在生产中推广应用。

2. 免疫学方法

这种方法的理论依据是雄性胚胎在细胞期至早期胚泡期存在雄性特异性组织相容性抗原，表达一种雌性胚胎没有的细胞表面因子，即H-Y抗原，利用H-Y抗原和抗体免疫反应的原理可以进行胚胎的性别鉴定。但是这种抗原的分子性质目前尚无定论，因而结果不稳定，准确性也较低。利用抗原抗体反应原理和特点可通过3种方法把雌雄分离开：第一种是在胚胎培养液中加入抗体和补体，经一段时间培养，发育为雌性，不能发育的即为雄性；第二种是先将胚胎与H-Y克隆抗体处理，再用荧光素标记的第二抗体处理，在荧光显微镜下观察，有荧光的胚胎即为雄性，没荧光的即为雌性；第三种是在胚胎发育到桑葚阶段向培养液中加入H-Y抗体，继续培养一段时间，出现囊胚的为雌性胚胎，停留在桑葚阶段的为雄性。

3. SRY基因PCR扩增法

SRY基因PCR扩增法是近十多年发展起来的用雄性特异性DNA探针和PCR扩增技术对哺乳动物早期胚胎进行性别鉴定的一种新方法。其实质就是Y染色体上SRY基因的检测技术，这种方法因具有特异性强、灵敏度高、快速、简便、经济等优点，在家畜早期胚胎的性别鉴定中占有重要的位置。这种方法取样细胞少，对胚胎的损伤小、快速而准确，准确率高达90%以上。目前广泛应用于家畜，特别是牛、羊胚胎的性别鉴定。

四、克隆技术

(一)概述

在生物学上克隆是指一个细胞或个体以无性繁殖的方式产生一群细胞或一群个体，在不发生突变的情况下，具有完全相同的遗传性状。动物克隆在畜牧生产和生物学基础研究中都具有重要价值。在畜牧生产上，通过动物克隆可大量扩增遗传性状优良的个体，尤其是体细胞克隆技术可实现优良家畜的无限扩增，可加速家畜品种改良和育种进程，在濒危动物保护中，运用克隆技术可扩大濒危物种群，利用体细胞克隆技术也可将品种的保存简化为组织和细胞的冷冻保存。在科学研究中，通过克隆可获得大量遗传同质的动物，为动物营养学、药理学等研究提供最好的实验材料。此外，克隆技术能大大提高转基因的效率，用 DNA 定点整合技术改造的体细胞作核供体，可大大提高目前的转基因效率。克隆技术对探明细胞核与细胞质的相互作用关系、细胞分化和早期胚胎的发育调控机理等也有着非常重要的意义。

尽管克隆技术在一些动物上已经取得成功，但是总体技术水平还处于实验研究阶段，实践运用时还存在结果不稳定、效率低，后代死亡率高，细胞质对后代遗传有影响等问题。因此，动物克隆技术还需要进一步完善，成功率也有待提高。

(二)卵核移植基本技术环节

哺乳动物核移植的基本技术环节：首先利用显微操作仪将核供体(胚胎细胞或体细胞的核)移植到去核的卵母细胞的卵周隙内，然后利用一定强度的电脉冲刺激，使核供体与核受体(去核的卵母细胞)融合，融合后的胚胎经培养发育后，移植到受体内产生后代。体细胞核移植中，由于体细胞体积小，使用平行电极时细胞融合率低，所以常用针式电极进行细胞融合。为了解决融合率低的问题，也有打破供体细胞的细胞膜，将胞浆和核一起注入去核卵母细胞的胞浆内，然后进行激活处理。

五、转基因技术

(一)转基因动物概述

转基因动物技术是指借助分子生物学和胚胎工程技术，将特定的外源 DNA 在体外扩增加工，再通过直接导入或载体介导的方法，导入受体动物的基因组中，或把受体基因组中的一段 DNA 切除，然后将此转基因生殖细胞或胚胎植入假孕雌性动物生殖器官进行表达，以产生具有新遗传特性或性状的转基因动物，并能将新的遗传信息稳定的整合和遗传给后代，获得转基因系或转基因群的一门生物工程技术。通常把这种方式诱导产生的遗传改变的动物称为转基因动物。

(二)发展情况

转基因技术自 20 世纪 70 年代以来，在农业、医学和生物学中占有重要地位，在遗传学领域中的地位仅次于 20 世纪初的连锁分析。动物转基因技术已有近 30 年的研究历程，其本质就是利用基因工程技术人为地改造动物的遗传特性。转基因技术最早在 1986 年取得成功，当时 Munro 以鸡为实验对象，进行了把外源基因导入动物染色体的研究。大致上讲，就是用基因工程的方法获得目的基因，并将其整合到动物基因组中，使外源基因能够在动物体内表达。通过转基因操作，人类可定向地改造动物基因组，从而选育出人类需要的具有某些特定性状的动物，实现畜禽的超高产育种、抗病育种和生产生物反应器等目的。另外，还可以在动物活体水平上研究特定基因的结构和功能，为从分子水平到个体水平，多层次、多方位地研究基因功能提供了新思路。

(三)转基因动物制作方法

1. 受精卵原核显微注射法

该方法是利用显微注射技术将DNA分子直接注入受精卵的原核中,通过胚胎DNA在复制或修复过程中造成的缺口,把外源DNA整合到胚胎基因组中。它是哺乳动物最常见的转基因方法,具有准确性高,效果稳定,导入时不受DNA分子量的限制等优点,缺点是整合效率低,仅为1%左右,而且不能定点整合。

2. 反转录病毒感染法

反转录病毒是双链RNA病毒,它侵染细胞后可通过自身的反转录酶以RNA为模板在寄主细胞染色体中反转录成DNA。在利用病毒载体转基因时,首先要对病毒基因组进行改造,将外源基因插入病毒基因组致病区,然后用此病毒感染胚胎细胞,即可对胚胎细胞进行遗传转化。这种方法的优点是操作简单,外源基因的整合率较高。缺点是反转录病毒载体容量有限,不能插入大的外源DNA片段,因此,转入的基因很容易缺少其邻近的调控序列。此外,携带外源基因的病毒载体在导入受体细胞基因组过程中有可能激活细胞DNA序列上的有害基因,使其存在安全隐患。

3. 胚胎干细胞法

将载体DNA转入胚胎干细胞后,在体外经过适当的筛选和鉴定,再将获得的阳性胚胎干细胞注入受体动物的囊胚腔中,并移植入假孕母体子宫继续发育产生嵌合体动物,当胚胎干细胞分化为生殖干细胞时,外源基因可通过生殖细胞遗传给后代,在第二代获得转基因动物。这种方法可对阳性细胞进行选择,实现外源DNA的定点整合。缺点是第一代是嵌合体,获得转基因动物的周期较长。

4. 精子载体法

该方法是将外源基因与精子共同培养,再通过电穿孔或脂质体介导等方法将外源基因导入成熟的精子,使精子携带外源基因进入卵中并受精,从而使外源基因整合到染色体中。这种方法具有操作简单,转基因效率高等优点,但是效果不稳定,存在着目的基因整合的随机性和无法早期验证等特点,进而影响整合后的功能。

5. 细胞核移植法

该方法是以培养的体细胞或胚胎干细胞为受体,将外源目的基因转移到细胞内,然后选择阳性细胞作核供体,通过细胞核移植,从而获得转基因动物。这种方法可与基因打靶技术结合,实现外源基因的定点整合,消除外源DNA随机整合带来的副作用,这种方法的转基因效率可达100%,大大降低转基因动物的生产成本。但是,这种方法的广泛应用还依赖于细胞核移植技术的发展,目前还难以实现。

家畜转基因的研究拓宽了转基因动物研究的内容,转入生长激素基因(GH)可生产出生长速度和饲料报酬都有所提高的动物。但这些转基因动物有很多后遗症,例如:关节炎、胃溃疡、心肌炎、生殖丧失症等,导致家畜繁殖力较低、寿命短、死亡率较高等,在生产上没有太大的价值。为避免外源生物活性物质对转基因动物机体产生不利影响,研究目标主要转向生物反应器。生物反应器是利用转基因动物的造血或泌乳系统来生产外源珍稀蛋白,前者称血液生物反应器,后者称乳腺生物反应器。目前,有30多种重组的人蛋白基因在转基因动物乳腺中表达,其产品很快将进入临床应用。随着猪体细胞核移植的成功,用转基因猪器官作为人器官代用品的研究成为新的研究热点。

随机整合外源 DNA 进入细胞后，分子构象发生一些变化。长链 DNA 分子在核酸外切酶的作用下形成较长的单链末端，通过互补结合和 DNA 修复，形成拷贝数更高的 DNA 链。同源重组具有相同核苷酸序列的 DNA 双链互称为同源分子，同源 DNA 分子间的序列可相互交换。基因打靶是利用 DNA 同源重组的原理，把目标基因插入染色体 DNA 指定位点的一项分子生物技术。基因打靶技术与动物克隆技术的结合已成为转基因研究的主要方向。

六、胚胎嵌合体技术

(一)概述

胚胎嵌合又称胚胎的融合，是指由不同基因型的细胞构成的复合个体，它包括种间和种内嵌合体。胚胎嵌合技术为哺乳动物胚胎发育及遗传控制等研究提供了有效手段。将不同基因型的胚胎细胞嵌合到一起，根据其在嵌合体组织或器官中的分布及存活情况，研究胚胎早期分化规律。此外，在畜牧生产中，动物胚胎嵌合不仅对品种改良及新品种培育具有重要意义，而且为不同品种间的杂交改良开辟了新的渠道。

(二)胚胎嵌合的制作方法

1. 聚合法

(1)裸胚聚合法　在塑料培养皿上做好 20～30 μL 的联结用培养液小滴，上盖液体石蜡。将要联结的两个品系的裸胚放入培养液小滴中，在显微镜下用细玻璃棒轻轻拨在一起使之联结。然后在 5%CO_2、37.5 ℃饱和湿度下培养 10～20 min。联结用的培养液中一般要加联结剂——植物血凝素。联结完成后，要用培养液洗两次，再继续培养或做移植。

(2)卵裂球聚合法　它是将遗传性能不同而发育阶段相同或相近的胚胎卵裂球聚合在一起获得嵌合体的方法。首先用链酶蛋白酶除去透明带，然后用反复吹洗法将卵裂球团分离成单个卵裂球，从中取两枚或两枚以上的卵裂球放入空透明带中，加入 PHA 使之聚合，培养一段时间后可形成嵌合体胚胎。

2. 囊胚注射法

它是把一种或多种胚胎的卵裂球、内细胞团细胞、EC 细胞、ES 细胞或内细胞团直接注射到另一枚囊胚的腔隙中，获得嵌合体的方法。操作时，首先要准备注入的细胞或细胞团，再用显微操作仪把细胞或细胞团注入囊胚腔，然后把胚胎移入受体内继续发育为嵌合体。具体检测方法包括毛色分析法、葡萄糖磷酸异构酶同工酶电泳法、PCR 法、微卫星标记法和报告基因法等。

七、胚胎分割

(一)概况

胚胎分割是指通过对哺乳动物附植前的胚胎进行显微操作，将其分成若干个部分，每部分都具有继续发育潜力的胚胎生物技术。运用胚胎分割可获得同卵双生或同卵多生的后代，有利于扩大优良家畜的规模。胚胎分割的理论依据是早期胚胎的每个细胞都具有独立发育成新个体的能力。在畜牧生产上，胚胎分割可以扩大胚胎的来源，进而增加优良家畜的数量，例如，将牛胚胎分割后再进行移植，可能达到一卵双生或多生的效果。此外，分割后的胚胎可以先将一半胚胎移植，而另一半胚胎冷冻保存起来，这样，当移植的半胚产仔证实是优秀个体后，再将冷冻保存的半胚解冻和移植。在基础生命科学研究中，胚胎分割可以提供遗传差异非常小的实验材料，提高实验研究结果的准确性。

Spemann 在 1904 年最先进行蛙类 2 细胞期胚胎的分割试验，并获得同卵双生后代。1970 年，Mullen 等通过分离小鼠 2 细胞期胚胎卵裂球，获得同卵双生小鼠。后来，Moustala(1978)又将小鼠桑葚胚一分为二，也获得同卵双生小鼠。1979 年 Willaden 等进行绵羊早期胚胎的分割。20 世纪 80 年代以后，Willadsen 等在总结前人经验的基础上，建立了系统的胚胎分割方法，并用该方法由绵羊的 1/4 和 1/8 胚胎获得羔羊和由牛的 1/4 胚胎获得犊牛。目前，能由 1/2 胚胎生产的动物有小鼠、家兔、绵羊、山羊、牛、马；能由 1/4 胚胎生产的动物有家兔、绵羊、猪、牛和马；能由 1/8 胚胎生产的动物有家兔、绵羊和猪。

(二)胚胎分割方法

在进行胚胎切割时，先将发育良好的胚胎移入含有操作液滴的培养皿中，操作液常用杜氏磷酸盐缓冲液，然后在显微镜下用切割针或切割刀把胚胎一分为二。不同发育阶段的胚胎，切割方法略有差异。如果胚胎分割后没有受体，可以进行超低温冷冻保存，但由于分割胚的耐冻性和解冻后的成活率均低于完整的胚胎，所以分割的胚胎需要在体内或体外培养到囊胚阶段，再进行冷冻保存。

1. 桑葚胚之前的胚胎

这一阶段胚胎因为卵裂球较大，直接切割对卵裂球的损伤较大。常用的方法是用微针切开透明带，用微管吸取单个或部分卵裂球，放入另一空透明带中，空透明带通常来自未受精卵或退化的胚胎。

2. 桑葚胚和囊胚

对于这一阶段的胚胎，通常采用直接切割法，操作时，用微针或微刀由胚胎正上方缓慢下降，轻压透明带以固定胚胎，然后继续下切，直至胚胎一分为二，再把裸露半胚移入预先准备好的空透明带中，或直接移植给受体。在进行囊胚切割时，要注意将内细胞团等分。

3. 分割胚的培养

为提高半胚移植的妊娠率和胚胎利用率，分割后的半胚需放入空透明带中或者用琼脂包埋移入中间受体在体内或直接在体外培养。半胚的体外培养方法与受精卵的体外培养方法基本相同。体内培养的中间受体一般选择绵羊、家兔等动物的输卵管，输卵管在胚胎移入后需要结扎以防胚胎丢失。琼脂包埋的作用是固定胚胎，便于回收，但不影响胚胎的发育。发育良好的胚胎可移植到受体内继续发育或进行再分割。

项目八

动物遗传学基础

任务一　细胞学基础知识

【能力标准】

1. 了解生物分类。
2. 掌握真核细胞的结构。
3. 掌握染色体的形态特点。
4. 熟悉染色体的数目。
5. 掌握有丝分裂过程。
6. 掌握减数分裂过程。

【相关知识链接】

细胞是生物体形态结构和生命活动的基本单位。生物生长与发育、繁殖，遗传与变异、适应与进化等重要的生命活动均以细胞为基础。所以，研究生物遗传和变异的规律及其机理，必须首先了解细胞的结构和功能、细胞的繁殖方式及其与遗传的关系。

地球上，具有独立生命活动的所有生物均由一个或多个细胞组成。每种细胞具有一定的结构，但在结构和组成上，不同生物存在差异。根据细胞结构的复杂程度，可把生物界的细胞概分为两类：一类是结构较简单的原核细胞，只有拟核而没有细胞核和细胞器；另一类是结构复杂的真核细胞，细胞内具有细胞核和细胞器。

一、生物的分类

根据构成生物体的基本单位，可以将生物分为：

1. 非细胞生物

非细胞生物是具有前细胞形态的构成单位，包括病毒、噬菌体(细菌病毒)。

2. 细胞生物

细胞生物是以细胞为基本单位的生物；根据细胞核和遗传物质存在方式的不同又可以分为2类。

(1)真核生物　是由真核细胞构成的生物。包括原生动物、单细胞藻类、真菌、高等植物、动物和人类。

(2)原核生物　指一类细胞核无核膜包裹，只存在称作核区的裸露 DNA 的原始单细胞生物。它包括细菌、放线菌、立克次氏体、衣原体、支原体、蓝细菌和古细菌等。

二、原核细胞的结构

原核细胞一般都比较小，结构较简单，主要由细胞壁、细胞膜、细胞质和拟核构成(图 8-1)。

1. 细胞壁

细胞壁是原核细胞外面起保护作用的部分，成分主要是肽葡聚糖，肽葡聚糖是原核生物细胞壁特有的化学物质。

2. 细胞膜

细胞壁内为细胞膜，其组成和结构与真核细胞相似。

3. 细胞质

细胞膜内为 DNA、RNA、蛋白质及其他小分子物质构成的细胞质。原核细胞的细胞质内不存在线粒体、叶绿体等有膜的细胞器。细胞质内没有分隔，是有机的整体，也没有任何内部支持结构，主要靠其坚韧的细胞壁来维持其形状。

4. 拟核

原核细胞内没有真正的细胞核，遗传物质 DNA 在细胞质中聚集，形成浓稠区域，无外膜包裹，称为拟核。

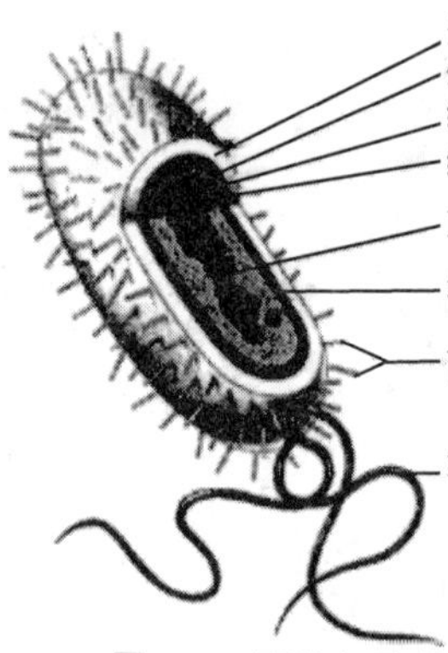

图 8-1　原核细胞的结构

(引自 Russell，2000)

具有原核细胞的生物统称为原核生物。各种细菌、放线菌、蓝藻和原绿藻等低等生物属于这一类。

三、真核细胞的结构

真核生物是由原核生物演化而来的，其细胞结构和功能比原核细胞复杂。真核细胞一般比原核细胞大，其核物质被核膜包被在细胞核里。此外，还含有线粒体、叶绿体、内质网等各种具膜细胞器。所有的高等植物、动物，以及单细胞藻类、真菌和原生动物等都具有真核细胞结构，统称为真核生物。尽管真核细胞形态和功能各不相同，但有一些共同特点(图 8-2 和图 8-3)。例如，所有的真核细胞都由细胞膜与外界隔离；细胞内有各种有膜细胞器以及起支持作用的细胞骨架；细胞内具有细胞核。此外，植物细胞还有细胞壁。

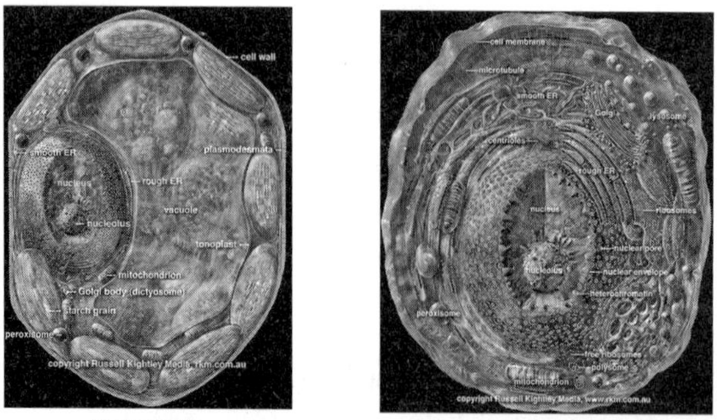

植物细胞　　动物细胞

图 8-2　植物细胞和动物细胞的结构

- 真核细胞（eukaryotic cell）
  - 细胞壁（cell wall）
  - 细胞膜（plasma membrane）
  - 原生质（protoplasm）
    - 细胞质（cytoplasm）
      - 膜相结构：线粒体（mitochondria）、叶绿体（chloroplast）、内质网（endoplasmic reticulum）、液泡（vacuole）、高尔基体（Golgi body）、溶酶体（lysosome）
      - 非膜相结构：核糖体（ribosome）、中心体（central body）、细胞骨架（cytoskeleton）
    - 细胞核（nucleus）
      - 核膜（nuclear membrane）—膜相结构
      - 非膜相结构：核仁（nucleolus）、核基质（nuclear matrix）、染色质（chromatin）

图 8-3　真核细胞的结构组成

尽管真核生物的细胞比较复杂，其中的各种细胞器行使着各自不同的生命活动（表 8-1），如线粒体主要参与氧化呼吸作用，叶绿体主要参与光合作用。但在遗传上起主要作用的物质是细胞核中的染色质，在细胞分裂期称为染色体，染色体是细胞中遗传物质的主要载体，对细胞发育和性状遗传起着主导作用。

动物的真核细胞由细胞膜、细胞质和细胞核 3 部分构成（表 8-1）。

1. 细胞膜

细胞膜主要由磷脂双分子层和蛋白分子组成。细胞最外面的一层很薄的膜就是细胞膜，又称为质膜，它是一切细胞不可缺少的表面结构，厚度为 70～100 Å（1 Å$=10^{-4}$ μm$=10^{-7}$ mm）。每个细胞以这种膜为界，使细胞成为具有一定形状的结构单位，借以调节和维持细胞内微小环境的相对稳定性。植物细胞膜的外面还有一层由果胶和纤维素构成的细胞壁，因为二者皆可溶于盐酸，所以可用盐酸除掉细胞壁。这层细胞壁是无生命的，只是对细胞起保护作用。大量的试验证明，细胞膜不是一种静态的结构，它的组成经常随着细胞生命活动的改变而变化。细胞膜具有流动性，是嵌有蛋白质的磷脂双分子层的液态结构。

细胞膜的作用如下。

①选择性透过某些物质，而大分子物质则通过膜上的微孔进出细胞。

②提供生理生化反应的场所。

③对细胞内空间进行分隔，形成结构、功能不同又相互协调的区域。

④质膜对于信息传递，能量转换，代谢调控，细胞识别和癌变等方面，都具有重要的作用。

2. 细胞质

细胞膜以内、细胞核以外的细胞组成成分称为细胞质。细胞质包括基质、细胞器和内含物等。

（1）基质　由蛋白分子、脂肪、游离氨基酸和电解质组成。

（2）细胞器　由线粒体、内质网、核糖体、中心体等构成。

表 8-1 真核细胞组成、结构特点与功能

细胞组成	形态特征	主要功能
细胞壁	植物细胞特有的结构，主要由纤维素、果胶质和半纤维素构成。动物细胞无细胞壁	支持和保护其中的原生质体
细胞膜	包被细胞内原生质的薄膜，主要由蛋白质和磷脂组成	选择地通过某些物质、信息传递、能量转换、代谢调控、细胞识别和癌变等，具有重要的作用
细胞质	细胞膜内环绕着细胞核外围的原生质胶体溶液，内含许多蛋白质分子、脂肪、溶解在内的氨基酸分子和电解质等	各种细胞器及蛋白纤丝组成的细胞骨架分布的场所。细胞多种代谢活动在此进行
线粒体	直径为 0.5～1.0 μm，长度为 1～3 μm。由内外两层膜组成，外膜光滑，内膜向内回旋折叠，形成许多横隔	含有多种氧化酶，进行氧化磷酸化，传递和储存所产生的能量；含 DNA，是遗传物质的载体之一
叶绿体	绿色植物细胞中特有的一种细胞器。形状有盘状、球状、棒状和泡状等。一般直径为 5～10 μm。有双层膜，由内膜的折叠形成叶绿素基粒	含有叶绿素和类胡萝卜素等色素，主要功能是光合作用。含有 DNA、RNA 及核糖体等，能够合成蛋白质。是遗传物质的载体之一
内质网	单层膜相结构，好像布满在细胞质里的管道，把质膜和核膜连成一个完整的体系，为细胞空间提供了支架作用。在形态上呈管状、囊腔状或小泡状	有 2 种类型，外面附有核糖体的，称为粗糙型内质网(rER)，是蛋白质合成的主要场所。不附着核糖体的，称为平滑内质网，可能与某些激素合成有关
液泡	由膜包被的细胞器	储存水和新陈代谢产物
高尔基体	分散于整个细胞中，由一系列扁平的囊和小泡组成	是细胞分泌物的最后加工和包装的场所
溶酶体	是将各种水解酶如蛋白酶、脂酶、核酸酶等用膜包裹起来的囊泡	帮助消化细胞内的细菌和其他外来颗粒以及细胞中受到损伤或失去功能的细胞结构碎片
核糖体	大约由 40%的蛋白质和 60%的 RNA 组成的微小细胞器，游离在细胞质中或核里或附着在内质网上	是合成蛋白质的主要场所
中心体	是动物和某些藻类及裸子植物特有的细胞器。其中含有一对由微管蛋白组成的中心粒	与细胞分裂过程中纺锤丝的形成有关，在细胞分裂时形成纺锤体的两极
细胞骨架	包括由微管蛋白组成的微管，由肌动蛋白和肌球蛋白组成的微丝和中间纤维。	可以使细胞形状稳定，使细胞质组织化，并且能进行细胞运动和物质运输
细胞核	一般为圆球形，小的不到 1 μm，大的可达 600 μm；一般为 5～25 μm。由核膜、核仁、核基质和染色质 4 部分组成	是遗传物质集聚的主要场所，通过其遗传物质(DNA)对细胞发育和性状遗传起着主导作用

①线粒体：由内外两层单位膜构成的囊状结构。线粒体内膜折叠成褶脊，称为嵴，其中含有大量的氧化酶颗粒，可将糖和脂肪酸氧化，产生能量，供给生命活动之用。所以线粒体可视为细胞内的“动力站”。线粒体结构如图 8-4 所示。

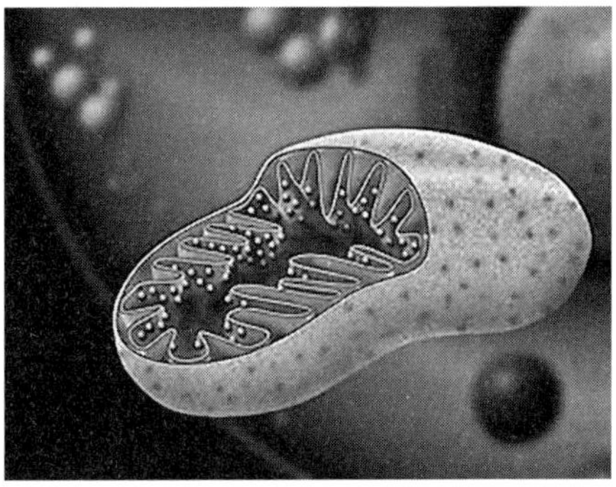

图 8-4　线粒体结构

在光镜下典型的线粒体是粒线状的，有时呈现颗粒状，很小的线条状，棒状或球状，体积大小不等，一般直径为 0.5～1.0 μm。长度为 1～3 μm，最长者达 7 μm。在电镜下，线粒体是由内外两层膜组成的，外膜光滑，内膜不同的部位向内折叠形成横隔。在同一组织的不同细胞中，线粒体的数量、形状、也不同。在生长旺盛的幼龄的细胞内含有大量线粒体，在衰老的细胞内，线粒体还会消失。在细胞有丝分裂的过程中，全部的线粒体都集中于纺锤丝周围，当纺锤丝牵引着染色体向两极移动时，原来的线粒体随之均匀地分成 2 部分。正常的线粒体生命周期为 1 周，线粒体可以通过分裂增生，也可以从细胞基质中形成新的线粒体。线粒体内含有多种酶，这些酶的功能主要是进行氧化磷酸化，可以传递和储存产生的能量。所以，线粒体是细胞的供能中心和动力工厂。细胞生命活动所必需的能量 95%来自线粒体。

线粒体内含有脱氧核糖核酸(DNA)、核糖核酸(RNA)和核糖体，具有独立合成蛋白质的能力。线粒体含有 DNA，具有自我复制的能力。来自同一细胞的线粒体 DNA 和细胞核 DNA 具有不同的碱基，这两种 DNA 在杂交试验中并不相互作用，线粒体的 DNA 也不与组蛋白结合。因此，线粒体拥有自身的遗传物质和遗传体系。

②内质网：是由一层单位膜形成的囊状、泡状和管状结构(图 8-5)。内质网对细胞起到机械支持作用，是细胞内除核酸以外的一系列重要的生物大分子，如蛋白质、脂类(如甘油三酯)和糖类合成的基地，还能与基质进行物质交换，并把细胞内合成的物质运输到细胞外。

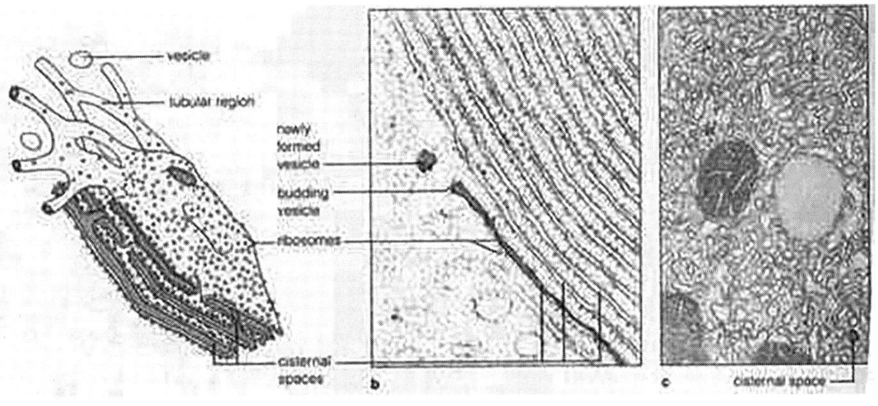

图 8-5　内质网

内质网在靠近细胞膜的部分可以与细胞膜的内褶部分连通；靠近核的部分可以与核膜相通，他们像是布在细胞基质中的许多管道，将细胞膜、核膜连成一个完整的膜体系。内质网上常常附有许多的核糖体。凡是有核蛋白体附着的内质网称为粗面(粗糙)型内质网，凡是没有核糖体附着的内质网称为滑面(平滑)型内质网。有时可见两者是相互联系的。粗面内质网既是核蛋白体(核糖体)的支架，也是新合成的蛋白质的运输系统；滑面内质网参与糖原及脂类的合成，与固醇类激素的合成和分泌有关，是一种多能性的结构。内质网为真核细胞提供了理想的代谢环境。这样的一个膜系统能够将细胞基质分隔成若干区域，使细胞内一些物质的代谢活动能够在特定的环境条件下进行。此外，内质网可以在细胞内极有限的空间里建立起很大的表面，使各种反应能够高效地进行。内质网膜上的各种酶系，也能在最有利的空间关系中发挥作用。内质网主要是转运蛋白质合成原料和最终合成产物的通道。

③核糖体：主要成分是蛋白质和 rRNA，是合成蛋白质的主要场所，是遗传信息表达的主要途径（图 8-6）。核糖体是直径为 200 Å 的微小细胞器，在细胞质中数量最多，它是细胞中一个极为重要的部分，在整个细胞重量上占有很大的比例。核糖体由大约 40%的蛋白质和 60%的 RNA 组成，其中 RNA 主要是核糖体核糖核酸（rRNA），故也称为核糖蛋白体。核糖体可以游离在细胞质中或核内，也可以附着在内质网上。在线粒体和叶绿体中也都含有核糖体。已知核糖体是合成蛋白质的主要场所。

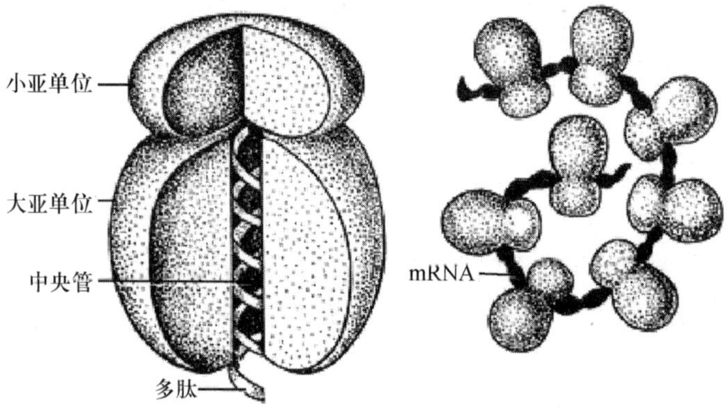

图 8-6 核糖体模式图

④中心体：位于细胞中心，常靠近细胞核（图 8-7）。在光学显微镜下，中心体呈颗粒状。一般认为中心体与细胞分裂期纺锤体的形成及排列方向和染色体的移动有密切关系。此外，还可能参与纤毛或鞭毛的形成，而纤毛和鞭毛是某些单细胞生物和精子的运动器官。

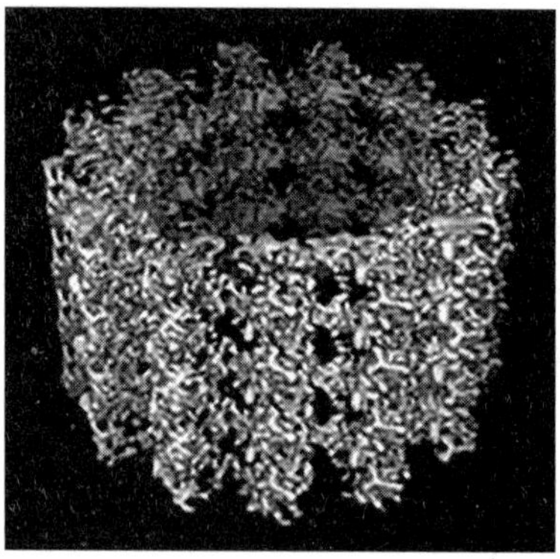

图 8-7 中心体超微结构图

中心体是由 1～2 个中心粒和其周围的比较致密的细胞质基质构成的。在细胞分裂的间期，中心体不是都可观察的，在细胞进行有丝分裂时特别明显。在电镜下中心粒呈现短筒状小体，这种短筒状小体的筒壁是由九束环状结构环列而成。每束实际上又由 A、B、C 3 个更小的微管组成。这些微管放大又由 13 根直径为 45 Å 的丝状结构组成。对中心粒的确切机能还没有深入的了解，但它肯定和细胞分裂中纺锤丝的排列方向和染色体的移动方向有密切关系。

⑤溶酶体：为单层膜包被的囊状结构，多为球形，但存在橄榄球形，直径为 0.025～0.8 μm，内含多种水解酶，如图 8-8 所示。溶酶体在细胞中的功能是分解从外界进入细胞内的物质，也可消化细胞自身的局部细胞质或细胞器，当细胞衰老时，其溶酶体破裂，释放出水解酶，消化整个细胞，使其死亡。

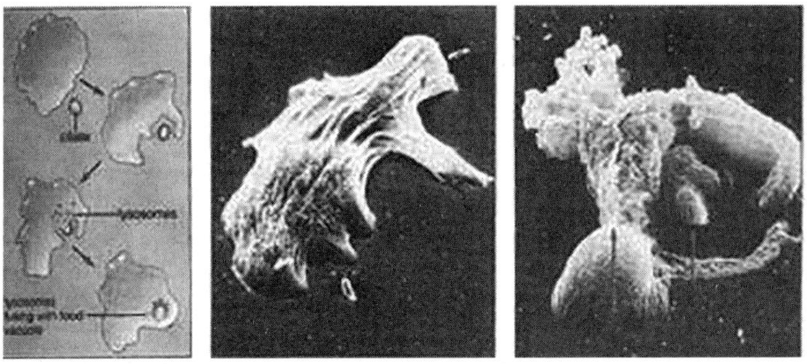

图 8-8　溶酶体模式图

⑥高尔基体：主要功能是将新合成的蛋白质进行加工、分拣与运输，然后分门别类地送到细胞特定的部位或分泌到细胞外(图 8-9)。在光镜下高尔基体是位于细胞核附近的细胞质中的一种网状结构，在电镜下高尔基体是一些紧密地重叠在一起的囊状结构。有些膜紧密的折叠成片层状的扁平囊，有些扁平囊的末端扩大成大小不等的泡状或囊泡状结构，称为大囊泡或小囊泡。组成高尔基体的小囊泡、层状扁平囊和大囊泡是相互有关系的，是高尔基体机能活动不同阶段的形态表现。高尔基体的功能与细胞内一些物质的积聚、加工、分泌颗粒的形成有关。例如外输性蛋白质在粗面内质网的核糖体上合成之后，沿着内质网的空腔进入高尔基体。在那里糖分子接在蛋白质分子的氨基酸上，形成坚固的侧链。所以有人把高尔基体比作工厂中的加工车间或包装车间。有人认为高尔基体与细胞壁的形成有关。

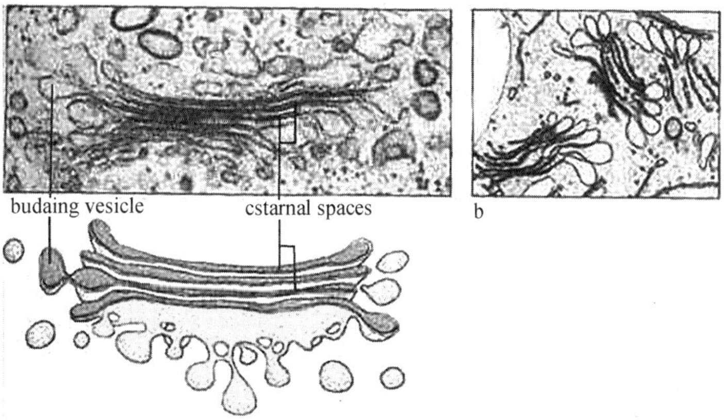

图 8-9　高尔基体模式图

(3)内含物。内含物是细胞质内除细胞器和细胞核以外的有形成分，有的是代谢产物，有的是储存的营养物质，如糖原、色素等。

3. 细胞核

细胞核大多呈圆球形(图 8-10)，直径一般为 5～25 μm，由核膜、核液、核仁和染色质构成。细胞核是细胞遗传与代谢的调控中心，是细胞内遗传信息储存、复制和转录的主要场所，在指导细胞发育，控制性状遗传方面起主导作用。

(1)核膜　核膜是由两层薄膜构成的，中间有空腔——核周隙，整个膜的总厚度为 200～400 Å，每层膜厚为 60～90 Å，核周隙为 150～300 Å。核膜外层附着有许多核蛋白体，其形态

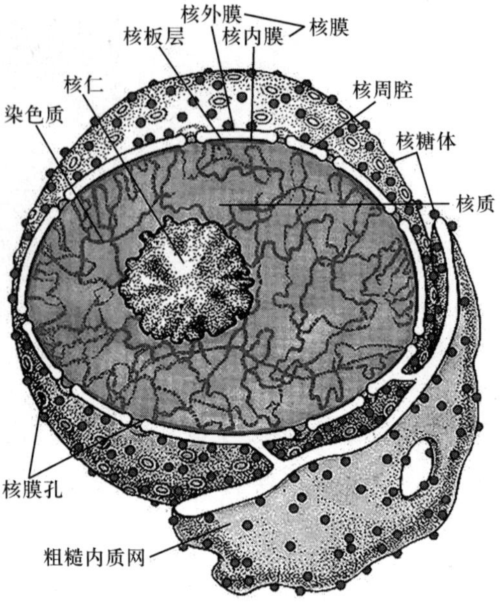

图 8-10 细胞核模式图

与粗面内质网相似。外层膜有时向细胞质的方向突出，甚至与细胞质中的内质网相连。由于核膜的外层在结构上与粗面内质网无差别，而且在某些方面还与它相通，说明核膜可能是包围核物质的内质网的一部分，是遍布整个细胞的膜系统的一部分，而不是独立的结构。这部分膜的特殊作用是将部分核酸集中于细胞内某一特定的区域（此为原核生物与真核生物的区别）。这种膜概念有助于我们来解释，为什么在细胞有丝分裂的前期核膜逐渐消失，核的范围不复存在，而到了分裂的末期，在两个新合成的子细胞中核膜又重新出现。原因可能是，在细胞分裂的中期，核膜裂解成碎片，然后在细胞质中形成圆形的囊泡，在细胞分裂的较晚阶段，这些囊泡移动到两个子细胞中，集聚在这些细胞的染色体物质的周围，随后展平形成新的核膜。在核膜上有许多的小孔，核孔所占的面积为核膜总面积的 5%～25%，小孔的作用是传递遗传信息，核膜孔与细胞的活性有密切关系。

(2)核质　核质由染色质和核液组成。染色体和染色质实际上是同一物质在细胞分裂过程中所表现的不同形态。染色体具有自我复制的能力，能出现连续而有规律的变化。染色质在细胞分裂时浓缩卷曲成具有一定形态的遗传物质载体染色体。在细胞分裂结束进入间期时，染色体又逐渐松散恢复为染色质。所以说，染色质和染色体实际上是同一物质在细胞分裂过程中所表现的不同形态，通常把控制生物性状的遗传物质单位，称为基因。基因是按一定顺序在染色体上呈直线排列的。染色体是遗传物质的主要载体，在生物的遗传和变异中起重要作用，在控制生物性状的遗传与变异上也具有极其重要的作用。

核液是被包围在核膜内的透明物质，充满在细胞核内，含有各种酶和无机盐等，其成分与细胞质的基质相似。核仁、染色质就浸在核液之中。在电子显微镜下可以看到核液是分散在低电子密度构造中的直径为 100～200 Å 的小颗粒和微细纤维。由于这些小颗粒和细胞质内的核糖体很相似，有人认为他可能是核内蛋白质合成的场所。

(3)核仁。核仁是一个形状不规则、致密而结实的物体，在它的周围看不出有膜的存在。核仁化学成分主要是蛋白质和 RNA。核仁最主要的功能是合成核糖体 RNA(rRNA)，并与细胞质内核糖体的生物合成有关。

核仁的折光率很强，它可呈现均一的或者分为两相，其中一相比另一相更致密些，致密部分形成一团紧密集中的致密圆球，而较亮部分的物质是纤维丝状的，迄今为止还未发现核仁外围有薄膜。

在细胞分裂的间期，前期能看到细胞内有一个核仁，有时也会有 2～3 个核仁甚至更多个核仁。核仁通常为圆形的颗粒，在细胞分裂的短时间内消失，后随子细胞的产生而出现。近几年来的研究证明，分裂过程中核仁并不是真正的消失，而是暂时分散开来，它的再次出现，是重新聚集的结果。核仁中含有较多的 RNA 和蛋白质，还可能有类脂和少量的 DNA，核仁的功能目前还不清楚，一般认为与核糖体的合成有关，核糖体又和蛋白质的合成有关，因此核仁与蛋白质的形成是有密切关系的。人们早已观察到细胞内核仁的大小与细胞质内蛋白质合成的旺盛程度有明显关系。

四、染色体的形态

在细胞分裂的间期，染色体呈松散状态分散于细胞核中，一般只看到染色较深的染色质。只有在细胞分裂过程中，染色体的各种形态特征才能表现出来，其中以细胞分裂中期染色体由于收缩到最粗最短，表现最为明显和典型。从细胞的极面上观察，可以看到染色体分散地排列在赤道板上，因此一般所说的染色体的形态都是指这一时期观察到的形态。

在光学显微镜下，细胞分裂中期（图 8-11）的每个染色体都有一个着丝粒和被着丝粒隔离开的两个臂。在细胞分裂时，纺锤丝就附着在着丝粒区域，这就是通常所称的着丝点。染色体被染色时，两个臂被染色而着丝点不着色，犹如发生凹陷一样，于是着丝点所在的区域又称主缢痕。除了主缢痕外，在某些染色体上还有一个或数个较细的缢缩区域，称为次缢痕。染色体的次溢痕具有组成核仁的功能，故称为核仁组织中心。某些染色体的次缢痕末端形成一个圆形或略呈长形的突出体，称为随体，由染色较深的异染色质构成，一般不具有活性。由于每个染色体长短、大小以及主缢痕、次缢痕、随体等都不同，因而可以在显微镜下把它们区分出来。

根据着丝点的位置可以将染色体按其形态分为不同的类型，如果着丝点位于染色体的中间，两臂大致等长，称为中间着丝点染色体，在细胞分裂后期当染色体向两极牵引时表现为 V 形。如果着丝点离染色体的一端较近，形成一个长臂和一个短臂，称为近中着丝点染色体，分裂后期表现为 L 形。若着丝点靠近染色体末端，称为近端着丝点染色体，有一个长臂和一个极短的臂，近似于棒状。若着丝点位于染色体末端，称为顶端着丝点染色体，由于只有一个臂，故也呈棒状。此外，某些染色体的两臂都极其粗短，呈颗粒状（图 8-12）。

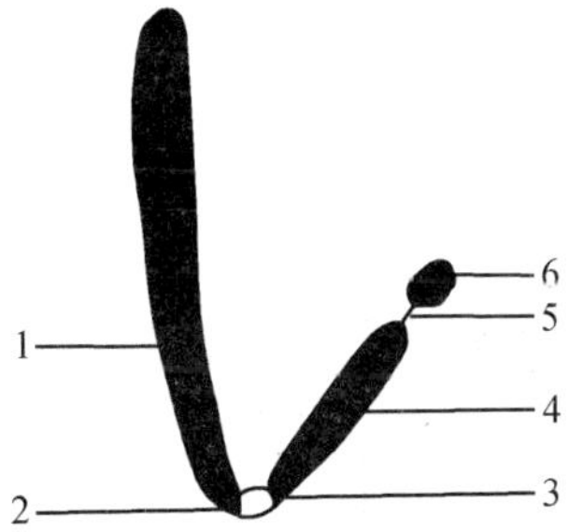

1. 长臂　2. 主缢痕　3. 着丝点
4. 短臂　5. 次缢痕　6. 随体

图 8-11　中期染色体形态

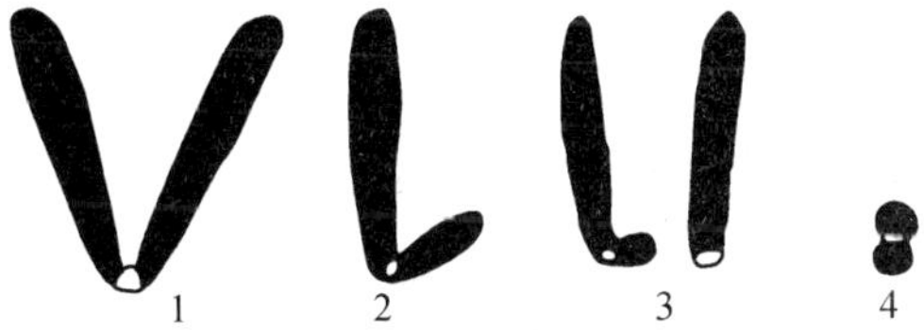

1. V 形染色体　2. L 形染色体
3. 棒状染色体　4. 粒状染色体

图 8-12　后期染色体形态

在生物的体细胞内，具有同一种形态特征的染色体通常成对存在。这种形态和结构相同的一对染色体，称为同源染色体。同源染色体形态和结构相同，它们所含的基因位点也往往相同。一对同源染色体与另一对形态结构不同的染色体之间，则互称为非同源染色体。如玉米共有 10 对染色体，形态相同的每一对染色体相互之间称为同源染色体，而这 10 对同源染色体彼此之间又互称为非同源染色体。又如果蝇有 4 对染色体，这 4 对染色体之间就彼此互称为非同源染色体。

在细胞遗传学上可根据各对染色体的长度、着丝点的位置、长短臂之比、次缢痕的位置、随体的有无等形态特征予以分类和编号，以便识别和研究。这种对生物细胞核内全部染色体的形态特征进行的分析，称为核型分析。例如，水稻的 12 对染色体和玉米的 10 对染色体的核型分析(表 8-2)。再如，人类有 23 对染色体，根据各对染色体的形态特征及其染色的显带表现，把它们统一地划分为 7 组(A、B、……、G)，分别予以编号(图 8-13 和图 8-14，表 8-3)。染色体的核型分析已在医学和动植物育种中得到广泛的应用。在医学上，染色体核型分析作为一种常规的化验项目，可用来诊断由于染色体异常引起的遗传性疾病。在动植物育种中，鉴定物种中特定的染色体对判断杂交后代究竟是真杂种还是假杂种具有重要的理论和实用意义。

表 8-2 水稻和玉米在减数分裂的粗线期染色体的长度

染色体编号	水稻*		玉米**	
	全长/μm	长臂/短臂	全长/μm	长臂/短臂
1	79	1.72	82.4	1.3
2	47.5	2.16	66.5	1.25
3	47	1.23	62	2
4	38.5	2.08	58.78	1.6
5	30.5	2.05	59.82	1.1
6	27.5	4	48.73	7.1
7	26.5	1.03	46.78	2.8
8	23	1.7	47.48	3.2
9	21	3.2	43.24	1.8
10	21	6	36.93	2.8
11	20.5	1.56	—	—
12	18	3	—	—

* 引自 Shastry S V S 等. 1960；** 引自 Longle A E. 1939.

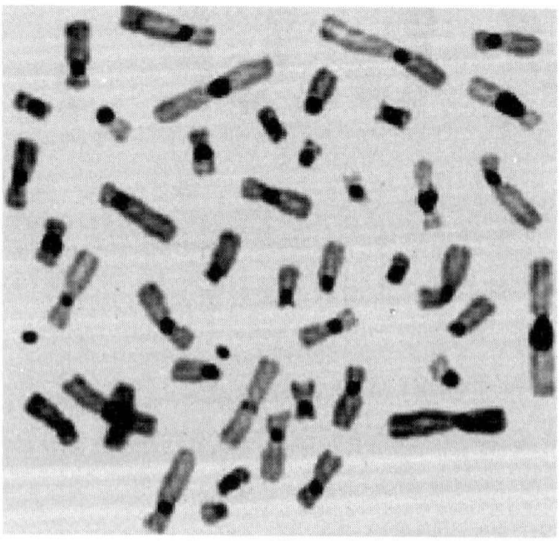

图 8-13 女性染色体 C 带核型

(引自 www.cella.cn)

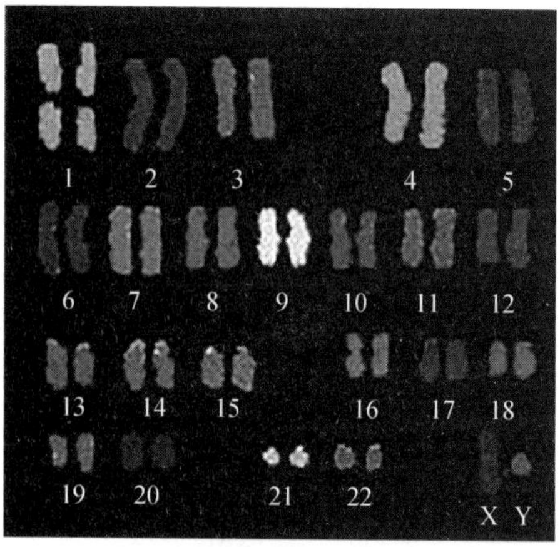

图 8-14 男性染色体核型

(引自 wang.slsz.com)

表 8-3　人类染色体的核型分析

类别	染色体编号	染色体长度	着丝点位置	随体
A	1～3	最长	中间,近中	无
B	4～5	长	近中	无
C	6～12,X	较长	近中	无
D	13～15	中	近端	有
E	16～18	较短	中间,近中	无
F	19～20	短	中间	无
G	21～22,Y	最短	近端	有

五、染色体的结构

1. 染色丝

每条染色体都有两条平行的染色丝,他们相互盘绕成螺旋形,这是染色体的最基本结构。

2. 染色粒

在分裂期的染色体上,通过光学显微镜可以观察到的像念珠状的由一连串珠状物构成的染色质,这种珠状物就称为染色粒。在染色丝上由于染色质的集中,就形成了染色粒,其排列有一定的形式,粒之间的距离往往也是一定的,也就是说:染色粒的位置和相对的距离都是比较固定的。

3. 着丝粒

在染色体两臂之间的缢痕区内(即“内缩”的区域内)有一个相对不着色或着色极浅的颗粒,称为着丝粒。它的特点是:①可以进行复制,由 1 个变成 2 个;②细胞分裂时纺锤丝附着在着丝粒上,纺锤丝附着的着丝粒区域就是通常所称的着丝点;③着丝点的位置是恒定的,可以作为鉴定的标准。所以可以用着丝点的位置来给染色体命名,在细胞分裂过程中,着丝点对染色体向两极牵引具有决定性的作用。如果某一染色体发生断裂而形成染色体断片,则缺失了着丝点的断片将不能正常地随着细胞分裂而分向两极,因而常会丢失,而具有着丝点的断片不会丢失。

4. 主缢痕

染色体经过染色后,两个臂被染色而着丝点不染色,使染色体在光学显微镜下看着就像在着丝点部位中断了,于是着丝点区域又称为主缢痕,简单地说,着丝点处的缢痕部分称为主缢痕。

5. 次缢痕

除主缢痕外,在某些染色体的一个或两个臂上还有变细的地方,称为次缢痕又称副缢痕。次缢痕与着丝点的区别是次缢痕是直的,着丝点可以弯曲。次缢痕的位置、范围、大小是相对恒定的,因而可以作为染色体的鉴定标志。某些次缢痕与核仁的形成有关。

6. 随体

在次缢痕的末端有一个圆形或长形的突出物称为随体,它通过染色丝与整个染色体相连。不同染色体具有的随体,其形态和大小通常是一定的,可以作为鉴定染色体的标志。随体的大小可以不同，其直径可与染色体同样，或者较小，甚至小到难以辨认；连接染色体臂和随体的次缢痕也可能长或短。

7. 核仁组织中心

某些染色体的次缢痕里有一个染色很深的核仁组织中心，它的作用是在细胞分裂末期重新组成一个核仁。在有丝分裂末期，核仁总是在有核仁组织中心的地方出现，所以核仁总是与带有核仁组织中心的染色体相连。一般每个细胞核中有一对染色体的次缢痕与核仁的形成有关。例如：玉米的第 6 对染色体的次缢痕就连着一个核仁。某些生物的细胞核中有两个或几个核仁。例如，人的第 13、14、15、21 和 22 对染色体的次缢痕上各连着一个核仁。

六、染色体的数目、大小

（一）染色体的数目

不同的生物种群具有不同数目的染色体，同一生物体细胞中的染色体数是性细胞中的 2 倍，如体细胞中的染色体数用 $2n$ 表示，那么性细胞中的染色体为 n 个，也就是说，合子或体细胞中的染色体数为 $2n$，配子或性细胞中的染色体数为 n，最少的为 2 条 1 对，有的达 400～600 对以上的染色体。部分动物的染色体数量见表 8-4。

表 8-4 部分动物的染色体量

动物名称	染色体数量	动物名称	染色体数量
人	46	猫	38
猪	38	兔	44
牛	60	家鼠	40
水牛	48	豚鼠	64
山羊	60	鸡	78
绵羊	54	鸭	80
马	64	火鸡	82
驴	62	鸽	80
犬	78	普通果蝇	8

不同物种间的染色体数目往往差异很大。例如，一种马蛔虫变种只有 1 对染色体（$n=1$），某些扁虫只有 2 对染色体（$n=2$），有种菊科植物也只有 2 对染色体，而多者可有数十对或百对以上染色体，如一种蝴蝶有 191 对染色体（$n=191$）；瓶尔小草属的一些植物含有 400～600 对以上的染色体。虽然不同物种间的染色体数目差异很大，但是染色体数目的多少与该物种的进化程度一般并无关系，某些低等生物比高等生物具有更多的染色体。

（二）染色体的大小

不同物种，同一物种的不同染色体大小差异都很大，而染色体大小主要指染色体长度。在宽度上，同一物种的染色体大致是相同的。一般染色体的长度变动范围在 0.20～50 μm；宽度的变动范围为 0.20～2.00 μm，在高等植物中单子叶植物比双子叶植物的染色体大一些。

（三）同源染色体和异源染色体

染色体在同种生物体内的形态结构是相对稳定的，在体细胞内都是成对存在的。根据染色体形态、结构是否相同又分为同源染色体和异源染色体。形态结构相同的一对染色体称为同源染色体。形态结构不相同的染色体称为非同源染色体或异源染色体。

七、染色体常用术语

①常染色体：在公母（雌雄）性别中完全相同的染色体（对）。

②性染色体：在公母（雌雄）性别中表现不同，决定个体性别的染色体（对）。在哺乳动物中为 X/Y（♂XY；♀XX），在鸟类中为 Z/W（♂ZZ；♀ZW）。

③同源染色体：二倍体中染色体两两配对，配对的染色体大小、着丝粒位置都是一样的，这样的染色体称为同源染色体；它们大小相同，形状相似，分别来自父亲、母亲。

④联会：同源染色体彼此靠拢并精确配对的过程。

⑤联会复合体：配对的同源染色体间形成的一种蛋白质复合结构。

⑥二价体：一对同源染色体通过联会形成的复合结构。

⑦姐妹染色单体：一条染色体经复制形成的两条染色单体。

⑧非姐妹染色单体：分别来自两条同源染色体的两条染色单体。

⑨整倍体：一个配子中所含的染色体构成一个染色体组。体细胞中含有一个或若干个染色体组的个体称为整倍体。

⑩单倍体：含一个染色体组的称为单倍体。

⑪二倍体：含二个染色体组的称为二倍体。

⑫三倍体：含三个染色体组的称为三倍体。

八、细胞分裂

1. 细胞周期

通常将细胞生长发育的过程称为间期，分裂的过程称为分裂期。从一次分裂结束到下一次分裂开始称为一个细胞周期。

2. 细胞间期

细胞间期包括 G1 期、S 期和 G2 期。

G1 期（DNA 合成准备期）：细胞体积明显增大，蛋白质合成旺盛，储备能量为 DNA 合成做准备，合成脱氧核糖及脱氧核糖核苷酸（dNTP）。

S 期（DNA 合成期）：DNA 复制，由 1 个变为 2 个，着丝粒没有复制，组蛋白大量合成，DNA 绕缠在组蛋白核心上。

G2 期（细胞分裂准备期或 DNA 合成后期）：储备能量，合成蛋白质（微管蛋白）为纺锤丝的合成做准备。细胞分裂结束标志着 G1 期开始；DNA 合成开始标志着 G1 期结束，S 期开始；DNA 复制结束标志着 S 期结束，G2 期开始；细胞分裂开始标志着 G2 期结束。

3. 分裂期

（1）有丝分裂　是体细胞分裂方式，在光学显微镜下根据核分裂变化特征，可分为 5 个连续的时期:间期、前期、中期、后期和末期。

间期:指两次分裂期的中间时期,这时一般看不到染色体的结构。细胞核生长增大,代谢旺盛,储备了细胞分裂时所需的物质。DNA 在间期进行复制合成。间期结束后,进入分裂期的前期。

前期:可看到染色体呈丝状,染色质向染色体转变的始点标志着前期的开始,也是分裂期的开始。

中期:核仁、核膜消失标志着前期的结束,中期的开始。

后期:染色体向两极移动标志着中期的结束,后期的开始。

末期:染色体到达两极,不再移动标志着后期的结束,末期的开始。核仁、核膜重新出现,染色体变到染色质标志着末期结束,G1 的开始。

染色单体:间期中 DNA 复制后的一条染色体上,同一着丝点连着的两条称为染色单体,这两条染色单体为姊妹染色单体。

纺锤丝、连续丝:后期连接两极的纺锤丝。

牵引丝:一端是一极,另一端为着丝粒。

中间丝:从着丝粒到着丝粒,起固定作用。

由纺锤丝构成的固定结构称为纺锤体。

有丝分裂的意义:有丝分裂是体细胞为实现数量增长进行的一种分裂方式,染色体复制一次,细胞分裂一次。分裂产生的两个子细胞之间以及子细胞和母细胞之间在染色体数量和质量即遗传组成上是相同的,这就保证了细胞上下代之间遗传物质的稳定性和连续性。

实际上有丝分裂是母细胞产生和自己相同的子细胞的分裂方式。

(2)减数分裂　分为减数分裂Ⅰ期、间期、减数分裂Ⅱ期 3 个阶段。

①减数分裂Ⅰ期,分为前期Ⅰ、中期Ⅰ、后期Ⅰ和末期Ⅰ4 个时期。

前期Ⅰ,分为细线期、偶线期、粗线期、双线期和终变期。

细线期:核内出现了染色体,染色体细、长,呈丝状,在核内缠绕在一起,镜检看不出染色体的个体形态。

偶线期:染色体变短变粗,同源染色体相互吸引,相互靠拢,这个过程称为配对,也称为联会(先从两端开始,很快配对完成)。镜检仍呈丝状结构,看不出染色体的个体形态。互相配对的同源染色体称为二价体。二价体中有四条染色单体,又称四分体。同源染色体中不同着丝点连的染色单体之间互称非姊妹染色单体。

粗线期:配对的染色体进一步变短变粗,非姊妹染色单体之间相应的部位发生断裂、错接,这个过程称为交换或互换或重组。发生染色体片段的交换和互换,必然导致基因的互换和交换,只是个别细胞的个别染色体发生这样的变化。

双线期:染色体继续变短变粗,同源染色体之间相互排斥,使同源染色体分开,但因有的同源染色体发生交叉,则出现交叉缠绕,向两极移动,称为交叉端化,可看到 4 个染色单体。

终变期:染色体最短最粗,均匀地分布在细胞核里面。有的呈圆圈,有的呈"8"字形。

中期Ⅰ:标志为核仁解体,核膜消失。变化为染色体移动到赤道面上,实际上是着丝粒排列在赤道面的两侧。同源染色体之间在赤道面的上下排列是随机的。

后期Ⅰ:染色体在纺锤丝的牵引下,同源染色体分开,以着丝点为先导,分别移向两极(此时有丝分裂的着丝粒分裂,原来的染色单体变为染色体。而减数分裂着丝粒不分裂,使到达两极的染色体数目减半。没有着丝粒的复制，同源染色体分开，分别进入不同的极，非同源染色体在两极自由组合，实际到达两极的组合就非常多）。

末期Ⅰ：染色体到达两极后，核膜出现，出现两个子细胞（称为二分孢子）。

②间期：此期没有 DNA 的复制，时间长短不同。

减数分裂Ⅱ期：就是一种有丝分裂，分为前期Ⅱ、中期Ⅱ、后期Ⅱ、末期Ⅱ4 个时期。

减数分裂的特点和意义：减数分裂是形成性细胞时进行的一种细胞分裂，染色体经过一次复制，细胞连续两次分裂，结果形成的子细胞的染色体数为母细胞的 1/2，由 $2n$ 变为 n。通过配子结合，染色体又恢复到 $2n$。这样保证了有性生殖时染色体的恒定性，从而保证了生物上下代之间遗传物质的稳定性和连续性，也保证了物种的稳定性和连续性。另外，由于同源染色体分开，移向两极是随机的，加上同源染色体的交换，大大增加了配子的种类，从而增加了生物的变异性，提高了生物的适应性，为生物的发展进化提供了物质基础。

任务二　动物遗传学基本定律

【能力标准】

1. 掌握分离定律内容及应用。
2. 掌握自由组合定律内容及应用。
3. 掌握连锁交换定律内容及应用。

【相关知识链接】

一、分离定律

1. 基本概念

（1）性状　生物体形态特征和生理生化特征的总称。

（2）单位性状　能被区分的每一个具体的性状称为单位性状。每个单位件状在不同个体间又有不同的表现。

（3）相对性状　同一单位性状在不同个体间表现出来的相对差异称为相对性状，即同一单位性状的相对表现。

2. 分离定律

（1）孟德尔的一对相对性状杂交实验　杂交，在遗传学上指的是具有不同遗传性状的个体之间的交配。杂交得到的后代称为杂种。试验是在严格控制传粉的条件下进行的，在去雄、人工授粉和套袋中都注意防止自然传粉而发生误差，同时采用了互交进行比较，即让两个杂交亲本互为父本或母本。例如，选种子圆形的为母本，皱形的为父本；或种子皱形为母本，圆形为父本。孟德尔将各对相对性状在杂种后代中的表现都做了仔细的观察、记载，实验一直进行到第七代。

现以种子圆形和皱形这一对相对性状个体的杂交实验为例来说明一对相对性状的遗传。其实验过程和结果如图 8-15 所示，图解中的符号“×”代表杂交，它的前面一般写母本，其后写父本，P 代表亲本，F_1、F_2 分别代表杂种一代和二代，“⊗”代表自交，即植物自花授粉或动物的高度近交。杂交当代在母本植株上结出的种子，它的胚是雌、雄配子受精后发育而成的，已经属于下一代，所以由杂交产生的种子以及由它长成的植株，都是杂种第一代。同理，由杂种一代植株自交产生的种子和由它长成的植株，都是杂种第二代。

P圆形种子 × 皱形种子

↓

F_1　圆形种子

↓⊗

F_2　圆形（5 474）：皱形（1 850）

图 8-15　豌豆一对相对性状杂交实验

孟德尔发现，产圆形种子的植株不管是作为父本还是母本，子一代（F_1）杂种植株全都结出圆形种子。皱缩性状看来是被圆形性状掩盖了。他选定研究的 7 对性状都是这样的情况。在每次试验中，F_1 只表现一个亲本的性状，另一个亲本的性状被掩盖，这种现象称为显性现象，表现出来的性状称为显性性状，没有表现出来的性状称为隐性性状。F_2 代又出现了隐性。

（2）孟德尔遗传因子假说

①每对相对性状都由一对遗传因子控制，控制显性性状的称为显性遗传因子，控制隐性性状的称为隐性遗传因子。

②遗传因子在体细胞中是成对存在的，但各自独立，互不混杂，在性细胞中是单独存在的。

③成对的遗传因子，一个来自父方，一个来自母方。

④成对的遗传因子在形成配子时，彼此分开，分别进入不同的配子。这样导致 F_1 形成两种数目相等的配子。

⑤配子的结合是随机的。

⑥控制圆形的遗传因子和控制皱形的遗传因子是同一遗传因子的两种存在形式。控制圆形的遗传因子对控制皱形的遗传因子为显性，即圆形因子和皱形因子同时存在时，只表现圆形因子的性状。

1909 年孟德尔的遗传因子被改名为基因（G）。显性基因用大写字母，隐性基因用小写字母。控制某一性状的遗传组成或基因组成称为基因型，表现出来的具体性状称为表现型（或表型）。表型相同的个体，基因不同的称为杂合体；基因相同的称为纯合体。

（3）分离规律的验证　孟德尔的因子分离假设是根据杂交实验结果提出来的。但一种假设不仅仅在于对已有的事实作出解释，还需要用试验方法予以验证，检验根据假说的原理预期的结果，是否与试验的结果相一致。分离假设是否能够成立，关键在于杂合体内是否真有显性因子和隐性因子同时存在，以及成对因子是否彼此分离。孟德尔采用测验杂交的方法对假设进行了检验（图 8-16）。测验杂交简称测交或回交，就是把 F_1 和隐性亲本进行交配。孟德尔所以要使用隐性亲本的理由是：它是纯合体，只能产生一种含隐性基因的配子，这种配子与 F_1 产生的两种配子结合，就会产生 1/2 的显性性状个体和 1/2 的隐性性状个体。

圆形	F_1 Cc	C	c
皱形	c	Cc	cc

85 : 81 = 1 : 1

图 8-16　回交或测交

（4）分离比实现的条件　一对相对性状杂交的遗传规律是：F_1 个体都表现显性性状，F_1 自交产生的 F_2 个体表型比例是 3 ∶ 1。但是这种性状分离的比数，必须在一定的条件下才能体现。这些条件是：

①用来杂交的亲本必须是纯合体。

②显性基因对隐性基因的作用是完全的。

③F_1 形成的两种配子数目相等，配子的生活力相同，两种配子的结合是随机的。

④F_2 中 3 种基因型个体存活率相等。

(5)分离规律的内容

①遗传性状由相应的等位基因控制。等位基因在体细胞中成对存在，一个来自母本，一个来自父本。

②体细胞内存在等位基因虽成对，并不融合，各保持其独立性。在形成配子时相互分离，每个配子只能得到其中之一。

③F_1 产生不同配子的数目相等，即 1∶1。由于各种雌雄配子结合是随机的，即具有同等的机会，所以 F_2 中等位基因组合比数是 1RR∶2Rr∶1rr，即基因型之比为 1∶2∶1，显隐性的个体比数是 3∶1，即显隐表型之比为 3∶1。

(6)显性的分类

①完全显性：F_1 的表型或杂合体的表型和显性纯合体的表型完全一样。

②不完全显性：F_1 的表型为双亲的中间型或 F_1 介于双亲之间。紫茉莉：红×白→粉红。

③共显性：双亲的性状同时在后代中表现。例如人类 MN 型血，L^ML^M 为 M 型，L^NL^N 为 N 型，L^ML^N 为 MN 型。

④镶嵌显性：双亲的特征在后代同一器官不同的部位同时独立表现，属于共显性的一种。奶牛：黑×白→黑白镶嵌牛。

(7)复等位基因　在群体中，某一基因的许多不同的等位基因称为复等位基因。在二倍体中，只能含有其中的任意两个。如人的 ABO 血型是复等位基因控制的。根据红细胞表面抗原不同分为 A、B、AB 和 O 4 种表型(表 8-5)。

表 8-5　人类 ABO 血型的表型和基因型

表型	抗原	抗体	基因型
A	A	β	I^AI^A 或 I^Ai
B	B	α	I^BI^B 或 I^Bi
AB	A、B	无	I^AI^B
O	无	αβ	ii

人体有 I^A、I^B、I 3 种复等位基因，但对某一个体来说，只含有其中 2 种。

(8)人类的分离规律　在研究人类的分离规律时，常采用家庭系谱。家庭系谱指标有某一家庭全部成员以及各成员之间关系的图。

①多指并指遗传病(常染色体显性遗传病)。

特点：双亲之一必患病；正常个体和患者的比例各占 1/2；连续几代患病；与性别无关，男女均可患病；患者正常后代的后代正常。

②白化病(不能正常合成黑色素，常染色体隐性遗传病)。

特点：患者双亲往往正常，但都是致病基因的携带者；男、女患病概率相等；患者约占同胞兄弟的 1/4；呈不连续遗传——隔代遗传；近亲婚配的后代发病率显著提高。

③Rh 血型。人类不同于 ABO、MN 等其他 26 种血型的一种独立血型系统。有两种表型：Rh 阳性和 Rh 阴性。区别为某一个体红细胞表面是否有 Rh 抗原，有则为阳性，无则为阴性。在正常情况下，都没有天然的抗 Rh 抗原的抗体。Rh 阳性由 R 控制，r 不能控制而呈阴

性。有一种情况，阴性的个体可产生抗 Rh 抗原的抗体(在大量输血时，将阳性个体的血输入阴性个体)。Rh 阴性的女性个体怀了阳性的孩子时，在分娩时，阴性母亲也产生抗体。群体中 r 基因非常少，因此 rr 基因型即 Rh 阴性个体非常少。在 48 h 内注射抗 Rh 抗原的球蛋白，可杀灭阳性的红细胞，不刺激阴性个体产生抗体。

二、自由组合定律

(一)两对相对性状的遗传实验

从图 8-17 可以看出，F_2 代一共出现了 4 种类型，其中有 2 种是亲本类型，即黄色圆形和绿色皱形；另外 2 种是与亲本不同的新类型，即绿色圆形和黄色皱形；前 2 种类型显然是亲本原有性状的组合，称为亲本型，后 2 种类型显然是亲本原来没有的组合，称为重组型。如果对每一对相对性状单独进行分析，就可以得出结论。

①种子形状这对相对性状在 556 粒种子中的数目和所占比例如下。

圆形种子　315+108=423　　76.1%

皱形种子　101+32=133　　23.9%

②子叶颜色这对相对性状在 556 粒种子中的数目和所占比例如下。

黄色种子　315+101=416　　74.8%

绿色种子　108+32=140　　25.2%

上面重新分类结果表明，圆形与皱形的比例大体上是 3∶1，黄色和绿色的比率也是 3∶1。这说明一对相对性状的分离与另一对性状的分离无关，互不影响。同时，两对性状还能重新组合产生新的性状组合类型。

P　　黄色圆形×绿色皱形

↓

F_1　　黄色圆形

↓⊗

F_2	黄色圆形	黄色皱形	绿色圆形	绿色皱形
籽粒数	315	101	108	32
比例数	9 :	3 :	3 :	1

图 8-17　豌豆两对相对性状杂交实验图解

(二)自由组合现象的解释

在上述杂交实验中，两对性状是由两对基因控制的，以 Y 和 y 分别代表控制子叶黄色和绿色的基因，以 R 和 r 分别代表决定种子圆形和皱形的基因，已知 Y 对 y 为显性，R 对 r 为显性，这样，黄色圆形种子的亲本基因型应为 RRYY，绿色皱形种子的亲本基因型则应为 rryy。根据分离规律，在亲本在形成配子的减数分裂过程中，同源染色体上等位基因分离，即 R 与 R、Y 与 y 分离，独立分配到配子中去，因此 R 和 Y 组合在一起，只形成一种配子 RY。同样，rr、yy 分离也只组合成一种配子 ry。杂交后，RY 和 ry 结合形成基因型为 RrYy 的 F_1，由于

R、Y 为显性，所以 F_1 表现型都是黄色圆形；杂合型的 F_1 代自交，在产生配子的时候，按照分离规律，同源染色体上的等位基因要分开，即 Rr 必定分离，Yy 也必定分离，各自独立分配到配子中去，因此两对同源染色体上的非等位基因有同等的机会自由组合。

R 可以和 Y 组合在一起形成 RY，r 可以和 Y 组合在一起形成 rY；R 也可以和 y 组合在一起形成 Ry，r 也可以和 y 组合在一起形成 ry。这样，子一代 RrYy 可能形成含有两个基因的 4 种配子：RY、Ry、rY 和 ry 配子，而且这 4 种类型配子的数目相等。由于雌雄配子各有 4 种不同的类型，而且这 4 种类型的雌雄配子结合是随机的，那么在子二代(F_2)就应有 16 种组合的 9 种基因型的合子，其表现型将为黄色圆形、绿色皱形、黄色皱形和绿色圆形 4 种表现型，而且比率为 9∶3∶3∶1。

(三)自由组合定律内容

①在形成配子时，一对基因与另一对基因在分离时各自独立、互不影响；不同对基因之间的组合是完全自由的、随机的。

②雌雄配子的结合也是自由组合的、随机的。

(四)自由组合理论的验证

自由组合理论能否成立，孟德尔同样采用测交来进行检验，方法是用 F_1 与纯合体隐性亲本回交。我们已经知道，就两对相对性状而言，F_1 代应该产生 4 种类型的配子，和隐性纯合体亲本测交时，由于后者只产生一种具有隐性基因的配子，因此应该得出 4 种表现型的后代而且数目相等，其比率为 1∶1∶1∶1。测交的结果与预期的完全相符(图 8-18)。

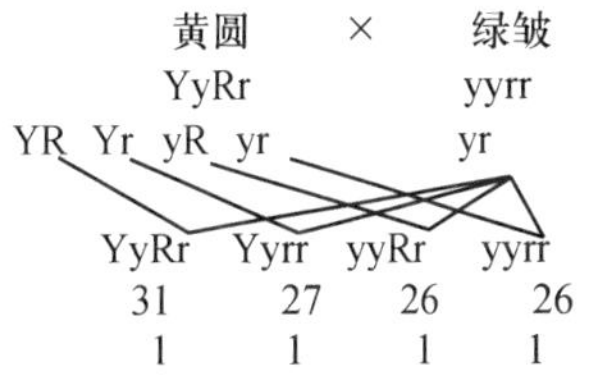

图 8-18　自由组合定律测交验证

三、连锁与交换定律

(一)连锁与交换现象的发现

连锁与交换现象是 1906 年英国学者贝特森(Bateson)和潘耐特(Pannctt)研究香豌豆两对性状遗传(图 8-19)时，首先发现的。

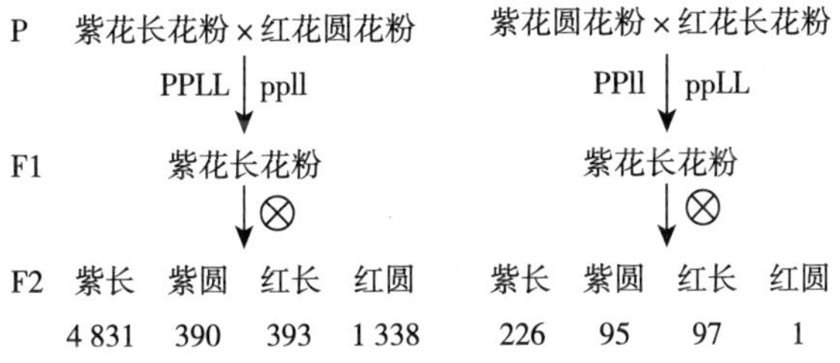

图 8-19　香豌豆两对相对性状杂交实验图解

花颜色紫色 P 对红色 p 显性，花粉粒形状长形 L 对圆形 l 显性。F_2 分离比不符合 9∶3∶3∶1，亲本型组合较多，重组型组合偏少。

原来为同一亲本的两个性状，在 F_2 中常常有联系在一起的倾向，这说明来自同一亲本的基因,有较多的在一起传递的可能。但贝特森和潘耐特未能提出科学的解释。

(二)连锁和交换的遗传现象

1. 完全连锁

同一条染色体上的基因构成一个连锁群,它们在遗传的过程中不可能独立分配,而是随着这条染色体作为一个整体共同传递到子代中去,这称为完全连锁。在生物界中完全连锁的情况是很少见的,典型的例子是雄果蝇和雌蚕的连锁遗传,现以果蝇为例说明。

果蝇的灰身(B)对黑身(b)是显性,长翅(V)对残翅(v)是显性。用纯合体的灰身长翅雄果蝇与纯合体的黑身残翅雌果蝇杂交,F_1 全部是灰身长翅(BbVv)。用 F_1 中的雄果蝇与双隐性亲本雌果蝇进行测交,按照自由组合规律,应该出现灰身长翅、黑身残翅、灰身残翅、黑身长翅4种类型,而且是1∶1∶1∶1的比率。可是实验的结果与理论分离比数不一致,后代只有灰身长翅和黑身残翅2种亲本型果蝇,其数量各占50%,并没有出现灰身残翅和黑身长翅的果蝇。这表示 F_1 形成的精子类型可能只有BV和bv 2种,也就是说,这里的基因没有重新自由组合,如图8-20所示。

P　　bv/bv (黑身残翅) × BV/BV (灰身长翅)

↓

F_1　　BV/bv (灰身长翅)♂ × bv/bv (黑身残翅)♀

↓

测交后代　BV/bv (灰身长翅) ∶ bv/bv (黑身残翅)

↓

1∶1

图8-20　雄果蝇完全连锁图解

从图8-20可以明显地看出,杂合的 F_1 代雄果蝇在形成配子时,B和V这2个基因连锁在一条染色体上,b和v连锁在另一条对应的同源染色体上。由于雄体能产生两种配子(BV和bv),雌体只产生一种配子(bv),所以测交后代只有灰身长翅和黑身残翅2种类型,比例是1∶1,这就是完全连锁的遗传特点。

2. 不完全连锁(交换)

不完全连锁指的是连锁的非等位基因,在配子形成过程中发生了交换,这样就出现了和完全连锁不同的遗传现象。

在家鸡中,鸡羽的白色(I)对有色(i)为显性,卷羽(F)对常羽(f)为显性。用纯合体白色卷羽鸡(IIFF)与纯合体有色常羽鸡(iiff)杂交,F_1 全部是白色卷羽鸡,用 F_1 代母鸡与双隐性亲本公鸡进行测交,获得结果如图8-21所示。

P　　IIFF 白色卷羽 × iiff 有色常羽

↓

F_1　　IiFf 白色卷羽♀ × iiff 有色常羽♂

↓

F_2　IiFf 白色卷羽 (15只)　iiff 有色常羽 (12只)　Iiff 白色常羽 (4只)　iiFf 有色卷羽 (2只)

亲本型 (81.8%)　　重组型 (18.2%)

图8-21　家鸡的测交实验

由图 8-21 可以看出，F_2 形成的 4 种类型配子的数目确实是不相等的，且亲本型（白色卷羽和有色常羽）个体数占 81.8%，重组型（白色常羽和有色卷羽）个体数只占 18.2%。

（三）连锁交换遗传的解释

我们知道，染色体是基因的载体，每一条染色体上必定有许多基因存在。存在于同一条染色体上的非等位基因，在形成配子的减数分裂过程中，如果没有发生交换，就会出现完全连锁遗传的现象。例如上述雄果蝇的测交实验，由于 B 和 V 连锁在一起，b 和 v 连锁在一起，因此，F_1 只产生 2 种配子（BV 和 bv），所以测交后代只有亲本型而没有重组型。

但是，在大多数生物中见到的往往是不完全连锁。当 2 对非等位基因不完全连锁时，F_1 不仅产生亲本型配子，也产生重组型配子。其原因是 F_1 在形成配子时，性母细胞在减数分裂的粗线期，非姊妹染色单体之间发生 DNA 片段交换即基因交换，其结果导致产生了新组合的配子。

实际上，多数情况下并不是全部性母细胞都在某两个基因座位之间发生交换，不发生交换的性母细胞所形成的配子都属于亲本组合。当有 40%的性母细胞发生交换时，重新组合配子占总配子数的 20%，刚好是发生交换的性母细胞的百分数的 1/2。由此可以推知，如有 90%的性母细胞在两个基因座位之间发生交换时，重新组合配子数占总配子数的 45%。可见，在连锁遗传情况下，F_1 产生的 4 种配子比数不相等，亲本组合配子多于重新组合配子，原因就在于只有部分性母细胞发生了交换。

任务三　动物的性别决定与伴性遗传

【能力标准】

1. 掌握性别决定方式。
2. 熟悉性别分化影响因素。
3. 了解人类性别异常的种类。
4. 掌握伴性遗传特点。

【相关知识链接】

一、性别决定

在遗传学上把遗传因素使受精卵向雌性或雄性发育的规律性，称为性别决定。性别决定方式有 4 种：性染色体决定型、单基因决定型、环境决定型和单倍体决定型。

（一）性染色体决定型

生物的性别由性染色体决定的称为性染色体决定型。在二倍体生物的体细胞中，染色体是成对存在的，绝大部分同源染色体的形态结构是同型的，称为常染色体。其中也有一对形态结构和功能不同的染色体，这对与性别有明显直接关系的染色体称为性染色体。一个常染色体组用 A 表示。

1. XY 型(最常见的性别决定方式)

人 $2n=46=44+$(XX 或 XY)$=46$,(XX 或 XY)

有性生殖时形成的配子的染色体组成(图 8-22):

男＼女	22+X
22+X	44+XX
22+Y	44+XY

图 8-22 人的染色体组成

所有哺乳动物和双翅目昆虫、两栖类都属于 XY 型性别决定:♀产生一种配子,♂产生两种配子。将产生一种配子的性别称为同配性别,产生 2 种不同配子的性别称为异配性别。在性染色体决定类型中,凡是雄性为异配性别,雌性为同配性别的性别决定类型称为 XY 型。

特殊类型:XO 型。如蚱蜢、蟋蟀和蝗虫等直翅目昆虫。该生物没有 Y 染色体,只有 X 染色体(不是有 Y 的生物去掉了 Y 染色体)。在形成配子时,XO 为♂,XX 为♀。形成配子时,蝗虫♀:22+XX 或 24,XX,♂:22+XO 或 23,XO,也为雌性,为同配性别,雄性为异配性别,故属于 XY 型。

2. ZW 型

雌性为异配性别,雄性为同配性别。某些鱼类、两栖类、鳞翅目昆虫、鸟类为 ZW 型。鸡雌性为 ZW 型,雄性为 ZZ 型。特殊类型为 ZO 型。

(二)单基因决定型

生物的性别由单基因来决定的称为单基因决定型。如玉米,正常玉米雌雄同株异花,个别的有雌株和雄株。研究发现:决定雌、雄各有一对等位基因。Ba 控制雌花序,有 BaBa 或 Baba 时,在雌穗位置形成正常的雌花序。只有 baba 时,则没有雌花序。Ts 控制雄花序,有 TsTs 或 Tsts 时,形成正常雄花序,只有 tsts 时,则雄花序变成了雌花序(在雄穗上结玉米粒)。

Ba 与 Ts 为非等位基因(非同源染色体),属于自由组合。基因型有 9 种,显性完全时,表现型有 4 种。

(三)环境决定型

生物的性别完全由环境决定的称为环境决定型。海生动物后螠,雌虫 6 cm 左右,雄性构造简单,为雌体的 1/500,生活在雌体的子宫中。受精卵孵化成幼虫时,无雌雄之分。如果落在海底就发育成雌虫,如果由于机会,或某种吸力,幼虫落在雌虫口吻上,它就发育成为一个雄虫。幼虫已经落在雌虫的口吻上,把它取下让它在离开雌虫的情况下继续发育,它就发育成为中间类型,且偏雌雄的程度与它在吻上发育的时间长短有关。

(四)单倍体决定型

生物的性别由染色体的倍性决定的称为单倍体决定型。蜜蜂、蚂蚁和黄蜂等膜翅目昆虫为此类型,自然状态下,以蜂王为单位组成一个家族,一个蜂箱为一个单位。蜂王一个蜂巢有一个。一次交配得到足够一生需要的精子。职蜂负责除交配生殖外的所有职能:采蜜、养育、巡警、降温、清洁、通信等。雄蜂只负责交配。蜂王的卵经过储精囊时,精子与之结合,则形成 $2n$ 的雌体。将成为职蜂的幼虫,只喂两三天的蜂王浆,且质差量少。将成为蜂王的幼虫被喂 5 d 质好而量多的蜂王浆。另外,在蜂王产下的每一窝卵中,有少数是不受精的,这些卵发育成雄蜂。它们的染色体数为 $n=16$。

二、性别分化

受精卵在性别决定的基础上进行雌雄性发育的过程称为性别分化。

性别分化和环境具有密切的关系,当环境条件符合正常性别分化的要求时,就会按照遗传基础规定的方向分化为正常的雄体和雌体。如果不符合正常性别分化的要求时,性别分化就会受到影响,从而偏离遗传基础规定的性别分化方向。机体内外环境条件影响性别分化的例证很多,这里仅举几个实例来说明。

1. 外界环境对性别分化的影响

蜜蜂分为蜂王、工蜂和雄蜂 3 种。雌蜂都是由受精卵发育成的,它们的染色体组是相同的($2n=32$)。雄蜂是由未受精的卵发育成的($n=16$)。受精卵可以发育成能育的雌蜂(蜂王),也可以发育成不育的雌蜂(工蜂),这取决于营养条件对它们的影响。在雌蜂中,只有在早期生长发育中获得蜂王浆营养较多的雌蜂才能成为蜂王,并且有产卵能力,其余都不能产卵(成为工蜂)。在这里,营养条件对蜜蜂的性别分化起着重要作用。

青蛙:蝌蚪在 20 ℃时,XX 为雌性,XY 为雄性,比例为 1∶1;在 30 ℃时,都发育成雄性,因此夏季不产卵。大麻(小麻):雌雄异株。夏季播种,雌雄发育正常;秋季播种,50%~90%雌株转化为雄株。黄瓜:雌雄同株异花。早期大量施氮,雌花形成较多,日照时间短形成雌花(夏季要遮光)。

2. 激素对性别分化的影响

"自由马丁"牛是很像雄性的雌牛。它是这样形成的:牛的双胎,由于胎盘绒毛膜的血管沟通,当两个胎儿性别不同时,雄性的睾丸先发育,产生的雄性激素,通过绒毛膜血管流向雌性胎儿,影响了雌性胎儿的性腺分化,使性别趋向间性,失去生育能力。

三、人类性别异常

在性别决定的层次上出问题就会导致性别异常(卵巢发育不全症、睾丸发育不全症、XXX 综合征和 XYY 综合征),在性别分化层次上出现问题就会导致真假两性畸形。

1. Turner 氏综合征

原发性卵巢发育不全症(范围小时称为"症",范围大时称为"征"),外表为女性,身体矮小(<140 cm),颈短有蹼,发际低,耳低位,小下颌,眼距宽,肘外翻,原发性闭经,无生育能力等。发病率在女性中为 1/10 000~1/5 000。性染色体组成为 XO。

2. Klinefelter 综合征

原发性睾丸发育不全症(XXY),外表为男性,四肢细长,乳胸发育,须毛、体毛少。发病率 1/1 000。

3. XXX 综合征

XXX 综合征,外表为正常女性,精神痴缓,有的不育,有的可育。

4. XYY 综合征

XYY 综合征，身体高大(>180 cm)，四肢都成比例，智力正常，性格暴烈，在减数分裂中，同源染色体不分开，导致异常。在减数分裂Ⅱ时，y 染色体不分开，形成 XYY 型的概率高，形成 Y+Y+X 和 XY+Y+0 的概率低。

5. 真假两性畸形(两性人)

体内生殖腺有两种为真两性人，只是外表是两性，则为假两性人。据性染色体组成又分为两类：

男真两性人(XY)：第二性征(外表)倾向于男性。

女真两性人(XX)：第二性征(外表)倾向于女性。

在身体两侧，一侧为卵巢，一侧为睾丸或卵巢睾丸分布于身体同侧。

外生殖器：混合型、男性型、女性型。

四、伴性遗传

学习性染色体决定型应注意：性染色体和常染色体在结构上是相同的，不是特殊染色体；性染色体和常染色体具有相同的传递规律。

性染色体和常染色体的相同点：①结构和化学组成相同(都是 DNA)；②都载有基因；③传递规律相同。

性染色体和常染色体的不同点：①不同的性别性染色体种类不同(性染色体在不同性别中种类不同。②不同性染色体含的基因种类、数量不同。X 或 Z 上的基因远远多于 Y 或 W。③性染色体的传递是定向的。男性 XY，X 只传给女儿，Y 只传给儿子。女性随机传递。导致位于 XY 染色体上的基因在后代上的表现型不同。

位于性染色体上的基因在其传递的过程中与性别相关的现象称为伴性遗传。根据基因的性质及其所在性染色体的不同，可以把性连锁遗传分为 X 连锁显性遗传，X 连锁隐性遗传，Y 连锁遗传。

(一)X 连锁遗传

1. X—隐性遗传

负责识别三原色的视蛋白(视色素)有 3 种：红、绿、蓝。缺少某一种称为某色盲，全缺少的则为全色盲(看到的均为灰色)。控制红、绿色盲的基因处于紧密连锁，位于 X 染色体上，因此红色盲同时表现绿色盲，绿色盲同时也表现红色盲。红绿色盲属于 X 隐性遗传。

X^B：正常基因。

X^b：表示隐性 b 基因位于 X 染色体上。

特点：①患者多为男性，我国男性患者的发病率约为 7%，女性为 0.5%。②呈不连续遗传(隔代遗传)。③呈交叉遗传：父传女，女传子(外祖父的性状在外孙身上表现)。血管瘤病、夜盲、鱼鳞癣、进行性肌营养不良症。

2. X—显性遗传

抗维生素 D 佝偻病，表现：肾小管机能异常，导致磷和钙的吸收发生障碍，尿磷增加，血磷下降，影响钙化，呈 O 形腿，站立困难。除此之外，遗传性肾炎、Xg 血型、脂肪瘤等症。

特点：①呈连续遗传，每代都有患者，但患者的正常后代的后代全部正常；患者的双亲之一必患病。②男性患者的后代中女儿都是患者，儿子全部正常。③女性患者的后代中，男女患病

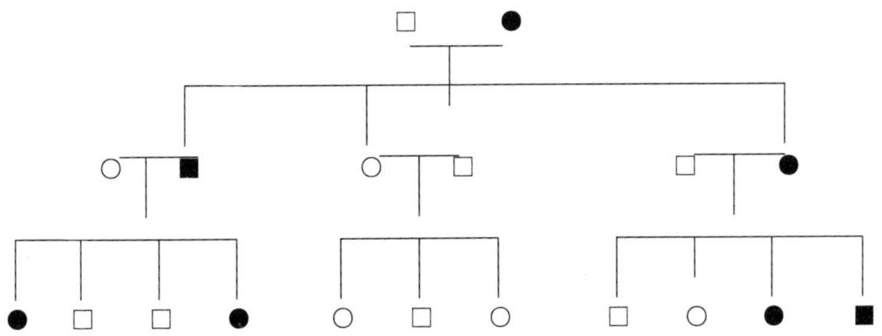

的机会相等。④在人群中，女性患者多于男性，约 2 倍，但女性患者多数病情较轻，男性患者病情较重。

（二）Y—连锁

长毛耳：耳朵上缘有坚硬挺拔的毛。

位于 Y 染色体上的基因无显隐性之分，仅在男性表现。目前已知的位于 Y 染色体上的结构基因不多，有外耳道多毛症基因、H-Y 抗原基因、睾丸决定因子、箭猪病和蹼指等基因。

（三）Z—连锁（鸟类）

芦花鸡：芦花由位于 Z 上的显性基因控制的。

芦花雌鸡 Z^BW × 非芦花雄鸡 Z^bZ^b

↓

芦花雄鸡 Z^BZ^b 　非芦花雌鸡 Z^bW

油蚕的连锁也属此类。

五、限性遗传

只能在某一性别表现的性状称为限性性状，限性性状的遗传方式称为限性遗传。仅能在雌性个体表现的性状称为限雌性状，这种遗传方式称为限雌遗传；仅能在雄性个体表现的性状称为限雄性状，这种遗传方式称为限雄遗传。

限性遗传的基因不是伴性遗传，也可位于常染色体上。如限雄遗传长毛耳，限雌遗传子宫阴道积水症（由位于常染色体上的基因控制）。

六、从性遗传

由位于常染色体上的基因控制的性状在传递的过程中与性别相关的现象称为从性遗传。

绵羊有角和无角由一对等位基因（H，h）控制。HH 无论雌雄都有角；hh 无论雌雄都无角；Hh 雄有角，雌无角。其表型与性别有关，且该基因位于常染色体上。

人的秃顶也为从性遗传。

项目九

动物的选种技术

任务一　品种的基础知识

【能力标准】

1. 了解常见家畜的动物学分类。
2. 了解常见家畜的野祖。
3. 掌握种、品种、品系的概念。
4. 掌握品种的分类。

【相关知识链接】

一、几种常见家畜在动物分类学中的地位

常见的家畜在动物界中属于脊索动物门，脊椎动物亚门，有羊膜类。

猪：哺乳纲　偶蹄目　猪科　猪属。

黄牛：哺乳纲　偶蹄目　牛科　牛属。

水牛：哺乳纲　偶蹄目　牛科　水牛属。

绵羊：哺乳纲　偶蹄目　牛科　绵羊属。

山羊：哺乳纲　偶蹄目　牛科　山羊属。

鸡：鸟纲　鸡形目　稚科　原鸡属。

鸭：鸟纲　雁形目　鸭科　鸭属。

鹅：鸟纲　雁形目　鸭科　雁属。

二、几种常见家畜的野祖

根据比较解剖学、考古学和分子遗传学等学科的知识，寻找每种家畜的祖先，有些家畜的祖先至今尚无定论，或仅仅是一种推测，并且在进行不断补充。

猪：野猪（亚洲野猪和欧洲野猪）。

黄牛：原牛（长头原牛、短角原牛、大额原牛、短面原牛）。

水牛：野水牛（印度水牛）。

绵羊：亚洲摩弗伦羊、羱羊。

山羊：野生角羚羊、塔尔羊。

鸡：原鸡(红色原鸡、灰、黑、绿；锡兰原鸡)。

鸭：河鸭属中绿头野鸭、斑嘴鸭。

鹅：鸿雁(中国家鹅的祖先)，灰雁(欧洲鹅、新疆伊犁鹅)。

火鸡：墨西哥野火鸡。

鹌鹑：我国东北。

鸽：岩鸽。

驼鸟：非洲与澳洲的野驼鸟。

犬：郊狼、胡狼、狼。

驴：利比亚驴。

中国马：蒙古野马。

欧洲马：太盘马。

三、种、品种、品系的概念

1. 种

种是具有一定形态、生理特征和自然分布区域的生物类群，是生物分类系统的基本单位。一个种群内的个体一般不与其他种群内的个体交配，即使交配，所生后代也无生殖能力。种是生物进化过程中自然选择的产物。种内部分群体因迁移、基因突变、长期地理隔离等，会导致种的基因库发生遗传漂变，形成亚种或变种。因此野生动物只有种或亚种。

2. 品种

是畜牧学的概念，是指具有特定生物学特性、主要性状的遗传性相对一致和稳定、有较高经济价值的栽培植物或家畜类群。品种提供的产品比较符合人类的要求，是人工选择的结果。

3. 品系

分布很广、群体很大的品种，因迁移、引种、隔离等形成区域性亚品种，或因培育目的不同形成的具有一定专门特点的亚品种(专门化品系)。品系一般是指起源于共同祖先的一个群体，是品种的一种结构形式，一个品种内包含有多个品系。具有不同特点的几个品系，可根据生产需要合成一个新的品系。

四、品种应具备的条件

家畜品种是人类为了生产和生活的需要，在一定自然和社会条件下，通过实施一系列育种措施选育而成的具有某种经济特点、遗传稳定、有一定结构和足够数量的家畜类群。因此，一个家畜品种除应具有较高经济价值外，还应具备以下条件。

1. 来源相同

凡是同一个品种的家畜，决不是一群杂乱无章的动物，而是有着基本相同的血统来源，个体彼此间有一定血缘关系，遗传基础非常相似，形成一个独特的基因库。如新疆细毛羊的共同祖先是哈萨克羊、蒙古羊、高加索羊和泊列考斯羊 4 个品种。

2. 性状及适应性相似

同一品种的不同个体，其体型外貌、生理机能、主要经济性状、对自然环境的适应能力等各方面相似程度都很高，构成该品种的品种特征。品种特征是进行品种鉴定的依据。

3. 遗传性稳定，种用价值高

作为一个品种，必须具有稳定的遗传结构，将其典型的品种特征稳定地遗传给后代，且与其他品种杂交时能起到明显的改良作用。

4. 有一定的结构

一个品种应由若干个各具特点的类群构成，而不是一些个体的简单汇集。品种内这些各具特点的类群就构成了品种的异质性，使一个品种在纯繁条件下仍能继续改进提高。品种内各具特点的类群可以是因分布地区不同而自然隔离形成(地方类型)，也可能因育种场的饲养管理条件不同而形成(育种场类型)，或是育种者有意识地培育而成(品系或品族)。

5. 有足够的数量

数量是决定能否维持品种结构、保持品种特性、不断提高品种质量的重要条件，要有相当数量的个体，才能保持品种较广泛的适应性，才能进行合理选配而避免过早或过高的近交，才能保持品种旺盛的生命力。因此，数量不足不能成为一个品种。一个品种应有多少数量才符合要求，因不同国家、不同畜种而有不同的标准。

6. 被政府或品种协会承认

作为一个品种，必须经政府或品种协会等权威机构组织专家进行审定，确认其满足品种应具备的条件后予以命名，才正式称之为品种。

五、品种的分类

在畜牧业上，较常用的分类方法主要有3种，即按品种的改良程度、品种的体型外貌和品种的主要用途划分。

1. 按改良程度划分

(1)原始品种　一般都是较古老的品种，经驯化后长期放牧或在家养条件下，未经严格的人工选择而形成的品种，有很强的适应能力，体质健壮，抗病力强。如蒙古马、藏猪、牦牛、哈萨克羊、仙居鸡等。

(2)培育品种　指在育种理论指导下，实施一定的育种技术，经过较系统的人工选择过程而育成的家畜品种。这类品种集中了特定的优良基因，其产品相对较专门化，其主要经济性状表现明显高于原始品种，因此具有较高的经济价值。但这类品种对饲养管理条件要求较高，其适应能力和抗病力不如原始品种。如肉牛、奶牛、瘦肉型猪、肉鸡、蛋鸡等都属于培育品种。

2. 按体型外貌划分

(1)按体型大小　分为大型、中型、小型。例如马有重挽马(大型)、中型马(蒙古马)、小型或矮马(我国的云南矮马、阿根廷的微型马等)。其他家畜也有体型大小之分，如微型猪(香猪)、袖珍犬、袖珍猫等。

(2)按角的有无或长短　分为有角牛、羊和无角牛、羊，绵羊中还有公羊有角而母羊无角的品种。

(3)按尾的大小或长短划分　绵羊有大尾品种(大尾寒羊)、小尾品种(小尾寒羊)和脂尾品种(乌珠穆沁羊)之分。

(4)根据毛色或羽色划分　羽色或毛色也是重要的品种特征。如猪有黑、白、花斑、红毛等品种；兔有白、黑、八黑(喜马拉雅)等品种；鸡有芦花、黄羽、白羽、黑羽、红羽等品种。

(5)根据蛋壳颜色划分　鸡有褐壳品种和白壳品种；鸭有绿壳品种和白壳品种。

(6)根据骆驼峰数划分　单峰驼、双峰驼。

3. 按主要用途划分

现代培育品种多用此法划分，分为专用品种和兼用品种。

(1)猪　根据胴体瘦肉率高低分为脂肪型、腌肉型和瘦肉型。

(2)鸡　有蛋用型、肉用型、兼用型、药用型和观赏型等品种。

(3)牛　有乳用型、肉用型、乳肉兼用型、役用型等。

(4)绵羊　有毛用型(细毛、半细毛、粗毛、长毛、短毛等)、肉用型、羔皮型、裘皮型及侧重点不同的各种兼用型品种。

(5)山羊　分为绒用、肉用、乳用、毛皮用及兼用等品种。

(6)马　分为挽用、乘骑用、驮用、竞技用、肉用、乳用和兼用等品种。

(7)兔　有毛用、肉用、裘皮用、兼用等品种。

(8)鸽　分为肉鸽、信鸽等品种。

在生产实践中，常将各种分类方法结合使用，究竟用哪种最合适，要视畜种和具体情况而定。

任务二　动物品种外貌鉴定方法

【能力标准】

1. 了解外貌的概念。
2. 了解研究外貌的意义。
3. 掌握家畜的外貌特点。
4. 掌握家畜外貌的鉴定方法。

【相关知识链接】

体型外貌本身并不是经济性状(如产奶量、产蛋量等)，但有些体型外貌性状与生产性能之间存在一定的关系，但不是必然联系，所以通过体型外貌进行选种带有很强的主观性，并且需要鉴定者有丰富的经验。

一、外貌的概念

外貌——即家畜的外部形态，我国古代称之为“相”。外形不仅反映家畜的外表，而且可反映家畜的体质、机能、生产性能和健康状况。

二、外貌学说

外貌学说——指通过外形观察来研究家畜形态与机能间关系的学说。

我国著名的外形学说莫过于《相马经》(伯乐著于春秋时期)。汉光武帝(刘秀，东汉开国皇帝)时(公元 45 年)，马援(东汉名将)便综合各家特点，用铜铸成理想良马模型作为鉴定的标准，称之为“铜马相法”。

三、外貌研究的意义

对家畜外貌研究的意义概括起来有以下 4 方面。

①根据体型外貌鉴别品种/品系或个体差异。

②根据体型外貌判断家畜的健康状况及其适应性。

③根据体型外貌判断家畜的用途。

④根据体型外貌判断家畜的年龄和生长发育状况。

四、家畜的外貌特点

对家畜外形部位的要求因畜种、用途不同而各有差异,因此,不同用途的家畜其外形特征各不相同。

(1)肉用家畜　丰满平滑,四肢短,中躯紧凑,呈长方形或圆筒形。低身广躯,头小、颈粗短,肩宽广,胸宽且深,背腰平直,后躯宽广丰满,四肢短小,皮肤松软,毛细软。

(2)役用家畜　骨骼健壮,体格魁梧,肌肉发达,四肢粗短。

(3)乳用家畜　全身清瘦,菱角突出,体大肉少,中躯较长,后肢较发达。体形一般呈三角形。

(4)毛用家畜　皮薄、头宽,胸宽肋圆拱,背腰平直,四肢长而结实,全身被毛密度大、有弹性。

(5)性别差异　公母畜外形差异因畜种不同而异,一般公大母小,公强母柔。

五、家畜外貌的鉴定方法

1. 肉眼鉴定

无统一标准,主要从形态学上得出一个整体评价,如观察家畜的正面、背面和侧面,主观性较强。中国古代相关典籍有伯乐《相马经》、宁戚《相牛经》。

2. 测量鉴定(体尺测量)

(1)体高　髻甲顶点到地面的垂直高度——测仗。

(2)背高　背部最低点到地面的垂直高度——测仗。

(3)荐高　荐骨最高点到地面的垂直高度——测仗。

(4)体斜长　从肩端到臀端距离,猪的体长是从两耳连线中点沿背线至尾根的距离(皮尺)。

(5)臀端高　坐骨结节上缘至地面的垂直高度。

(6)胸深　由髻甲至胸骨下缘的直线距离(沿肩胛后角量取)。

(7)胸宽　肩胛后角左右两侧垂直切线间的最大距离。

(8)腰角宽(髋宽)　两侧腰角外缘间的距离。

(9)臀端宽(坐骨结节宽)　两侧坐骨结节外缘间距。

(10)头长　牛,额顶至鼻梁上缘的直线距离;马,额顶至鼻端的直线距离;猪,两耳连线中点至吻突上缘直线距离。

(11)胸围　沿肩胛后角量取的胸部周径。

(12)管围　在左前肢管部上 1/3 最细处量取水平围径。

3. 线性评定

分别对家畜外形的各部位进行评分,然后利用一定的加权系数,求得该头家畜的总体评分,从而判断该家畜的优劣。

(1)线性评定的原则

①被评的体型性状应具有一定的生物学功能和经济价值。

②所评性状应用(1～9)线性尺度等级表明性状的分布状态。

③评定的个体应处于相同的年龄阶段和相同的生理状态。

(2)评定方法

①制定体型性状的评定尺度及标准。

如奶牛的尻长可分为1～9级(图9-1)。

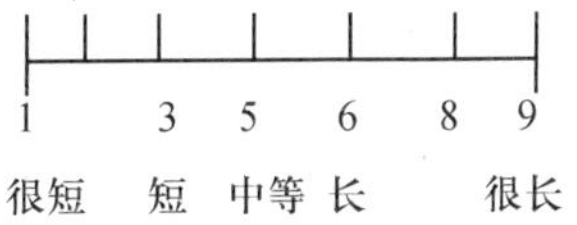

图9-1　奶牛尻长评定尺度及标准

②判定某一体型性状的优劣状态。

A. 有的性状线性等级越大越好。

B. 有的性状线性等级居中为佳。

C. 有的越小越好。

③将单个性状的等级适当加权合并——整体体型得分。

(3)外形评定的要求

①评测个体应符合(或基本符合)该品种的一般体型外貌特征。

②被测个体发育正常,体格健壮。

③无明显的遗传缺陷、失格与损真。

④生殖器官泌乳系统发展良好。

⑤评定条件要求具有可比性。

例如,牛体型性状的线形评定,见表9-1和表9-2。

表9-1　乳用母牛外貌鉴定评分表

项目	细目与评满分要求	标准分
一般外貌与乳用特征	1. 头、颈、鬐甲、后大腿等部位棱角和轮廓明显	15
	2. 皮肤薄而有弹性,毛细而有光泽	5
	3. 体高大而结实,各部位结构匀称,结合良好	5
	4. 毛色黑白花、界线分明	5
	小计	30
体躯	5. 长、宽、深	5
	6. 肋骨间距宽、长而开张	5
	7. 背腰平直	5
	8. 腹大而不下垂	5
	9. 尻长、平、宽	5
	小计	25
泌乳系统	10. 乳房形状好,向前后延伸,附着紧凑	12
	11. 乳房质地:乳腺发达、柔软而有弹性	6
	12. 四乳区:前乳区中等大,四个乳区匀称,后乳区高、宽而圆、乳镜宽	6
	13. 乳头:大小适中、垂直呈柱形,间距匀称	3
	14. 乳静脉弯曲而明显,乳井大,乳房静脉明显	3
	小计	30
肢蹄	前肢:结实,肢势良好,关节明显,蹄质结实,蹄底呈圆形	5
	后肢:结实,肢势良好,左右两肢间宽,系部有力,蹄形正,蹄质坚实,蹄底呈圆形	10
	小计	15
	总计	100

表 9-2 肉牛及乳肉兼用牛外貌鉴定评分标准

部位	鉴定要求	肉用		乳肉兼用	
		公	母	公	母
	品种特征明显，体尺达到要求，体质结实，乳肉兼用母牛的乳用性状及肉用母牛的肉用体型明显；公牛有型相，各类牛的肌肉丰满，毛色合乎品种要求，皮肤柔软有力；公牛睾丸发育正常，精液品质好	30	25	30	25
前躯	胸宽深，前胸突出，肩胛宽平，肌肉丰满	15	10	15	10
中躯	肋骨开张；背腰宽而平直，中躯呈圆桶状，兼用牛腹较大；公牛腹部不下垂	10	15	10	15
后躯	尻部长、平、宽，大腿肌肉突出、延伸	25	20	25	20
乳房	肉用牛乳房不要过小，兼用牛乳房大，向前后延伸；乳头分布合适，长短、粗细适中，乳静脉粗、弯曲、分支多、乳井大		10		15
肢蹄	四肢端正，两肢间距宽，蹄形正，蹄质坚实，远步正常	20	20	20	15
	合计	100	100	100	100

任务三　动物选种方法

【能力标准】

1. 熟悉单性状的基本选种方法。
2. 熟悉多性状的选种方法。

【相关知识链接】

畜禽选种方法在其他条件比较固定的情况下，如何提高选择的准确性，是选种的关键问题。对家畜选种方法确定的宗旨是，尽可能利用一切可能的资料和信息，力争最准确地选择种畜，以期获得最理想的选种成效。

一、单性状的基本选种方法

在个体按单性状选择中，除个体的性能记录资料外，最重要的依据就是个体所在家系的遗传水平，这个遗传水平可以依据家系平均数反映出来。因此，单性状选种方法就是从个体表型值和家系均值出发，有个体选择、家系选择、家系内选择和合并选择。

1. 个体选择

个体选择也称为大群选择，只是根据个体本身单性状的表型值排队选种，方法简单易行。当性状具有较高遗传力时，这种选种方法也可获得较大的遗传进展。

2. 家系选择

以整个家系为一个选种单位，只根据家系均数的大小决定是否留种。

家系是指全同胞和半同胞家系。在家系选择中又有 2 种情况：其一，当被选个体包括在家系均数之内的选择称为家系选择；其二，当被选个体不被包括在家系均数之内的，实际上是同胞选择。上述二者仅在家系含量上有差别。家系选择更适用于遗传力偏低的性状。

3. 家系内选择

在稳定的群体结构下，不考虑家系均数的大小，只根据个体表型值与家系均数的偏差来选留种畜，在每个家系中选留超过家系均数最多的个体。家系内选择主要应用于遗传力低的性状，在每个家系内选留最好的个体可以避免家系内共同环境效应较大时带来的选种偏差。家系内选择还可以用在小群体中改进近交系数上升过快的弱点。

4. 合并选择

合并选择是对于家系均数和个体与家系的偏差，给予不同的加权，一般地讲，分别用家系间遗传力和家系内遗传力作为二者的加权系数。将加权后的数值合并为一个指数。以此为依据进行的选种，其准确性高于其他各法，因此可望获得理想的遗传进展。

二、多性状的选种方法

实际上影响各畜种生产效益的性状，往往是多个，而且各性状间存在着不同程度的遗传相关。因此，在育种中应对多个有经济意义的性状进行选择，以期获得最大的育种效益。多性状选种法有以下3种。

1. 顺序选择法

顺序选择法又称单项选择法，它是指对计划选择的多个性状，逐一地选择和改进，每个性状选择一个或数个世代，然后再转向选择另一个性状。这种选种方法显然不甚理想。一方面这种方法耗时过长，尤其是世代间隔较长的畜种，根本无法考虑这种方法；另一方面由于性状间的对抗作用以及自然选择的回归作用，会导致对一个性状改进的同时，另一个停止选择的性状又倒退回原来的状态。

2. 独立淘汰法

独立淘汰法也称为独立水平法，对每个计划改进的性状，都确定一个淘汰标准。凡是要留种的家畜个体，必须超过各性状的淘汰标准。只要有一个性状低于标准，不管其他性状优劣程度如何，均予淘汰。使用这种选种方法，不可避免地易将那些在大多数性状上表现突出，而仅在个别性状上有所不足的家畜个体排斥在育种群之外。而将部分各性状均达标，但无突出之处的畜禽留作种用。长此下去，畜群很难获得明显改进。

3. 综合指数法

将计划改进的各性状，按其遗传基础与经济意义，分别给予适当的加权，然后综合到一个以货币为单位的指数中，个体的去留不再依据个别性状的水平，而是依据这个综合选择指数的大小。该法可以将各性状的优点和缺点结合在一起，综合地给予评价，并用经济指标表示个体的综合遗传素质。因此，综合指数选择法应具有最好的选种效果。

在制定综合选择指数时，需要考虑两个问题，即哪些性状放在综合指数中，以及每个性状应该给予多大的经济加权。有关各性状的经济加权的确定，需要根据一定畜群的特定遗传结构、生产水平与市场需求，经过经济学分析后计算得出。至于指数包括的性状及其确定标准，至少要满足以下几点。

①性状应具有足够的经济意义。

②性状应具有足够的可利用的遗传变异，即遗传力应较高。

③当两个性状间有很高的遗传相关时，二者只取其一即可。

④性状应尽可能实现个体的早期选择。

⑤在指数中包括的生产性状若难以测定时，可选用与之相关的选择性状。

项目十

动物的选配技术

任务　动物的选配技术

【能力标准】

1. 掌握选配的概念。
2. 了解选种与选配的关系。
3. 掌握选配的分类。
4. 掌握各种选配方法。
5. 掌握杂交种类及利用杂种优势方法。
6. 掌握杂交育种的方法。

【相关知识链接】

一、选配的概念

选配是指人为确定个体或群体间的交配体制，即有目的地选择公母畜的配对，有意识地组合后代的遗传型，试图通过培育而获得良种、或达到合理利用良种的目的。选配是对畜群交配的人工干预。

二、选种与选配的关系

选种的作用——定向改变畜群各种基因的频率。选配的作用——有意识地组合后代的遗传基础。

选种的科学性与准确性$\xrightarrow{\text{直接影响}}$育种的成效

选配的合理性与有效性$\xrightarrow{\text{直接影响}}$育种的进度

因此，选种是选配的基础，选配是选种的继续，选种与选配相互促进。选配验证选种、巩固选种，选种又可加强选配。

三、选配的作用

选配是对家畜的交配进行人为控制，使优良个体获得更多的交配机会，使优良基因更好地重组，促进畜群的改良和提高，具体作用有 5 方面：①创造必要的变异。②把握变异方向。③避免非亲和基因的配对；配子的亲和力主要决定于公、母畜配子间的互作效应。④加速基因纯化。⑤控制近交程度，防止近交衰退。

四、选配的分类

选配的分类见图 10-1。

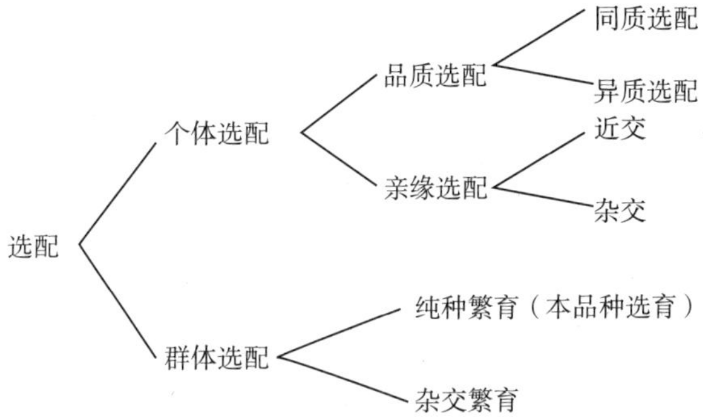

图 10-1　选配的分类

五、品质选配

品质：既可指一般品质，如体质、体型、生物学特性、生产性能、产品质量等方面的品质；也可指遗传品质（在数量遗传学上，指其估计育种值的高低）。

品质选配——又称选型交配，是考虑交配双方品质对比情况的一种选配方式。品质选配又可分为同质选配和异质选配 2 种类型。

（一）同质选配（选同交配、同型交配、正选型交配）

同质选配是以表型相似性为基础的选配方式。就是选用性状相同、性能表现一致、或育种值相似的优秀公母畜来配种，以期获得与亲代品质相似的优秀后代。表型相似的实质是基因型相似或相同，交配双方越相似，就越有可能将共同的优秀品质遗传给后代。因此，同质选配的主要作用是使亲本的优良性状相对稳定地遗传给后代，使该性状得以保持和巩固，增加后代的同质性。

何时采用同质选配？一般在保种或杂交育种的横交固定阶段采用同质选配。

保种——保存品种内的有益（有价值）基因，并使之在群体中的频率增加的过程。

横交固定——指杂交育种进行到一定阶段，当理想类型达到一定数量之后，采用同质选配的方法使其尽快固定下来的过程。

影响同质选配效果的因素主要有基因型纯合与否、目标性状的多少 2 个方面。因此，同质选配以基因型的准确判断为基础，为了提高选配效果，应以一个性状为主，不宜多于 2 个，遗传率高的性状效果明显。

同质选配的缺点：长期同型选配会增大近交系数，降低群体内的变异程度，产生近交衰退（使原有的缺点更明显，适应性与生活力都下降）。故应加强选择。

（二）异质选配（选异交配、异型交配、负选型交配）

是以表型不同为基础的选配方式。可分为 2 种情况。

1. 以综合优点为目的的异质选配

以综合优点为目的的异质选配选具有不同优异性状的异性个体进行交配，以期将两个亲本的优异性状结合在一起，后代兼有双亲的优点（具体操作在杂交育种中讲）。其遗传基础是控制双亲优异性状的基因是独立遗传或不完全连锁遗传。

2. 以以优改劣为目的的异质选配

以以优改劣为目的的异质选配用同一性状优劣程度不同的异性个体进行交配，期望后代的性状能得到较大程度的改良，提高群体生产水平。

选配效果：后代表现间于双亲之间，属中间型遗传。

异质选配的作用：综合双亲的优良性状；丰富后代的遗传基础；创造新的生产类型；提高后代的适应性和生活力。

异质选配的缺点：对连锁性状和负相关的性状选配效果不好。因为异型选配的效果多为中间型遗传，其结果是把群体平均一下，并把有关的极端性状回归至平均水平。要想获得理想的选配效果，必须严格选种，遵循性状的遗传规律，同时考虑遗传参数。

（三）品质选配的运用

1. 生产上的运用

在生产上，品质选配以同质选配为主，也可将同质选配和异质选配结合使用，扬长避短。

2. 育种上的运用

在育种上，品质选配一般先异质选配，再同质选配（杂交将两亲本的主要优良性状组合到一起后再进行同质选配）。

注意：异质选配不是“弥补选配——具有相反缺陷的异性个体交配”，否则可能会加重缺陷。

六、亲缘选配

亲缘选配——是指考虑交配双方亲缘关系远近的一种选配方式。如双方有较近的亲缘关系，就称为近亲交配，简称近交；反之称为非亲缘交配，或称为远亲交配，简称远交。

（一）近交（亲缘交配）

近交指交配双方有较近的亲缘关系，在畜牧学上是指交配双方到共同祖先的总代数不超过6代的个体间的相互交配，或所生后代的近交系数大于0.78%。近交主要有以下作用。

（1）固定优良性状　近交使基因纯合，从而固定优良性状。同质选配对基因的纯化作用仅限于少数性状，难以全面固定，且近交固定优良性状的速度比同质选配快得多。

（2）揭露有害基因　有害基因大多数为隐性，杂合状态时被掩盖。近交使有害基因纯合而暴露，就可将其淘汰。

（3）保持优良个体的血统　通过提高优良个体的交配概率而保存其优良基因，这是品系繁育中常用的手段。

（4）提高畜群的同质性　有利于饲养管理及产品规格化。

（5）提供试验动物　高度一致的近交系是医学、医药、遗传等生物学实验研究的基本要求之一，高度近交的近交系可用作这些研究的实验动物。

(二)近交衰退及其防止

1. 近交衰退现象

由于近交导致生物的繁殖性能、生活力、生产性能、生长速度、适应性等降低，体质衰弱、生长较慢(遗传学中已讲过)。

2. 近交衰退的原因

有许多学说或理论都可解释近交衰退现象，不同的学说或理论有不同的依据，其解释也各有侧重。目前用于解释近交衰退现象的学说主要有3种。

(1)生活力学说　该学说认为，近交时两性细胞差异减小，导致后代生活力下降。

(2)基因学说　基因学说认为，近交使基因纯合，基因互作种类减少，基因的显性效应(D)和上位效应(I)降低，因此产生近交衰退。

(3)生理生化学说　认为近交使后代产生某种(些)生理上的不足或理化机能失调，导致近交衰退产生。如，兔近交后代的血细胞数量减少，血红素含量降低，红细胞直径缩小等。

3. 近交衰退的防止

防止近交衰退有以下4条途径。

①严格淘汰(选择)，近交情况下，猪的淘汰率可达80%～90%。

②加强管理，良种施良法。

③血缘更新，引入同品种、同类型的公畜来更新群体的血缘。

④多留种公畜，合理选配。

七、非亲缘选配

非亲缘选配——交配双方没有亲缘关系或亲缘关系较远的选配方式。一般交配双方到其共同祖先的总代数在六代以上、或所生后代的近交系数小于0.78%者可视为非亲缘选配。其实质是杂交。

八、纯种繁育

纯种繁育简称纯繁，是指在同一种群范围内，通过选种选配、品系繁育、改善培育条件等措施，以提高种群性能的一种方法。其目的是当一个种群的生产性能基本能满足经济生产需求，不必作大的方向性改变时，使用该方法以保持和发展一个种群的优良特性，增加种群内优良个体的比重，同时，克服种群的某些缺点，达到保持种群纯度和提高种群质量的目的。

作用：巩固种群遗传性(优良品质)；提高种群品质。

“纯种繁育”不同于“本品种选育”，虽然两者都在同一种群范围内进行繁殖和选育，但所针对的种群特性不同。纯种繁育是针对培育纯度较高的优良种群和新品种而言，目的是为了获得纯种；本品种选育是针对某一品种的选育提高而言，但并不强调保纯，为了提高性能，甚至可采用杂交的手段。

九、杂交

1. 概念

杂交是指不同种群(种、品种、品系或品群)之间的公母畜交配。

2. 杂交的遗传效应、与近交相反

①杂交使群体杂合体频率增加，非加性效应增大，从而提高群体平均值，产生杂种优势；

②杂交使群体趋于一致，两个纯系杂交的子一代称为杂合体，在生长发育和生产性能方面差异小。

3. 杂交的用途

①可综合双亲本的性状，育成新品种。

②改良家畜的生产方向。

③产生杂种优势，提高生产力。

十、杂种优势

1. 概念

杂种优势是指杂交后代(子一代)在生活力、生长速度和生产性能诸方面的表现优于亲本纯繁个体，以杂种(正反交 F_1)的平均性能优于两亲本的平均性能表示。

2. 杂种优势的表现

杂种优势是生物界的一种普遍现象，杂种是否有优势、其表现程度如何，主要取决于杂交用的亲本群体的质量以及杂交组合是否恰当，也受制于营养水平、饲养制度、环境温度、卫生防疫体系等环境因素。

3. 利用前景

杂种优势利用包括对杂交亲本种群的选优提纯、杂交组合的选择和杂交工作的组织，既包括繁殖又包括杂交，是一整套的综合措施。杂种优势利用已日益成为最主要的繁殖方法。

4. 杂种优势的度量

(1)配合力的测定

①概念：配合力是指种群通过杂交能够获得杂种优势的程度，即杂交效果的大小。

②分类：按基因效应分一般配合力和特殊配合力。一般配合力：一个种群与其他种群杂交获得的平均效果，其遗传基础是基因的非加性效应。特殊配合力：两个特定种群杂交能获得的超过一般配合力的杂种优势。其遗传基础是基因的加性效应。

(2)杂种优势的度量

特殊配合力一般以杂种优势值来表示：

$$H=F_1-P$$

式中：H，杂种优势值；F_1，一代杂种平均值；P，两亲本群体平均值。

为便于各性状之间比较，常用杂种优势率形式表示，即：

$$H=(F_1-P)/P\times100\%$$

5. 提高杂种优势的措施

①杂交亲本的选优提纯。

②选定最佳杂交组合。

③建立专门化品系和杂交繁育体系。

6. 产生杂种优势的杂交方法

(1)品种间杂交方式

①单杂交：两品种杂交，杂交一代全部作为经济利用，对称二元杂交。

②三元杂交：三品种杂交，用两品种杂交产生的杂种母畜与第三品种公畜杂交，产生的后代全部作为经济利用。

③轮回杂交：用 2 个或 2 个以上品种逐代的轮流杂交，各世代的母畜除扣留一部分再与另一品种杂交外，其余杂种母畜和全部杂种公畜全作为经济利用。

(2)配套系杂交

所谓配套系杂交，就是按照育种目标进行分化选择，培育一些品系，然后进行品系间杂交，杂种后代作为经济利用。

①近交系杂交　包括单交、三系杂交、双杂交、顶交和底交等。

顶交：用近交系的公畜与无亲缘关系的非近交系母畜交配，杂种后代作为经济利用。

底交：与顶交相对应，即非近交系公畜与近交系母畜交配。

②专门化品系间杂交　常见的有二系配套繁育、三系配套繁育、四系配套繁育。

十一、杂交育种(育成杂交)

1. 杂交育种方法

①级近杂交。

具体做法：选择改良品种的优良公畜与被改良品种的母畜交配，所生后代的杂种母畜连续与改良品种的公畜交配，直至获得理想畜群后进行自群繁育，固定优良性状，培育成新品种。

$$级进杂交的外血成分=(2n-1)/2n \qquad n:级进代数$$

②引入杂交。

具体做法：用引入品种的公畜与原有品种的母畜杂交一次，然后从杂种中选出理想的母畜与原有品种的公畜回交，理想的杂种公畜与原有品种的母畜回交产生含 25%外血的杂种，然后进行自群繁育，各杂种还不够理想或原品种的品质保留较小，可将杂种与原品种回交一次得到含 12.5%外血的杂种，依此类推，直至获得理想杂种。

③育成杂交。

2. 杂交育种步骤

①确定育种目标和育种方案。

②杂交创新。要达到杂交创新的目的，必须根据当地的地理环境、饲料结构等选择好杂交亲本品种。

③自繁定型。当通过杂交和培育创造的理想型个体达到一定数量时停止杂交，将理想型个体自群繁育，采用继代选育方法，稳定遗传基础，获得固定的理想型群体。自繁定型所需时间与控制性状的基因数目密切相关。

④扩群提高。大量繁殖已固定的理想型，迅速增加其数量，加强选种选配，保持或巩固遗传稳定性，形成品种结构。

⑤纯繁推广。在大量繁殖的基础上扩大品种的分布范围，增加良种覆盖率，进一步了解新品种投入生产后，其生产性能、繁殖性能、适应性等方面的情况，及时总结经验，进一步加强选育和提高。

参考文献

[1] 解志峰.动物繁殖技术.北京:中国轻工业出版社,2013.

[2] 徐相亭.动物遗传繁育.北京:中国农业出版社,2018.

[3] 傅春泉.动物繁殖.北京:科学出版社,2011.

[4] 范强.宠物繁育技术.2 版.北京:化学工业出版社,2016.

[5] 黄修奇.牛羊生产.北京:化学工业出版社,2009.

[6] 梁书文.宠物繁殖.北京:中国农业科学技术出版社,2008.

[7] 杨万郊.宠物繁殖与育种.北京:中国农业出版社,2010.

[8] 朱洪彬,曹倩.提高奶牛繁殖力的措施.河南畜牧兽医,2019,40(19): .

[9] 李凤琴.牛的繁殖技术.畜禽业,2016,第 4 期.

[10] 赵善江,童 伟,王现军,等.定时人工授精技术及其对奶牛繁殖性能的影响.黑龙江动物繁殖,2020,28(2):29-38.

[11] 张仁森,刘秋月,胡文萍,等.家畜生殖激素测定方法研究进展.家畜生态学报,2020,41(11):1-5.

[12] 李艳萍.提高奶牛繁殖成活率的技术要点.吉林畜牧兽医,2018,39(5):52,54.

[13] 刘春明,张云红,刘春峰,等.牛发情鉴定的方法. 养殖技术顾问,2013(12):40.

[14] 李瑞甫,杨家民.猪场常用的繁殖技术.养殖与饲料,2019(9):38-39.

[15] 左海洋,陈晓丽,蔡 勇,等.奶牛早期妊娠诊断技术研究进展.畜牧兽医学报,2014,45(10):1584-1591.